Sommer · Pfeifer · Reiß

Praktische Alltagschemie

Für Bernd

Katrin Sommer, Peter Pfeifer, Jürgen Reiß

Praktische Alltagschemie

unter Mitarbeit von:
Daniela Roth, Dr. Susanne Schaffer,
Dr. Julia Lorke, Lotte Holobar
und Susanne Buse

av d Aulis Verlag

Bibliografische Information der Deutschen Nationalbibliothek
Die Deutsche Nationalbibliothek verzeichnet diese Publikation in der Deutschen Nationalbibliografie; detaillierte bibliografische Daten sind im Internet über http://dnb.d-nb.de abrufbar.

Bildnachweis
Umschlag: © Jan Felber – Fotolia.com (Vorderseite oben) · © KaYann – Fotolia.com (Vorderseite unten)
© Sebastian Kaulitzki – Fotolia.com (Rückseite oben) · © Gino Santa Maria – Fotolia.com (Rückseite unten)

Best.-Nr. A302793

Layout und Satz: Grafisches Atelier Wolfgang Felber, Ottobrunn
ISBN 978-3-7614-2793-X

Inhalt

Begleitwort des Herausgebers

Bereits in den 80er Jahren des vergangenen Jahrhunderts haben der Mitautor des Buches und der leider früh verstorbene Chemiedidaktiker Dr. Bernd Lutz aus Würzburg mit ihrem Ansatz eines „Praxisorientierten Chemieunterrichts“ eine sinnvolle Einbeziehung von Alltagsstoffen in den Chemieunterricht gefordert und begründet.

Ursache dieser Entwicklung war ein übermäßig starker Theorieanteil in den Lehrplänen und den Schulbüchern für das Fach Chemie. Der Inhalt an abstrakten und mathematisierten Unterrichtsanteilen auf Kosten der reinen Stoffchemie hatte dermaßen stark zugenommen, dass diese Entwicklung bei den Schülerinnen und Schülern zu einer nachhaltigen Ablehnung des Chemieunterrichts führte; die Folgen sind bis heute noch spürbar.

Immer, wenn es sich im Unterricht anbietet, sollten Phänomene, Vorgänge und Stoffe aus dem täglichen Umfeld der Schülerinnen und Schüler zur Illustration und Anwendung chemischer Phänomene in den Unterricht einbezogen werden. Der Ansatz war plausibel und so überrascht es nicht, dass in der chemiedidaktischen Diskussion eine deutliche Hinwendung zur „Alltagschemie“ erfolgte. In zunehmendem Maß erschienen in den Zeitschriften für den Chemieunterricht Beiträge zu diesem Thema. Dieser Trend entwickelte sich schließlich zu einer Flut von Buch- und Zeitschriftenpublikationen, wie z. B. „Chemie im Supermarkt“ (Schwedt) und „Chemie fürs Leben“ (Flint); auf wissenschaftlicher Grundlage führte diese Richtung auf breiter Basis dann zur Gestaltung der „Chemie im Kontext“ (Parchmann, Ralle, Demuth).

Eine sinnvolle Anbindung der Alltagsphänomene an die Themen im Chemieunterricht erfordert natürlich auch eine Sammlung von entsprechenden Beispielen, auf die die Lehrkraft einen schnellen Zugriff hat. Gesucht sind in diesem Zusammenhang vor allem passende, schulerprobte und unterrichtstaugliche Experimente, um die Alltagsvorgänge durchschaubar zu gestalten bzw. um die im Alltag verwendeten Substanzen und deren Wirkung anschaulich aufzuzeigen und in die Erkenntnisgewinnung einzubeziehen.

Im Aulis Verlag in Köln erschien bereits 1998 die erste Ausgabe der Alltagschemie, die von Herrn Jürgen Reiß als Autor betreut wurde. Nach vielen Jahren der Fortentwicklung der Alltagschemie wurde es erforderlich, die Thematik neu zu bearbeiten. Aus Krankheitsgründen war Herr Reiß leider nicht mehr in der Lage, die Neubearbeitung seines Buches vorzunehmen. Dankenswerterweise haben die Professoren Herr Peter Pfeifer und Frau Katrin Sommer die Aufgabe übernommen, das Buch „Alltagschemie“ neu zu konzipieren und neu zu gestalten. Damit haben zwei bewährte, kompetente und erfahrene Autoren die „Alltagchemie“ völlig neu, als „Praktische Alltagschemie“, geschrieben .

Das Buch wendet sich nach wie vor an alle Lehrkräfte, die Chemie in den verschiedensten Schulstufen oder Schulformen unterrichten. Die Einsatzbreite reicht von der Primarstufe bis zur Sekundarstufe II. Auch erfahrene Schülerinnen und Schüler werden das Buch mit Gewinn benutzen können.

Heinz Schmidkunz

Die didaktisch-methodische Konzeption der „Praktischen Alltagschemie“

I Chemie des Alltags – unverzichtbar für einen zeitgemäßen Chemieunterricht

Bereits vor über 20 Jahren hat Karl Häusler klar ausgesprochen, worüber heute Konsens besteht: *„Der Chemieunterricht muss immer, also von Anfang an, den Alltagsbezug berücksichtigen.“* [1] Es geht ihm nicht um ein paar Stoffe und Vorgänge im Alltag, sondern grundsätzlich um das „Lernen wofür“ im klassischen Sinn „Non scholae sed vitae discimus“. Diesem erforderlichen Wandel samt damit verbundener Herausforderungen nimmt sich die didaktische Diskussion bis in die Gegenwart hinein an [2-4], und kontextorientierte Lehrpläne schließlich konkretisieren Implikationsmöglichkeiten für die unterrichtliche Praxis [5]. Letztlich geht es um die Verknüpfung von Chemieunterricht, Lebenswelt und naturwissenschaftlicher Grundbildung im Sinne einer „scientific literacy“: Dabei soll die Fähigkeit erworben werden, *„naturwissenschaftliches Wissen anzuwenden, naturwissenschaftliche Fragen zu erkennen und aus Belegen Schlussfolgerungen zu ziehen, um Entscheidungen zu verstehen und zu treffen, welche die natürliche Welt und die durch menschliches Handeln an ihr vorgenommenen Veränderungen betreffen.“* [6]

II Möglichkeiten der unterrichtlichen Einbindung von Alltagsprodukten

Der Bezug zur Chemie des Alltags muss deutlich über die „Enrichment“-Funktion hinausgehen. Aus unserer Perspektive gibt es zwei zentrale didaktische Wege, damit Alltagsprodukte Eingang in den Unterricht finden: Zum einen kann das Produkt als „Mittel zum Zweck“ für eine anwendungsorientierte Umsetzung von beispielsweise Nachweisreaktionen fungieren; zum anderen wird das Alltagsprodukt zum Mittelpunkt einer eigenen (mehr oder weniger umfangreichen) Unterrichtseinheit. Diese beiden didaktischen Vorgehensweisen werden im Folgenden an ausgewählten Beispielen näher vorgestellt.

II/1. Vom klassischen Nachweis zum alltagsbezogenen Nachweis – das Alltagsprodukt als „Mittel zum Zweck“

Qualitative Nachweisreaktionen sind im Chemieunterricht ein wichtiger Zugang zu verschiedenen Stoffklassen. Im Sinne eines praxisorientierten Chemieunterrichtes eignet sich dabei ein entsprechendes Alltagsprodukt besser als die Substanz aus der Chemikaliensammlung – sei es beim Nachweis von Nitrat-Ionen in Salat, von Aluminium(III)-Ionen in Deodorants oder von Glucose in Kaugummi (vgl. 2.6.6). Die Liste von Alltagsprodukten, welche aus Sicht des Chemieunterrichts relevante Substanzen enthalten, ließe sich nahezu unbegrenzt fortführen – drei Beispiele seien genannt: Natriumhydrogencarbonat in diversen Backtriebmitteln, Brausetabletten und Bullrich®-Salz; 2-Propanol (Isopropanol) in Frostschutzmitteln für Scheibenwischanlagen und in kosmeti-

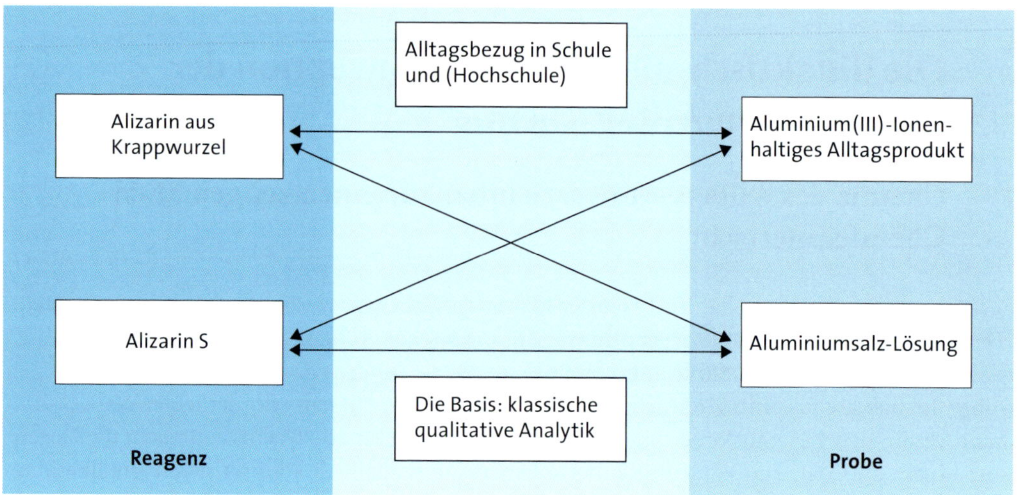

Abb. 1: Die didaktisch-methodische Vielfalt der Nachweisreaktion von Aluminium(III)-Ionen mit Alizarin [7]

schen Präparaten; Essigsäure als Säuerungsmittel verschiedener Lebensmittel, Essigreiniger und natürlich in Form von Essigessenz. In diesen Fällen führt man den Nachweis in der gewohnten Weise aus, die zu untersuchende Probe ist dann das Alltagsprodukt.

Es ist aber auch möglich, dass das Nachweismittel (Reagenz) durch ein Alltagsprodukt ersetzt wird, wie das folgende Beispiel zeigt. Alizarin S dient als Nachweismittel für Aluminium(III)-Ionen. Alizarin ist der Farbstoff der Krapp-Wurzel. Deshalb kann mit einem Extrakt aus der Krapp-Wurzel ebenfalls der Nachweis von Aluminium(III)-Ionen durchgeführt werden. Soll das Kennenlernen dieser Variation des Nachweises im Mittelpunkt stehen, so wird man die Reaktion zunächst mit einer Aluminiumsalz-Lösung durchführen. Eine höhere Komplexität ist dann gegeben, wenn mit dem Krapp-Extrakt die Aluminium(III)-Ionen in einem Alltagsprodukt nachgewiesen werden (vgl. 6.2.4). Es bieten sich Aluminium(III)-Ionenhaltige Deodorants an, denen Aluminiumchlorid als Antitranspirant zugesetzt ist. Diese Entwicklungsmöglichkeit eines klassischen Nachweises zur anwendungsorientierten Umsetzung ist in Abb. 1 dargestellt.

Eine weitere Steigerung hinsichtlich der Komplexität wird erzielt, wenn in dem Alltagsprodukt sowohl die Probe als auch Elemente des Nachweismittels enthalten sind. Als Beispiel sei auf die modifizierte Fehling'sche Probe mit Ketchup (vgl. 2.6.3) verwiesen. Ketchup enthält mit Glucose ein reduzierend wirkendes Kohlenhydrat, welches mit der Fehling'schen Probe nachgewiesen wird. Glucose als Polyhydroxy-Verbindung fungiert zugleich als Komplexbildner, wie auch die Citrate, ein weiterer Bestandteil von Ketchup. Bei der modifizierten Fehling'schen Probe kann somit auf Fehling II verzichtet werden, lediglich für das alkalische Milieu muss noch gesorgt werden, z. B. durch eine Natriumhydroxid-Lösung.

Bei dem genannten Beispiel entsteht ein gewisser Aufwand durch die Probenvorbereitung (Entfernung störender Begleitstoffe aus dem Ketchup), bis der eigentliche Nachweis (von Glucose in Ketchup) durchgeführt werden kann. Dies ist aber bei den ausgewählten Beispielen die Ausnahme. In den meisten Fällen kann der Inhaltsstoff direkt nachgewiesen werden, sodass kein zusätzlicher Aufwand im Vergleich zur Nutzung der Substanz aus der Chemikaliensammlung entsteht. Als Beispiele seien der Nachweis von Iodat-Ionen in Kochsalz (vgl. 2.3.1), der Nachweis von Salicyl-

säuremethylester im Mundwasser (vgl. 3.4.2) oder der Nachweis von Anion-Tensiden in Zahnpasta (vgl. 6.1.5) genannt.
Die eigentliche „Arbeit" mit dem Alltagsprodukt ist nach dem Abschluss der Nachweisreaktion beendet. Das Alltagsprodukt ist somit ein **„Mittel zum Zweck"**.

II/2. Das Alltagsprodukt im Mittelpunkt einer Unterrichtseinheit

Ganz anders stellt sich die didaktisch-methodische Vorgehensweise dar, wenn **ein bestimmter Inhaltsstoff** des Alltagsproduktes **zum Mittelpunkt des Unterrichts** wird. Der Nachweis dieser Substanz in dem Alltagsprodukt könnte dann der Ausgangspunkt sein. Es schließt sich die Isolierung dieses Bestandteiles aus dem Alltagsprodukt und eine mit Schulexperimenten realisierbare Strukturaufklärung an, welche Aussagen über die Eigenschafts-Verwendungs-Beziehung zulässt. Nur so lassen sich Fragen nach der Funktion beantworten: Warum enthält das Alltagsprodukt diesen Bestandteil? Als Beispiele seien „Taurin in Energy-Drinks" (vgl. 2.4.3) und „Butter in Butterkeksen" (vgl. 2.5.5) genannt.
Steht das **Alltagsprodukt selbst im Mittelpunkt,** kann der Identifizierung der Bestandteile der klassische Weg der Struktur-Eigenschafts-Verwendungs-Beziehung folgen. Das Konzept spiegelt klar das analytisch-synthetische Unterrichtsverfahren wider: Als analytisch kann der Weg vom Alltagsprodukt über die Bestandteile bis zur Strukturanalyse bezeichnet werden; die synthetische Komponente umfasst die Passage von den Eigenschaften über daraus resultierende Verwendungsmöglichkeiten bis zurück zum Alltagsprodukt selbst.
Klassisches Beispiel ist das chemische Backtriebmittel Backpulver. Mit dem Bestandteil Natriumhydrogencarbonat steht eine Substanz zur Verfügung, aus der das Treibmittel Kohlenstoffdioxid freigesetzt werden kann. Allerdings bedarf es dabei eines sauren Milieus; dies wird durch die Verbindung Dinatrium-dihydrogen-diphosphat geschaffen. Die Stärke bildet das Trennmittel, damit die Reaktion der Kohlenstoffdioxid-Freisetzung nicht im Backpulver-Päckchen eintritt.
In dem vorliegenden Buch sind weitere Beispiele mit diesem Potential enthalten; beispielhaft seien „Rennie®" (vgl. 3.2), „Das Vollwaschmittel – Nachweis und Wirkungsweise der Hauptbestandteile" (vgl. 4.3) und „Zahnpasta" (vgl. 6.1) genannt.

Zusammenfassend sei festgestellt, dass Alltagsprodukte an jedem didaktischen Ort zum Einsatz kommen können. Der Unterricht gewinnt durch den Einsatz von Alltagsprodukten evident an Authentizität. Im Hinblick auf eine naturwissenschaftliche Grundbildung leistet der Unterricht wichtige Beiträge zur Verbrauchererziehung („mündige Bürger") in der fachbezogenen und experimentell unterstützten Auseinandersetzung mit Alltagsprodukten. In besonderen Fällen (u. a. Umgang mit Reinigungsmitteln) ist sogar eine Sicherheitserziehung möglich.

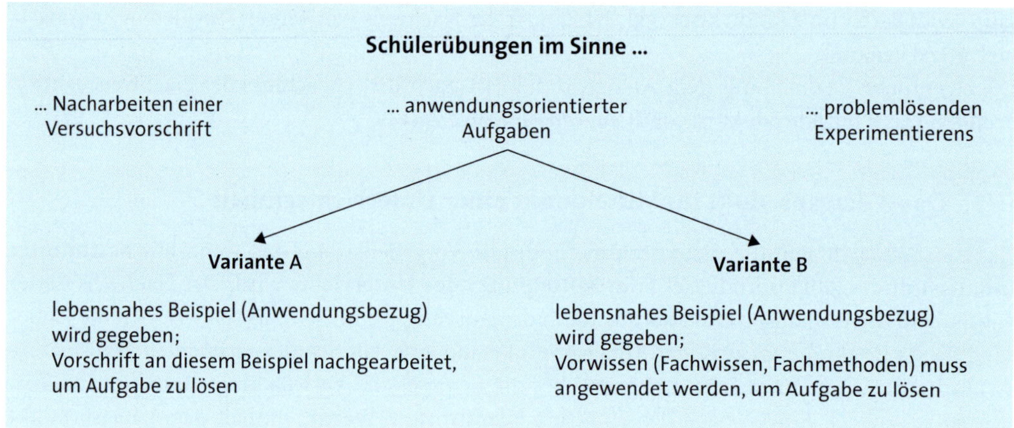

Abb. 2: Didaktisch-methodische Konzeptionen mit Differenzierung der Konzeption „Schülerübungen im Sinne anwendungsorientierter Aufgaben“ [8]

III Kochrezeptartige Versuchsvorschriften im Zeitalter offeneren Experimentierens?

In der vorliegenden Schrift sind ausschließlich kochrezeptartige Versuchsvorschriften zu finden. Da sei die Frage erlaubt, ob das im Zeitalter des offenen Experimentierens noch adäquat ist.
Nach Metzger und Sommer [8] können Schülerübungen (Synonyme: Schülerexperimente, Schülerversuche) verschiedenen didaktisch-methodischen Konzeptionen folgen (Abb. 2):
- Schülerübungen im Sinne des Nacharbeitens einer Versuchsvorschrift;
- Schülerübungen im Sinne anwendungsorientierter Aufgaben;
- Schülerübungen im Sinne problemlösenden Experimentierens.

Eine detailliertere Auseinandersetzung mit „Schülerübungen im Sinne anwendungsorientierter Aufgaben“ zeigt, dass es zwei Varianten gibt: zum einen *Schülerübung im Sinne anwendungsorientierter Aufgaben* (Variante A), welche sich durch eine nähere Anlehnung an *Schülerübungen im Sinne des Nacharbeitens einer Versuchsvorschrift* auszeichnet, und zum anderen eine weitere, wesentlich anspruchsvollere Form der Schülerübung im Sinne anwendungsorientierter Aufgaben (Variante B), deren Nähe zu *Schülerübungen im Sinne des problemlösenden Experimentierens* unverkennbar ist. Beide zeichnen sich durch die Nutzung eines lebensnahen Beispiels aus. Das ist auch für die Experimentalvorschläge in der vorliegenden Schrift charakteristisch. Die Detailliertheit der Versuchsvorschrift legt eine Zuordnung zur Variante A nahe, sodass die Experimente Schritt für Schritt abgearbeitet werden können. Diese Vorgehensweise dient vor allem dem Kennenlernen von Strategien und chemischen Fachmethoden. Erst auf dieser Basis ist didaktisch-methodische Variabilität möglich, zu der ganz explizit ermuntert werden soll.
Als Hilfestellung mag das Beispiel der Aluminium-Luft-Batterie (MacGyver) dienen. Der Versuch (vgl. 1.3.11) ist im Sinne des Nacharbeitens formuliert. Als konstitutiv für den nacharbeitenden Charakter gelten die Bausteine: Geräteliste, Chemikalien und die Vorschrift zur Durchführung. Primäres Ziel ist es kennenzulernen, wie man aus den Einzelbausteinen eine funktionsfähige Spannungsquelle erhält. Die Umsetzung ist für die Lernenden keineswegs trivial, denn es sind

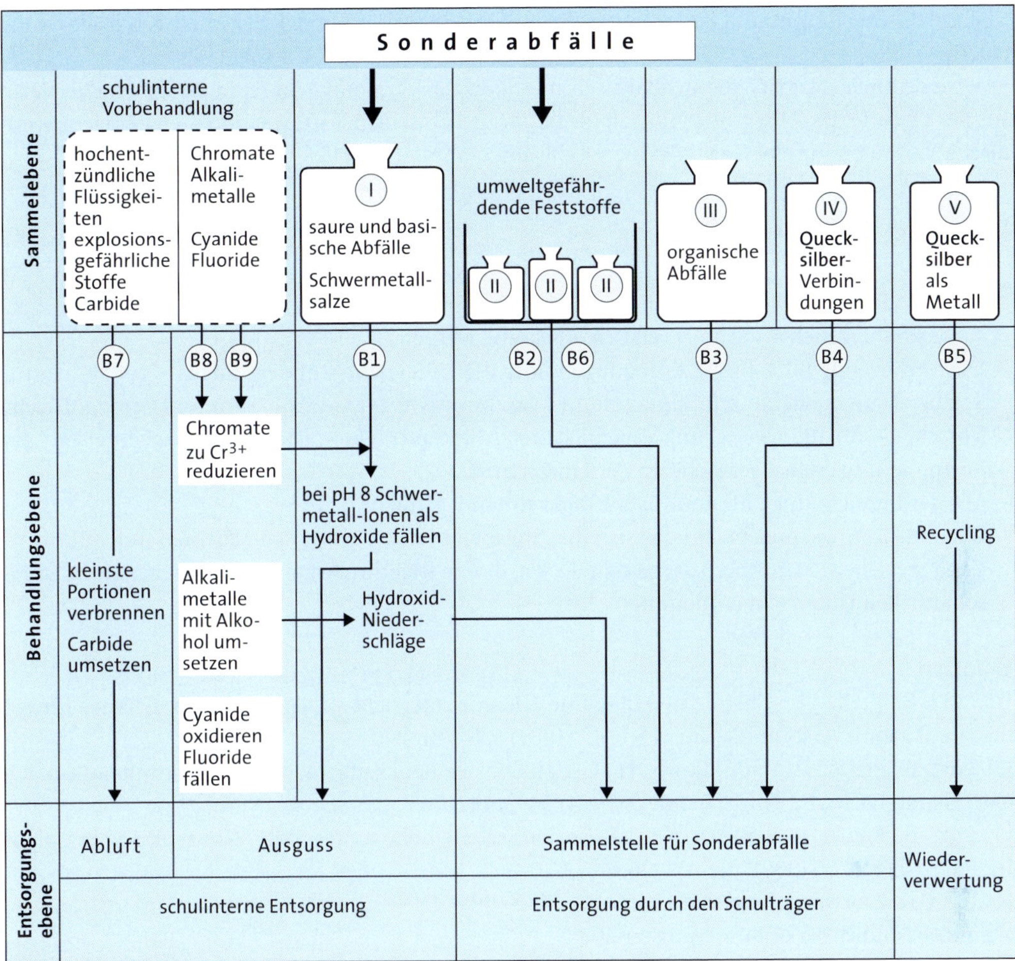

Abb. 3: Das der Schrift zugrunde liegende Entsorgungskonzept [9]

diverse Fehlerquellen auszuschließen. Organisatorisch wäre das Arbeiten der Gruppen in gleicher Front gerechtfertigt. Im Idealfall werden von den Lernenden die gleichen Beobachtungen gemacht, eine gute Basis für die Auswertung.

Der Anwendungscharakter – auch im Sinne des Vorwissens (Variante B) – wird gestärkt, wenn den Lernenden nur noch ausgewählte Hinweise für die Entwicklung einer funktionsfähigen Spannungsquelle gegeben werden. Eine problemorientierte Konzeption ergibt sich durch die Beobachtung, dass nach geraumer Zeit die elektrische Leistung der Zelle nicht mehr ausreicht, um den Kleinmotor zu betreiben. Es stellt sich die Frage, ob eine „Regeneration" möglich ist. Es gibt Hypothesen zu formulieren und die experimentelle Überprüfung zu planen. Spätestens an dieser Stelle befindet man sich mitten in der „experimentellen Methode". Der Vollständigkeit halber sei gesagt, dass eine „Regeneration" gezielt herbeigeführt werden kann, wenn man die Kohleelektrode aus der

Kochsalzlösung nimmt und nach mehrmaligem Fächeln an der Luft wieder in die Kochsalzlösung taucht.
Es wird deutlich, dass sich diese didaktisch-methodische Variabilität an repräsentativen Beispielen aus der Chemie des Alltags in geradezu idealer Weise umsetzen lässt, was zudem wichtige methodische Varianten für einen zeitgemäßen Experimentalunterricht liefert.

IV Last but not least

- Das Symbol „LV“ ist die Kennzeichnung für Lehrerversuche; alle nicht gekennzeichneten Versuche können auch als Schülerversuch eingesetzt werden.
- Das vorliegende Buch bietet Anregungen über die Unterrichtsstunden hinaus – zum einen für Schüler-Hausversuche, z. B. „Enzyme in Waschmitteln“ (vgl. 4.3.6), zum anderen zahlreiche Vorschläge für die Herstellung verschiedener Alltagsprodukte – stets gekennzeichnet mit der Formulierung „selbst gemacht“ in der Überschrift.
- Mit der Bezeichnung „Ethanol“ ist 96%iges Ethanol gemeint.
- Das Entsorgungskonzept, auf das sich die Angaben in den Versuchsvorschriften unter „Entsorgung“ beziehen, ist in Abb. 3 dargestellt. Es wurde den Richtlinien zum Arbeiten im naturwissenschaftlichen Unterricht entnommen.

Quellen

[1] Lutz, B., Pfeifer, P.: Chemie in Alltag und Chemieunterricht – Gegensatz oder Chance für ein besseres Chemieverständnis? In: MNU 42 (1989) 5, S. 281–290.
[2] Lutz, B., Pfeifer, P., Schmidkunz, H.: Gedanken zu einem zeitgemäßen und zukunftsweisenden Chemieunterricht. In: NiU-Chemie 5 (1994) 24, S. 162–165.
[3] Lutz, B., Pfeifer, P., Sommer, K.: Praxisorientierter Chemieunterricht – Konzept und Beispiele. In: PdN-Chemie 50 (2001) 1, S. 29–36.
[4] PISA-Konsortium Deutschland (Hrsg.): PISA 2006. Die Ergebnisse der dritten internationalen Vergleichsstudie. Waxmann, Münster 2007.
[5] Demuth, R., Gräsel, C., Parchmann, I., Ralle, B. (Hrsg.): Chemie im Kontext – Von der Innovation zur nachhaltigen Verbreitung eines Unterrichtskonzeptes. Waxmann, Münster 2008.
[6] Deutsches PISA-Konsortium (Hrsg.): PISA 2000 – Basiskompetenzen im internationalen Vergleich. Leske + Budrich, Opladen 2001.
[7] Sommer, K., Aufdemkamp, G.: Rund ums Aluminium – Schülerlabor und Tandemfortbildung. In: Chemie in unserer Zeit 43 (2009) 6, S. 408–416.
[8] Metzger, S., Sommer, K.: „Kochrezept“ oder „experimentelle Methode“ – Eine Standortbestimmung von Schülerexperimenten unter dem Gesichtspunkt der Erkenntnisgewinnung. In: MNU 63 (2010) 1, S. 4–11.
[9] Richtlinien zur Sicherheit im Unterricht. Gesetzliche Unfallversicherung. Ausgabe März 2003, S. 200.

1 Werkstoffe

1.1 Verpackung

1.1.1 Die Getränkeverbundverpackung

Geräte: Getränkeverbundverpackung (z. B. Tetra Pak®, Combi Block®), Becherglas (250 mL) mit Wasser, Schere, Messer, Teelicht, Feuerzeug, Tiegelzange

Durchführung
Die Getränkeverbundverpackung wird in ca. 2 cm breite und 5 cm lange Streifen geschnitten. Diese Streifen werden in einem Becherglas mit warmem Wasser für mindestens eine Stunde eingeweicht. Danach zieht man die äußere Schicht (bedruckt) ab. Mit Hilfe eines Messers kann man diese Schicht vollständig entfernen. Der Rest der Getränkeverbundverpackung wird mit einer Tiegelzange über die Flamme eines Teelichtes gehalten.

Beobachtung
Hält man den Rest der Getränkeverbundverpackung über die Flamme eines Teelichtes, so verbrennt etwas mit rußender Flamme.

Erklärung
Die Getränkeverbundverpackung ist ein Verbundwerkstoff. Sie besteht aus folgenden Materialien, von innen nach außen angeordnet: Polyethylen – Aluminium – Zellstoff – Polyethylen.
Polyethylen dient dem Schutz (Dichtigkeit) von innen und außen, Aluminium wirkt als Barriere (gegenüber Feuchtigkeit, Luft und Mikroorganismen) sowie Aromaschutz und trägt zur Stabilität bei. Die stabilisierende Funktion ist vor allem Aufgabe des Zellstoffs. Die rußende Flamme ist in erster Linie auf das Verbrennen von Polyethylen zurückzuführen.

Entsorgung
Über das Abwasser und den Hausmüll.

Quelle
Meschenmoser, H.: Getränkeverpackungen – ein Alltagsproblem. In: arbeiten + lernen/Technik 5 (1995) 18.

1.1.2 Die Getränkedose

Geräte: Getränkedosen verschiedener Produkte (z. B. Fanta®, Red Bull®, …), Waage, Blechschere, Lineal, Schieblehre, Magnet, Reagenzgläser, Reagenzglasständer, Reagenzglaszange, Brenner
Chemikalien: Salzsäure (c = 1 mol/L; **Xi**, reizend), Natriumhydroxid-Lösung (c = 2 mol/L; **C**, ätzend)

Durchführung

Da der Deckel der Getränkedosen immer aus Aluminium besteht, wird nur der Getränkedosen-Körper auf den metallischen Werkstoff untersucht.

1. Bestimmung der Dichte

Man schneidet gleich große Stücke (möglichst 1 × 1 cm) aus den verschiedenen Getränkedosen heraus. Die Stücke werden gewogen und das Volumen sowie die Dichte ermittelt.

2. Verhalten gegenüber einem Magneten

Die verschiedenen Getränkedosen werden mit einem Magneten geprüft.

3. Verhalten gegenüber sauren und alkalischen Lösungen

In je zwei Reagenzgläser gibt man einige Späne von zwei unterschiedlichen Dosen. Nun fügt man zu je einem Reagenzglas der beiden Dosensorten 3 mL verdünnte Salzsäure und zu den anderen beiden Reagenzgläsern 3 mL verdünnte Natriumhydroxid-Lösung hinzu. Alle vier Reagenzgläser werden gegebenenfalls kurz erwärmt.

Beobachtung

1. Beispielsweise hat die Fanta®-Dose eine Dichte von ca. 7,8 g / cm^3, während eine Red Bull®-Dose eine Dichte von ca. 2,7 g / cm^3 aufweist.

2. Eine Fanta®-Dose ist magnetisch, während eine Red Bull®-Dose diese Eigenschaft nicht zeigt.

3. In den beiden Reagenzgläsern, denen Salzsäure hinzugefügt wurde, kommt es zu einer Gasentwicklung. Dies gilt auch für das Reagenzglas mit z. B. dem Material einer Red Bull®-Dose und Natriumhydroxid-Lösung; bei dem alkalischen Ansatz mit dem Material einer Fanta®-Dose kann dies nicht beobachtet werden.

Erklärung

1. Der Vergleich mit den theoretischen Werten für die Dichte der verschiedenen Werkstoffe zeigt, dass eine Fanta®-Dose aus Weißblech und eine Red Bull®-Dose aus Aluminium besteht.

Tab. 1: Die Dichte ausgewählter Metalle

Material	Dichte [g/cm^3]
Aluminium	2,7
Kupfer	8,95
Weißblech	7,8

2. Weißblech ist ein mit einer Zinnschicht überzogenes Stahlblech, wodurch sich der magnetische Charakter erklärt.

3. Im sauren Milieu löst sich Aluminium unter Bildung von Wasserstoff auf. Es entstehen Aluminium-Ionen. Diese Reaktion ist v. a. mit Salzsäure sehr ausgeprägt. Auch im alkalischen Milieu löst sich Aluminium unter Bildung von Wasserstoff auf. Es entstehen Aluminat-Ionen. Aluminium zeigt also ein amphoteres Verhalten.

$$2\,Al + 6\,H^+ \longrightarrow 2\,Al^{3+} + 3\,H_2$$

$$2\,Al + 6\,H_2O + 2\,OH^- \longrightarrow 2\,[Al(OH)_4]^- + 3\,H_2$$

Entsorgung
Reste der Getränkedosen in den Hausmüll; Reste der Salzsäure und Natriumhydroxid-Lösung (miteinander) neutralisieren und in das Abwasser.

Quelle
Sommer, K.: Lebenswegstationen von Aluminium. In: NiU-Chemie 12 (2002) 68, S. 23–26.

1.1.3 Die Aluminiumfolie und ihre Legierungsbestandteile

Sachinformation
In der im Alltag gebräuchlichen Alufolie sind neben dem Hauptbestandteil Aluminium auch andere Metalle enthalten. Generell werden durch metallische und nichtmetallische Zusätze zu Aluminium Legierungen hergestellt, die ganz bestimmten Anforderungen wie Zugfestigkeit, Dehnbarkeit oder Steifigkeit entsprechen. So kann man z. B. in Joghurtbecherdeckeln, besser noch in Grillschalen und Teelichtbehältern, neben Aluminium auch Eisen und Mangan nachweisen.

Geräte: Schere, Becherglas (200 mL), Messzylinder (25 mL), Pipetten, Trichter, Filterpapier, Reagenzgläser, Reagenzglasständer, Messzylinder (5 mL), Trockenschrank, Porzellanschale, Spatel, Magnesiarinne, Brenner, Glimmspan
Chemikalien: Aluminiumprobe (m = ca. 1 g), Ammoniumthiocyanat-Lösung (w = 5 %), Salzsäure (w = 20 %; **C**, ätzend), Brom (**T+**, sehr giftig), Natriumhydroxid-Lösung (w = 25 %; **C**, ätzend), Kupfer(II)-sulfat-pentahydrat, Ammoniak-Lösung (w = 25 %; **C**, ätzend), Salpetersäure (w = 65 %; **C**, ätzend), Cobalt(II)-nitrat-Lösung (w = 0,1 %), dest. Wasser, Hypobromit-Lösung (Natriumhydroxid-Lösung (w = 15 %; **C**, ätzend) vorlegen und 1–2 Tropfen Brom zufügen), Wasserstoffperoxid (w = 30 %; **C**, ätzend)

Vorbereitung ***Abzug!*** LV
Die Aluminiumprobe wird in kleine Schnitzel geschnitten und mit 20 mL Salzsäure in einem Becherglas versetzt. Zusätzlich gibt man 3 Tropfen Salpetersäure hinzu. Nach der stark exothermen Reaktion filtriert man von dem ungelösten Rückstand ab. Mit dem Filtrat führt man die folgenden Nachweisreaktionen durch.

Durchführung

1. Aluminium-Nachweis **(Abzug! Schutzhandschuhe!)**
2 mL des Filtrats werden mit 3 mL Ammoniak-Lösung alkalisch gemacht. Es fällt Aluminiumhydroxid aus. Dieses filtriert man ab, wäscht den Rückstand und trocknet ihn im Trockenschrank. Eine Spatelspitze getrocknetes Aluminiumhydroxid wird dann auf eine Magnesiarinne gegeben, mit einem Tropfen Cobalt(II)-nitrat-Lösung versetzt und in der entleuchteten Flamme hochgeglüht.
2. Eisen-Nachweis
2 mL des Filtrats werden in ein Reagenzglas gefüllt und mit Wasser im Verhältnis 1 : 1 verdünnt. Nun versetzt man die Lösung mit 2–3 mL Ammoniumthiocyanat-Lösung.

3. Mangan-Nachweis

1–2 mL der Probelösung (vgl. Vorbereitung) werden in ein Reagenzglas gegeben und mit einigen Kriställchen Kupfer(II)-sulfat-pentahydrat versetzt. Anschließend gibt man portionsweise ca. 6 mL Hypobromit-Lösung hinzu und erhitzt die Lösung kurz zum Sieden. Danach filtriert man ab und führt mit dem Filterrückstand die katalytische Zersetzung von Wasserstoffperoxid durch (Glimmspanprobe nicht vergessen).

Beobachtung

Probenvorbereitung: Die Aluminiumprobe löst sich vollständig in der Salzsäure auf. Lediglich die oben aufgeklebte bedruckte Folie des Joghurtdeckels bleibt übrig. Die Lösung ist hellgelb gefärbt.

1. Auf der Magnesiarinne bildet sich ein blauer Rückstand.
2. Die Lösung färbt sich blutrot.
3. Der Glimmspan kann entflammt werden.

Erklärung

Probenvorbereitung: Die Salzsäure löst die Aluminiumprobe vollständig auf, sodass alle Metall-Ionen in Lösung gehen. Durch Zugabe der Salpetersäure wird erreicht, dass die Eisen(II)-Ionen zu Eisen(III)-Ionen oxidiert werden.

Mit Hilfe der Nachweisreagenzien können die einzelnen Metall-Ionen nachgewiesen werden:

1. Aluminiumhydroxid kann mit Cobalt(II)-nitrat-Lösung bei ausreichend hohen Temperaturen einen blau gefärbten Spinell $Co(Al_2O_4)$ bilden:

$$2\,Al(OH)_3 \longrightarrow Al_2O_3 + 3\,H_2O$$

$$2\,Co(NO_3)_2 \longrightarrow 2\,CoO + 4\,NO_2 + O_2$$

$$Al_2O_3 + CoO \longrightarrow Co(Al_2O_4)$$

Aufgrund des geringen Volumenanteils des Reaktionsproduktes Stickstoffdioxid ist dessen Toxizität in diesem Fall zu vernachlässigen.

2. Die Eisen(III)-Ionen bilden mit den Thiocyanat-Ionen einen blutrot gefärbten Komplex, vereinfacht formuliert $[Fe(NCS)_3]$:

$$Fe^{3+} + 3\,NCS^- \longrightarrow [Fe(NCS)_3]$$

3. Mangan(II)-Ionen können mit Hilfe einer Hypobromit-Lösung bis zu Manganoxid (Braunstein) oxidiert werden. Braunstein wiederum bewirkt die katalytische Zersetzung von Wasserstoffperoxid, wobei sich das Reaktionsprodukt Sauerstoff mittels Glimmspanprobe nachweisen lässt.

Entsorgung

Aluminiumreste der Probenvorbereitung in den Hausmüll; Rest der sauren Aufschlusslösung und Reaktionsgemische 1, 2 und 3 in den Sammelbehälter 1; bromhaltige Reste mit Natriumthiosulfat-Lösung reduzieren und in das Abwasser.

Quellen

Pfeifer, P., Bruchner, G.: Aluminium. In: Glöckner, W. et al. (Hrsg.): Handbuch der experimentellen Schulchemie Sek. II. Bd. 5 (Chemie der Gebrauchsmetalle), Aulis Verlag, Köln 2003, S. 1–46.

Sommer, K., Aufdemkamp, G.: Rund ums Aluminium – Schülerlabor und Tandemfortbildung. In: Chemie in unserer Zeit 43 (2009) 6, S. 408–416.

1.1.4 Die PET-Flaschen

Geräte: Rundkolben (250 mL), Magnetrührer mit Rührfisch, Heizpilz (250 mL), U-Rohr, Stopfen, Glasstab, Rückflusskühler, Becherglas, Nutsche, Saugflasche, Waage, Spatel, Messzylinder (100 mL)
Chemikalien: PET-Material (z. B. Textilgewebe, Getränkeflasche), Natriumhydroxid (**C**, ätzend), dest. Wasser, Ethanol (**F**, leicht entzündlich), Salzsäure (w = 36 %; **C**, ätzend), Schlifffett

Versuchsaufbau
(s. nebenstehende Grafik)

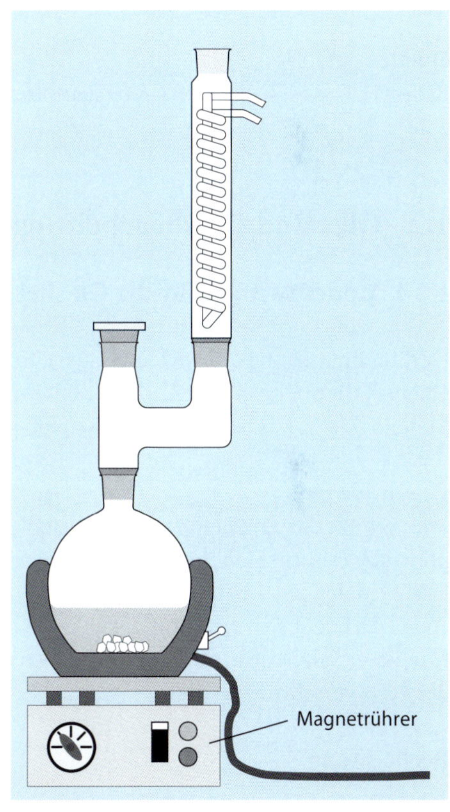

Durchführung LV

Die Schliffe der Apparatur werden vor dem Versuch sorgfältig eingefettet. Eine Lösung aus 18 g Natriumhydroxid, 90 mL dest. Wasser und 45 mL Ethanol wird unter Rühren erhitzt **(Vorsicht!).** Anschließend fügt man 15 g klein geschnittenes Textilgewebe oder Getränkeflaschenmaterial aus PET in Portionen von etwa 3 g über das U-Rohr zu. Dabei ist zu beachten, dass das PET-Material auf einmal zugegeben und rasch mit einem Glasstab in die Lösung eingerührt wird. Nach wenigen Minuten beginnt das PET-Material sich zu lösen und es scheidet sich ein weiß-graues Pulver ab. Nach jeweils 5 min gibt man weitere 3 g an Material hinzu und wiederholt den Vorgang, bis 15 g Material zur Reaktion gebracht wurden. Nun lässt man noch 10 min sieden, entfernt dann die Heizquelle und gießt den Kolbeninhalt in 100 mL dest. Wasser. Nachdem man gerade so viel Wasser hinzugefügt hat, bis ein gegebenenfalls vorhandener Niederschlag vollständig in Lösung gegangen ist, säuert man vorsichtig mit konzentrierter Salzsäure an. Es scheidet sich ein weißer Kristallbrei ab, der über eine Nutsche abgesaugt werden kann.

Beobachtung
Nach der Zugabe von Salzsäure entsteht ein weißer Brei.

Erklärung

PET wird unter Einwirkung von Natriumhydroxid-Lösung in Dinatriumterephthalat und Ethylenglykol gespalten. Es findet eine Verseifung statt. Durch Ansäuern mit Salzsäure wird die Terephthalsäure aus ihrem Natriumsalz freigesetzt und scheidet sich als Kristallbrei ab.

$\xrightarrow{H_2O}$

Polyethylenterephthalat — Terephthalsäure — Ethylenglykol 1,2-Dihydroxyethan

Entsorgung

Sauren Reaktionsrückstand neutralisieren und in das Abwasser.

Quelle

Bader, H. J., Acs, L.: Der PET-Kreislauf. In: NiU-Chemie 7 (1996) 32, S. 42–46.

1.2 Glas und Glasbearbeitung

1.2.1 Modellversuch für die Glasherstellung: Phosphorsalzperle

Geräte: Brenner, feuerfeste Unterlage, Uhrglasschalen, Magnesiastäbchen
Chemikalien: Phosphorsalz (Natrium-ammonium-hydrogenphosphat-tetrahydrat), verschiedene Metalloxide (z. B. Eisen(III)-oxid, Kupfer(II)-oxid, Chrom(III)-oxid)

Durchführung

Man erhitzt das Ende eines Magnesiastäbchens in der Brennerflamme und taucht es in das Phosphorsalz. Das am Stäbchen haftende Salz hält man über die Spitze der verkleinerten Flamme. Ein Herabtropfen des entstehenden Schmelzflusses vermeidet man durch dauerndes Drehen des Stäbchens. Es bildet sich eine homogene und blasenfreie Schmelze.
Mit dieser Salzperle nimmt man etwas Analysensubstanz (Metalloxide) auf, die in der Flamme mit der Perle verschmilzt.

Beobachtung

Tab. 2: Die Färbung der Phosphorsalzperle mit verschiedenen Metall-Ionen

Metall/Metall-Ionen	Färbung der Phosphorsalzperle	
	Oxidationsperle	
	heiß	kalt
Eisen (Fe^{3+})	gelbrot bis gelbgrün	gelbrot bis bräunlich
Kupfer (Cu^{2+})	grün	blaugrün
Chrom (Cr^{3+})	schmutziggrün	olivgrün

Hinweis: Durch Erhitzen im Oxidationsraum der Flamme erhält man anders gefärbte Perlen als durch Erhitzen im Reduktionsraum (Flammenzentrum).

Erklärung
Durch das Erhitzen der Ausgangssubstanz Phosphorsalz entsteht die Metaphosphorsäure – eine hochpolymere Verbindung mit einer den Gläsern vergleichbaren Netzwerkstruktur. Die eingebrachten Metalloxide wirken als Netzwerkwandler und verursachen – stark vereinfacht – die entsprechende Färbung.

Entsorgung
Über den Hausmüll.

Quelle
Pfeifer, P., Bindel, C.: Glasherstellung im Schulversuch. In: NiU-Chemie 7 (1996) 35, S. 33.

1.2.2 Herstellung von Glas

Geräte: Mörser mit Pistill, Porzellantiegel mit Deckel, Tondreieck, 2 Brenner, Spatellöffel, Eisenschiffchen, Specksteinstift, Waage
Chemikalien: Borsäure (**T**, giftig), Lithiumcarbonat (**Xn**, gesundheitsschädlich), Natriumcarbonat (Soda) (**Xi**, reizend), Calciumcarbonat, fein gemahlener Sand

Durchführung *(Abzug! Schutzhandschuhe)*

53,1 g Borsäure, 12,4 g Lithiumcarbonat, 9 g Natriumcarbonat, 8,6 g Calciumcarbonat und 5 g fein gemahlener Sand werden gründlich gemischt. Man erhitzt einen Porzellantiegel in einem Tondreieck mit zwei Brennern auf etwa 800 °C und gibt anschließend einige Anteile des Rohstoffgemisches hinein. Ist es nach einigen Minuten geschmolzen, werden weitere Spatel des Gemisches zugefügt. Ist auch diese Stoffmenge geschmolzen, wiederholt man Stoffzugabe und Schmelzen, bis das gesamte Rohstoffgemisch im Tiegel in geschmolzener Form vorliegt. Der Tiegel wird jetzt mit einem Porzellandeckel verschlossen und etwa 30 min lang weitererhitzt. Während dieser Läuterungsphase entweichen die gasförmigen Reaktionsprodukte. Ein Eisenschiffchen (Länge: 8 cm, Breite: 2 cm, Höhe: 1 cm) aus etwa 1 mm dickem Blech wird mit einem Specksteinstift (Bezugsquelle: Fa. Scheruhn, Hof) ausgestrichen, um ein Ankleben des Glases am Blech zu vermeiden. Das Schiffchen wird mit einem Brenner erhitzt, allerdings nicht auf Rotglut, und dann auf eine feuerfeste Unterlage gestellt. Anschließend wird die Glasschmelze möglichst rasch in das Eisenschiffchen gegossen.

Beobachtung
Nach etwa 60 min kann das erstarrte Glas der Form entnommen werden. Es enthält „Spannungen" und darf daher nicht mechanisch bearbeitet werden (Gefahr des Zerspringens!).

Erklärung
Gläser sind erstarrte Schmelzflüsse beliebig mischbarer Komponenten. Während die handelsüblichen Glasarten bei über 1400 °C hergestellt werden, benötigt das hier beschriebene, speziell für Unterrichtszwecke entwickelte Glas eine Herstellungstemperatur von lediglich etwa 800 °C. Sand und Borsäure sind die eigentlichen Glasbildner, Lithiumcarbonat und Soda wirken als Flussmittel,

die mit den Glasbildnern bereits unter deren Schmelztemperatur reagieren; das Calciumcarbonat dient als Stabilisator.

Entsorgung
Über den Hausmüll.

Quelle
Peter, A., Lindig, O.: Glas und seine Eigenschaften im Experiment. In: Chem. Exp. Technol. (1977) 3, S. 347–358.

1.2.3 Herstellung von Glas in der Mikrowelle

Geräte: Tonblumentopf (100 mL), Porzellantiegel (20 mL, mittelhohe Form; evtl. Einmalhandschuh oder Frischhaltefolie), Hammer, Schraubenzieher, Spatel, Trockenschrank; Gasbetonstein, Haushaltsmikrowellenofen (800 Watt), Tiegelzange, Waage, Spatel, Mörser mit Pistill, feuerfeste Unterlage (z. B. Kacheln)
Chemikalien: Ofenmörtel, Graphitspray, Borsäure (**T**, giftig), Quarzsand, Calciumcarbonat, Lithiumcarbonat (**Xn**, gesundheitsschädlich), Natriumcarbonat (Soda) (**Xi**, reizend)

Vorbereitung
Die Herstellung des GST-Elements
Der Mörtel wird nach Anweisung des Herstellers zu einer pastösen Masse angerührt und in den Tontopf gefüllt. In den Mörtel wird der Porzellantiegel tief eingedrückt und überschüssiges Material wird an der Tiegeloberkante mit dem Spatel glatt abgezogen. Man lässt den Mörtel abbinden und trocknen (im Trockenschrank bei ca. 80 °C über Nacht). Zum Entfernen des Porzellantiegels aus der Form wird der Schraubenzieher an verschiedenen Positionen zwischen Tiegel und Mörtel angesetzt und mit dem Hammer leicht eingeschlagen. Der Tiegel lässt sich danach leicht aus der Form lösen. Auf diesen Schritt kann verzichtet werden, wenn man den Tiegel vor dem Eindrücken in einen Einmalhandschuh oder Frischhaltefolie verpackt. Es ist dabei darauf zu achten, dass keine Falten entstehen. Ist der Mörtel völlig getrocknet, wird die Mörteloberfläche der Tiegelhöhlung mehrmals mit Graphit besprüht.

Durchführung ***(Abzug! Schutzhandschuhe)*** LV
Im Mörser werden 10,6 g Borsäure, 1 g Quarzsand, 1,7 g Calciumcarbonat, 1,8 g Natriumcarbonat, 2,5 g Lithiumcarbonat sorgfältig gemischt; dabei sind Verstaubungen zu vermeiden. Der Tiegel wird zur Hälfte mit dem Gemenge gefüllt und in das GST-Element gestellt. Im Mikrowellenofen wird das GST-Element auf einen Gasbetonstein positioniert und auf voller Leistung erwärmt, bis das Gemisch im Tiegel glüht und raucht. Anschließend wird das GST-Element rasch aus dem Mikrowellenofen genommen und auf eine feuerfeste Unterlage gestellt. Der Tiegel wird mit der Tiegelzange aus der Form genommen und die Schmelze auf eine feuerfeste Unterlage (z. B. Kacheln) gegossen, sodass möglichst kleine Glasperlen entstehen.

Beobachtung
Nach dem Erhitzen in der Mikrowelle bläht sich das Glasgemisch zunächst über den Rand des Tiegels auf, fällt aber schnell wieder in sich zusammen und wird zu einer dünnflüssigen Schmelze. Sie entwickelt nach etwa 4 min eine mäßige Rauchfahne und wird dann homogen und weitgehend blasenfrei. Die erkalteten Glasperlen lassen sich problemlos von der feuerfesten Unterlage abnehmen. Größere Perlen zerplatzen jedoch sehr leicht.

Erklärung
Es entsteht bleifreies Borosilikat-Glas. Die größeren Glasperlen zerplatzen leicht aufgrund von Spannungen, die durch das schnelle Abkühlen entstehen. Gefärbtes Glas lässt sich durch Zusatz von Spuren von Cobalt(II)-oxid (tiefblau), Kupfer(II)-sulfat-pentahydrat (blau), Chrom(III)-oxid oder Eisen(III)-oxid herstellen.

Entsorgung
Über den Hausmüll.

Quelle
Lühken, A., Bader, H. J.: Herstellung von Glas und Email im Mikrowellenofen. In: PdN-Chemie 51 (2002) 2, S. 41–44.

1.2.4 Alkalität von Gläsern (Wasserbeständigkeit)

Geräte: Mörser mit Pistill, Uhrglasschalen, Waage, Spatel, 2 Erlenmeyerkolben (200 mL), Messzylinder (100 mL), Heizplatte, Messzylinder (50 mL), Bürette (50 mL), 6 Reagenzgläser, Reagenzglasständer, Schutzhandschuhe
Chemikalien: Glasproben (z. B. Glasstab, Glühbirne, Getränkeflasche, Fensterglas, Laborglas), dest. Wasser, Salzsäure (c = 0,01 mol/L; **Xi**, reizend), Methylrot-Lösung, ethanolische Thymolphthalein-Lösung (w = 1 %)

Vorbereitung
Die Glasproben werden zunächst grob zerkleinert, indem man das Glas bzw. größere Scherben in ein Tuch wickelt und mit dem Hammer bearbeitet. Die kleinen Scherben werden dann im Mörser mit dem Pistill fein zu Glasgrieß zerrieben **(Schutzhandschuhe und Schutzbrille!).**

Durchführung
1. Qualitativer Test
2 g Glasgrieß einer Probe werden in 60 mL dest. Wasser gegeben und bei 70–80 °C ca. 10 min erhitzt. Als Blindversuch dient ein Ansatz mit 60 mL dest. Wasser, der ebenfalls 10 min bei 70 bis 80 °C erhitzt wird. Je 5 mL Proben-Lösung (incl. Blindversuch) werden im Reagenzglas mit 4 Tropfen Thymolphthalein-Lösung versetzt.
2. Halbquantitative Bestimmung
2 g Glasgrieß einer Probe werden in 60 mL dest. Wasser gegeben und bei 70–80 °C ca. 60 min erhitzt. Als Blindversuch dient ein Ansatz mit 60 mL dest. Wasser, der ebenfalls 60 min bei 70 bis

80 °C erhitzt wird. Nach dem Abkühlen werden je 50 mL Proben-Lösung mit Salzsäure gegen Methylrot-Lösung als Indikator titriert.

Beobachtung
1. Die verschiedenen Glasproben zeigen mit Thymolphthalein-Lösung eine unterschiedliche Intensität der Blaufärbung.
2. Der Säureverbrauch ist bei den verschiedenen Glasproben ebenfalls unterschiedlich (von wenigen Tropfen bis einigen Millilitern).

Erklärung
Bei der Einwirkung von Wasser auf die Glasoberfläche kommt es zu einem Austausch von Metall-Ionen (z. B. Natrium-Ionen, Kalium-Ionen) gegen Protonen bzw. Oxonium-Ionen aus der Autoprotolyse des Wassers. Dementsprechend steigt die Konzentration der Hydroxid-Ionen an; die Lösung reagiert mehr oder minder alkalisch. Durch diesen Test lassen sich verschiedene Glasqualitäten unterscheiden, vom resistenten Laborglas bis zum einfachen Gebrauchsglas.

Entsorgung
Glasreste nach Filtration in den Hausmüll; Filtrat in das Abwasser.

Quelle
Pfeifer, P.: Glas als Werkstoff. In: NiU-Chemie 7 (1996) 35, S. 13–18.

1.2.5 Herstellung eines Spiegels (Versilbern von Glas)

Geräte: Bechergläser (250 mL), Waage, Glasstab, Messzylinder (100 mL), Spatel
Chemikalien: dest. Wasser, Silbernitrat (**C**, ätzend; **N**, umweltgefährlich), Ammoniak-Lösung (w = 25 %; **C**, ätzend), Glucose, Citronensäure

Durchführung
Lösung A: In 100 mL Wasser wird 1 g Silbernitrat gelöst und so viel Ammoniak zugefügt, bis der zunächst auftretende Niederschlag beim Umrühren gerade eben verschwindet.
Lösung B: 1 g Glucose wird in 100 mL Wasser aufgelöst und die Lösung mit einer Spatelspitze Citronensäure versetzt.
Lösung A wird auf eine völlig entfettete Glasscheibe aufgetragen. Nach 1–2 h wird Lösung B dazugegeben. Nach Trocknung an der Luft kann zur Konservierung ein farbloser Schutzlack aufgesprüht werden.

Beobachtung
Auf der Glasscheibe ist eine dünne Silberschicht entstanden.

Erklärung
Glucose reduziert eine ammoniakalische Silbernitrat-Lösung zu reinem metallischen Silber, das sich auf der Glasscheibe absetzt:

$$2\,[Ag(NH_3)_2]^+ + 2\,e^- \longrightarrow 2\,Ag + 4\,NH_3$$

Silberdiammin-
komplex

$$\begin{array}{ccc} \begin{array}{c} H\ \ \ O \\ \diagdown\!\!\!/\!\!/ \\ H-\!\!\!\!\!\mid\!\!\!\!\!-OH \\ HO-\!\!\!\!\!\mid\!\!\!\!\!-H \\ H-\!\!\!\!\!\mid\!\!\!\!\!-OH \\ H-\!\!\!\!\!\mid\!\!\!\!\!-OH \\ H-\!\!\!\!\!\mid\!\!\!\!\!-H \\ \diagdown \\ OH \end{array} & + 2\,OH^- \longrightarrow & \begin{array}{c} HO\ \ \ O \\ \diagdown\!\!\!/\!\!/ \\ H-\!\!\!\!\!\mid\!\!\!\!\!-OH \\ HO-\!\!\!\!\!\mid\!\!\!\!\!-H \\ H-\!\!\!\!\!\mid\!\!\!\!\!-OH \\ H-\!\!\!\!\!\mid\!\!\!\!\!-OH \\ H-\!\!\!\!\!\mid\!\!\!\!\!-H \\ \diagdown \\ OH \end{array} \end{array} + 2\,H_2O + 2e^-$$

Glucose D-Gluconsäure

Entsorgung

Restliche ammoniakalische Silbernitrat-Lösung mit Salpetersäure (c = 2 mol/L) ansäuern und in den Sammelbehälter 1. (*Hinweis:* **keinesfalls die ammoniakalische Silbernitrat-Lösung aufbewahren!**)

Quellen

Feldmann, W. et al.: Hausmittel-Lexikon. Ecomed Verlagsgesellschaft, Landsberg/Lech 1982. Probeck, G.: Versuche zur Erzeugung von Silberspiegeln. In: PdN-Chemie 40 (1991) 5, S. 21.

1.3 Metalle und Metallverarbeitung

1.3.1 Herstellung von Roheisen (Modellversuch zur Arbeitsweise des Rennfeuers)

Geräte: Konservendose (ausgekleidet mit Ton), Eisenrohr (10 cm Länge), Aquarienpumpe oder Gummigebläse, feuerfeste Platte, Stativmaterial, Tuch, Hammer, Butan-Gebläse
Chemikalien: Grillkohle, Eisenerz

Durchführung

Eine hohe, schmale Konservendose (etwa von Fertigsuppen oder Würstchen) wird mit feuchtem Ton (besonders geeignet ist Drehton) ausgekleidet. Der freie Innenraum sollte mindestens 5 cm im Durchmesser und etwa 8 cm hoch sein. Etwa 2 cm über der Bodenschicht aus Ton wird ein Loch von etwa 1 cm im Durchmesser in die Dosenwand gebohrt, durch das ein Stück Eisenrohr von etwa 10 cm Länge und einem inneren Durchmesser von etwa 3–4 mm eingeführt wird. Das eingeführte Rohrende ist vorher zu einer Schlitzdüse zusammengedrückt worden. Dieses „Windrohr“ wird mit einer Aquarienpumpe oder einem Gummigebläse verbunden. Der Ofen wird anschließend auf eine feuerfeste Platte gestellt und mit einem Stativring gestützt und gesichert.

Käufliche Grillkohle (etwa 1 Liter) wird unter einem Tuch mit einem Hammer zerkleinert. Anschließend werden nur solche Körner ausgelesen, die einen Durchmesser von etwa 3 mm haben (größere Stücke lenken den Luftzufluss leicht ab, kleinere verstopfen das Windrohr). Der Ofen wird mit diesen Kohlebrocken gefüllt. Sodann wird die Füllung durch das seitliche Luftloch mit einem Butan-Gebläse entzündet. Anschließend setzt man das Windrohr so weit ein, dass seine Schlitzdüse bis zur Mitte des Ofenraumes reicht, und pumpt vorsichtig Luft ein. Für längere Zeit (15 bis 30 min) muss jetzt durch ständige Zugabe von Kohle ein starkes Feuer unterhalten werden, damit auch die Ofenwände eine hohe Temperatur erreichen. Nun legt man eine erste Schicht Eisenerz auf die glühende Kohle, wobei die Erzstücke etwa den gleichen Durchmesser wie die Kohlebrocken haben sollen. Wenn das Erz etwa bis zur Ofenmitte abgesunken ist, füllt man Kohle nach, gibt darauf wieder Erz, dann wieder Kohle usw. Das oben aus dem Ofen entweichende giftige Kohlenstoffmonooxid wird abgefackelt. Wenn die letzte Erzschicht abgesunken ist, erhitzt man unter Beibehaltung einer möglichst hohen Temperatur noch etwa 20 min weiter. Dann lässt man den Ofen abkühlen und holt den Inhalt heraus.

Beobachtung

In der Schlacke findet man kleine Eisenteilchen, die von einem Magneten angezogen werden.

Erklärung

Der beschriebene Versuch zeigt, wie man in vielen Teilen der Erde seit Jahrtausenden schmiedbares Eisen im sogenannten „Rennfeuer“ gewonnen hat. (Der Name kommt vielleicht daher, dass man die flüssige Schlacke aus dem Ofen herausrinnen ließ.)

Die chemischen Prozesse, die zu einer Reduktion von Eisenerzen im Rennfeuer führen, sind recht kompliziert. Im Wesentlichen sind folgende Schritte zu unterscheiden (nach Moesta, 1983):

a) Entstehung des Reduktionsmittels Kohlenstoffmonooxid im untersten Teil des Ofens:

$$2\,C + O_2 \longrightarrow 2\,CO$$

b) Indirekte Reduktion des Eisenerzes: Das heiße Kohlenstoffmonooxid steigt in die darüberliegende Schicht von Eisenoxid und reduziert es bei einer Temperatur von etwa 400 °C:

$$3\,Fe_2O_3 + CO \longrightarrow 2\,Fe_3O_4 + CO_2$$

$$Fe_3O_4 + CO \longrightarrow 3\,FeO + CO_2$$

$$FeO + CO \longrightarrow Fe + CO_2$$

c) Direkte Reduktion des Eisenerzes: Ab etwa 800 °C kann auch eine unmittelbare Reduktion des Erzes durch glühenden Kohlenstoff ablaufen:

$$FeO + C \longrightarrow Fe + CO$$

$$Fe_3O_4 + 4\,C \longrightarrow 3\,Fe + 4\,CO$$

Die Ausbeute an Eisen im Rennfeuer ist zwar gering, doch erhält man durch kohlenstoffzehrende Nebenreaktionen ein schmiedbares Produkt mit einem geringen Kohlenstoffanteil.

Entsorgung

Über den Hausmüll.

Quellen

Frühauf, D., Garbe, J.: Ein einfaches Schachtofenmodell zur Eisenverhüttung. In: NiU-Chemie/Physik (1980) 28, S. 173–176. Moesta, H.: Erze und Metalle – Ihre Kulturgeschichte im Experiment. Springer-Verlag, Berlin 1983. Keil, W.: Herstellung und Schmiedbarkeit von Renneisen. http://www.ges-bochum.de/ags/ag_chemie/ag_chemie.html (18.03.2011).

1.3.2 Feuerverzinkung von Eisen (Modellversuch)

Geräte: Eisentiegel, Brenner, Tondreieck, Sandpapier, Tiegelzange
Chemikalien: Zinkgranalien, Eisennagel

Durchführung LV

In einem Eisentiegel werden Zinkgranalien geschmolzen (Schmelztemperatur 419,5 °C). Ein Eisennagel wird mit Sandpapier gereinigt und etwa 10 min lang in die Schmelze getaucht. Während dieser Zeit hält man das Zink mit kleiner Flamme in der Schmelze.

Beobachtung

Der Nagel ist mit einer dünnen, metallisch glänzenden Schicht bedeckt.

Erklärung

Das Überziehen eines Gegenstandes mit einer Zinkschicht durch Eintauchen in geschmolzenes Zink nennt man „Feuerverzinkung“. Dieser Vorgang wird auch technisch angewandt (Zäune, Lichtmasten etc.).

Entsorgung

Über den Hausmüll.

Quelle

Keune, H., Filbry, W.: Chemische Schulexperimente. Band 2, Verlag Harri Deutsch, Frankfurt 1978.

1.3.3 Vom Malachit zum Kupfer

Sachinformation

Malachit ist ein grünes Mineral. Es wird vor allem in der Schmuckindustrie verwendet. Aus chemischer Sicht handelt es sich bei Malachit um eine Kupferverbindung mit folgender Formel: $CuCO_3 \cdot Cu(OH)_2$.

Geräte: Waage, Uhrglasschälchen, Spatel, Reagenzglas, Reagenzglaszange, Brenner, langer Glasstab

Chemikalien: Malachitpulver, Holzkohlepulver

Durchführung
3 g gepulvertes Malachit werden in einem Reagenzglas über der Brennerflamme erhitzt, bis die grüne Farbe vollständig verschwunden ist. Nun gibt man 0,16 g Holzkohlepulver hinzu und vermengt das Feststoffgemisch mit Hilfe eines Glasstabes innig. Durch erneutes kräftiges Erhitzen in der Brennerflamme kommt es zur Reaktion. Dies wird durch ein schwaches Aufglühen erkennbar.

Beobachtung
Wird Malachit erhitzt, ist zu beobachten, dass das fein gepulverte Malachit fast wie ein „Flüssigkeitsfilm" erscheint (wird von den Schülerinnen und Schülern so beschrieben). Es bildet sich ein schwarzer Feststoff. Nach dem Vermengen mit Holzkohlepulver und dem erneuten Erhitzen bildet sich ein kupferfarbener Feststoff am Reagenzglasboden bzw. ein Kupferspiegel an der Reagenzglaswand.

Erklärung
Beim Erhitzen von Malachit werden Kohlenstoffdioxid und Wasser – in Form von Wasserdampf – freigesetzt. Sie lassen sich durch entsprechende Nachweisreaktionen (Einleiten in Kalkwasser → Kohlenstoffdioxid; Bildung von Flüssigkeitstropfen → Wasser) identifizieren. Es bleibt das schwarze Kupfer(II)-oxid übrig (1). Durch die Reaktion mit Kohlenstoff wird Kupfer(II)-oxid zu Kupfer reduziert, Kohlenstoff zu Kohlenstoffdioxid oxidiert (2).

$$CuCO_3 \cdot Cu(OH)_2 \longrightarrow 2\,CuO + H_2O + CO_2 \quad (1)$$

$$2\,CuO + C \longrightarrow 2\,Cu + CO_2 \quad (2)$$

Falls nach Beendigung der Reaktion der Kupferspiegel im Reagenzglas nicht erkennbar ist, gibt man den Reaktionsansatz in ein mit Wasser gefülltes Becherglas. Dabei setzt sich das entstandene Kupfer (theoretisch: 1,72 g) am Boden ab, während Reste von z. B. Kohlenstoff auf der Wasseroberfläche schwimmen.

Entsorgung
Über den Hausmüll.

Quellen
Hadfield, M.: Das Malachit-Problem. In: Chemkon 3 (1996) 4, S. 172–175. Sommer, K.: Vom Malachit zum Kupfer: In: NiU-Chemie 15 (2004) 79, S. 51.

1.3.4 Verzinken von Kupfer und Herstellung von Messing

Geräte: Becherglas (250 mL), Messzylinder (100 mL), Brenner, Vierfuß, Glasstab, Pasteur-Pipette, Tiegelzange, Papiertuch, Schutzscheibe
Chemikalien: Zinkstaub (**N**, umweltgefährlich), Natriumhydroxid-Lösung (w = 5 %; **C**, ätzend), Kupferblech, Salzsäure (w = 7 %; **Xi**, reizend), Aceton (**F**, leicht entzündlich), dest. Wasser

Durchführung
In einem Becherglas werden 1 g Zinkstaub mit etwa 100 mL Natriumhydroxid-Lösung versetzt und erhitzt, bis die Lösung klar ist. Beim Erhitzen ist es wichtig, einen Glasstab in das Glas zu stellen, da sonst Siedeverzug eintritt. Anschließend werden zwei mit Aceton entfettete Streifen Kupferblech zur Hälfte eingetaucht. (**Vorsicht! Es besteht Spritzgefahr, daher Schutzscheibe und Schutzbrille verwenden.**) Nach 3–4 min werden die beiden Kupferbleche herausgenommen und nur mit destilliertem Wasser abgespült.
Ein Kupferblech wird anschließend mit einem Papiertuch getrocknet und mehrmals langsam durch eine Brennerflamme gezogen.
Auf beide behandelte Kupferbleche wird sodann mit einer Pasteur-Pipette verdünnte Salzsäure getropft.

Beobachtung
Beide Kupferbleche sind mit einer grau-weißen Zinkschicht überzogen: Verzinkung. Durch das anschließende Erhitzen verschmelzen Kupfer und Zink zu gelbem Messing. Die Salzsäure löst den Zinküberzug rasch auf, die Messingschicht hingegen nur langsam.

Erklärung
Zink reagiert mit erhitzter Natriumhydroxid-Lösung zu löslichem Natriumtetrahydroxo-zinkat:

$$Zn + 2\,NaOH + 2\,H_2O \longrightarrow Na_2[Zn(OH)_4] + H_2\uparrow$$

Das edlere Kupfer scheidet aus dieser Lösung das unedlere Zink ab:

$$[Zn(OH)_4]^{2-} + Cu \longrightarrow Cu(OH)_2 + 2\,OH^- + \underline{Zn}$$

Messing ist widerstandsfähiger gegenüber verdünnten Säuren als Zink und wird daher durch die Salzsäure nicht so rasch aufgelöst.

Entsorgung
Alkalische Restlösung mit Salzsäure neutralisieren und in den Sammelbehälter 1.

Quellen
Bukatsch, F., Glöckner, W. (Hrsg.): Experimentelle Schulchemie. Bd. 3/I. Aulis Verlag, Köln 1971.
Keune, H., Filbry, W.: Chemische Schulexperimente. Band 2, Verlag Harri Deutsch, Frankfurt 1978.

1.3.5 Verbinden von Metall durch Löten (Modellversuch)

Sachinformation
Beim Löten sollen zwei Metalle mit Hilfe einer Zinnlegierung mit niedriger Schmelztemperatur verbunden werden. Bringt man jedoch das heiße, geschmolzene Lötzinn auf ein anderes Metall, dann bedeckt sich dieses rasch mit einer Oxidschicht, die eine feste Vereinigung mit dem Zinn verhindert. Unter der Einwirkung von „Lötsalz“ wird die Bildung dieser Oxidschicht verhindert.

Geräte: Brenner, Vierfuß, Ceranplatte, Konservendose, Blechschere, Tiegelzange
Chemikalien: Kupferblech, Zinn, Ammoniumchlorid (**Xn**, gesundheitsschädlich)

Durchführung
a) Auf Kupferblech wird ein Zinnkörnchen gelegt; anschließend werden beide Metalle erhitzt.
b) Auf Kupferblech wird etwas Ammoniumchlorid (Lötsalz) gegeben und darauf ein Zinnkörnchen gelegt. Das Ganze wird anschließend erhitzt.
c) Aus einer Konservendose (verzinntes Weißblech) werden zwei Streifen herausgeschnitten. Ein Streifen wird auf eine feuerfeste Unterlage gelegt. Auf den Blechstreifen bringt man etwas Ammoniumchlorid, legt ein Körnchen Zinn darauf, erwärmt von unten und presst den zweiten Blechstreifen fest auf das geschmolzene Zinn.

Beobachtung
a) Das Zinn schmilzt, bleibt annähernd kugelförmig und kann nach dem Erkalten durch starkes Schütteln wieder entfernt werden.
b) Zunächst entweicht weißer Rauch (sublimiertes Ammoniumchlorid). An den Stellen des Kupferbleches, auf denen das Lötsalz liegt, bleibt die Metalloberfläche blank, während der Rest des Kupferbleches sich mit einer Oxidschicht bedeckt. Das Zinn schmilzt, verläuft und kann nach dem Erkalten nicht mehr vom Kupfer entfernt werden.
c) Beide Blechstreifen sind fest miteinander verbunden.

Erklärung
a) Die beim Erwärmen entstehende Schicht von Kupferoxid verhindert die feste Verbindung von Kupfer und Zinn.
b) Das Lötsalz Ammoniumchlorid zerfällt beim Erwärmen:

$$NH_4Cl \longrightarrow NH_3 + HCl$$

Das Chlorwasserstoffgas reagiert mit dem Kupferoxid unter Bildung von Kupfer(II)-chlorid.

$$2\,HCl + CuO \longrightarrow CuCl_2 + H_2O$$

c) Das entstehende Kupferchlorid verdampft in der Hitze, sodass die Oberfläche des Kupfers blank bleibt und sich mit dem geschmolzenen Zinn verbinden kann.

Entsorgung
Über den Hausmüll.

Quelle
Falbe, J., Regitz, M. (Hrsg.): Römpp Chemielexikon. 9. Auflage. Thieme Verlag, Stuttgart 1995.

1.3.6 Reinigung von Silber mit Aluminiumfolie

Sachinformation
Silber überzieht sich an der Luft mit einer dünnen Oxidschicht, die das Metall vor einer weiteren Reaktion schützt. Kommt das Silber jedoch mit Schwefelverbindungen (Schwefelwasserstoff, Cystein etc.) in Berührung, dann bildet sich schwarzes Silbersulfid (Ag_2S) – das Silber läuft an. Diese unansehnliche Schicht kann man mechanisch entfernen (Silberputztuch); allerdings beseitigt man damit auch eine dünne Silberschicht. Eine schonendere Reinigungsmethode ist der Einsatz von Aluminiumfolie.

Geräte: Schüssel, Silbergerät, Aluminiumfolie
Chemikalien: Natriumcarbonat-Lösung (w = 15 %, auf wasserfreies Natriumcarbonat bezogen), dest. Wasser

Durchführung
In eine Schüssel werden ein großes Stück Aluminiumfolie und darauf das zu reinigende Silbergerät gelegt. Anschließend wird Natriumcarbonat-Lösung zugegossen, bis der zu reinigende Gegenstand völlig bedeckt ist. Den Ansatz lässt man einige Minuten (maximal 10 min) stehen. Danach wird das Silbergerät mit dest. Wasser abgespült.

Beobachtung
Nach wenigen Minuten wird das Silber blank und der Geruch von Schwefelwasserstoff wird bemerkbar.

Erklärung
In einer elektrochemischen Reaktion werden die Silber(I)-Ionen zu metallischem Silber reduziert und das Aluminium zu Aluminium-Ionen oxidiert; die Sulfid-Ionen unterliegen in wässriger Lösung einer Protolyse, in deren Folge Hydrogensulfid entsteht. In alkalischer Lösung bilden die Aluminium-Ionen zunächst Aluminiumhydroxid, welches in einer Folgereaktion zu wasserlöslichem Aluminat umgesetzt wird.

$$2\,Al_{(s)} \rightleftarrows 2\,Al^{3+}{}_{(aq)} + 6\,e^-$$

$$Al^{3+}{}_{(aq)} + 3\,OH^-{}_{(aq)} \rightleftarrows Al(OH)_{3\,(s)}$$

$$Al(OH)_{3\,(s)} + OH^-{}_{(aq)} \rightleftarrows [Al(OH)_4]^-{}_{(aq)}$$

$$Ag_2S_{(s)} + 2\,e^- \rightleftarrows 2\,Ag\downarrow + S^{2-}{}_{(aq)}$$

$$S^{2-}{}_{(aq)} + 2\,H_2O_{(l)} \rightleftarrows H_2S\uparrow + 2\,OH^-{}_{(aq)}$$

Das unedle Metall Aluminium kann auch gegenüber Wasser als Reduktionsmittel wirken und Wasserstoff freisetzen. Er verstärkt den Redoxprozess am Ag_2S/Ag-System.

$$2\,Al_{(s)} + 6\,H_2O_{(l)} \longrightarrow 2\,Al(OH)_{3\,(s)} + 3\,H_{2\,(g)}$$

Entsorgung
Aluminiumfolie über den Hausmüll; Natriumcarbonat-Lösung neutralisieren und in das Abwasser.

Alternative

Eine Vorschrift zur Reinigung von Silber in saurer Lösung ist zu finden bei: Weißenhorn, R. G.: Über das Anlaufen und Putzen von Silber. In: PdN-Chemie 44 (1995) 1, S. 17–18.

Quellen

Bendel, E.: Chemie – eine ganz alltägliche Sache. Frankh'sche Verlagshandlung, Stuttgart 1987. Handte, A.-W.: Chemische Deutung eines Hausrezeptes zur Silberreinigung. In: PdN-Chemie 18 (1969) 52. Roesky, H. W., Möckel, K.: Chemische Kabinettstücke. VCH Verlagsgesellschaft, Weinheim 1996. Vollmer, G., Franz, M.: Chemische Produkte im Alltag. Thieme Verlag, Stuttgart 1985.

1.3.7 Bleistiftspitzer – fast reines Magnesium

Sachinformation

Metalle begegnen den Schülerinnen und Schülern im Chemieunterricht meist mehr oder weniger fein verteilt, manchmal in Bandform, mitunter als Blech. Nur selten hat man ein metallisches Werkstück zur Hand, welches Ausgangspunkt für chemische Fragestellungen ist. Eine Ausnahme stellt das Metallblöckchen eines Bleistiftspitzers dar, der aus reinem Magnesium besteht; lediglich die Klinge ist Stahl. Zur Identifikation der Materialprobe können physikalische Eigenschaften, z. B. Dichte, und chemische Eigenschaften, z. B. Brennbarkeit und Reaktionen mit Säurelösungen (Ausgangspunkt für die komplexometrische Bestimmung des Magnesiumanteils), herangezogen werden.

Teil 1: Dichtebestimmung durch Wägen und Wasserverdrängung

Geräte: 9 verschiedene Bleistiftspitzer mit Metallblöckchen, Waage, Messzylinder (50 mL), kleiner Schraubendreher

Durchführung

Nach dem Entfernen des Metallmessers werden je 3 Metallblöckchen gewogen und in einen Messzylinder (50 mL) mit exakt 30 mL Wasser gegeben. Die Volumenzunahme wird abgelesen (Ablesegenauigkeit: 0,5 mL) und der Quotient aus Masse und Volumen ermittelt.

Beobachtung

Tab. 3: Experimentelle Ergebnisse der Dichtebestimmung durch Wägen und Wasserverdrängung

Nr.	Masse [g]	Volumen [mL]	Berechnete Dichte [g/mL]
1–3	16,62	9,5	1,77
4–6	16,54	9,5	1,74
7–9	16,47	9,5	1,73

Erklärung
Ein Blick auf die Dichtetabelle zeigt, dass die Probe einen sehr hohen Anteil an Magnesium enthalten muss. Die errechnete Dichte entspricht praktisch dem theoretischen Wert.

Entsorgung
Metallblöckchen trocknen und für weitere Versuche aufbewahren.

Teil 2: Komplexometrische Bestimmung des Magnesiumgehaltes der Materialprobe
Geräte: Bleistiftspitzer, Metallsäge, Waage, Messzylinder (10 mL), Becherglas (150 mL), Messkolben (1000 mL), Messpipette (50 mL), Bürette, Weithals-Erlenmeyerkolben (300 mL)
Chemikalien: Salzsäure (w = 17 %; **Xi**, reizend), Salzsäure (w = 35 %; **C**, ätzend), dest. Wasser, Titriplex(III)-Lösung (c = 0,1 mol/L), Ammoniak-Lösung (w = 25 %; **C**, ätzend), Indikatorpuffertabletten, Natriumhydroxid-Lösung (w = 10 %; **C**, ätzend), Triethanolamin (**Xi**, reizend)

Vorbereitung ***Abzug!***
Eine genau gewogene Materialprobe (ca. 1 g) wird in einem Becherglas mit 10 mL Salzsäure (w = 17 %) übergossen. Es kommt zu einer stürmischen Gasentwicklung, das Metall wird gelöst. Gegebenenfalls wird die Reaktion mit 2–3 mL konzentrierter Salzsäure zum Abschluss gebracht. (Hinweis: Es empfiehlt sich nicht, den ganzen Spitzer in Salzsäure aufzulösen. Der Vorgang nimmt 1–2 Tage in Anspruch.)
Die Salzsäure-Lösung wird quantitativ in einen Messkolben (1000 mL) überführt und bis zum Eichstrich mit dest. Wasser aufgefüllt. Diese Lösung wird für weitere Versuche aufbewahrt.

Durchführung
50 mL Spitzer-Lösung (entsprechen 25 mg Spitzermaterial) sowie 50 mL dest. Wasser werden in einen Weithals-Erlenmeyerkolben pipettiert. Somit wird die bei der Probenvorbereitung erhaltene Spitzer-Lösung so verdünnt, dass 1000 mL Lösung 500 mg gelöste Materialprobe enthalten.
Man fügt 2 mL Triethanolamin und eine Indikatorpuffertablette hinzu. Nun titriert man mit Titriplex(III)-Lösung bis zum Farbumschlag von rot nach grün.

Beobachtung
Der Verbrauch an Titriplex(III)-Lösung beträgt ca. V = 10,05 mL.

Erklärung
Die Umrechnung der gemessenen Volumina an verbrauchter Titrationsflüssigkeit in die entsprechende Stoffportion Magnesium ist aufgrund der folgenden Beziehungen leicht möglich:

1 mol Titriplex-Lösung (c = 1 mol/L) = 1 mol Magnesium;
daraus folgt 1 mL Titriplex-Lösung (c = 0,1 mol/L) = 2,4 mg Magnesium

Durch die Zugabe von Triethanolamin soll der Anteil an Aluminium, welcher in dem Bleistiftspitzer enthalten ist, „getarnt“ werden, damit er die Bestimmung des Magnesiumanteils nicht stört. Die Titration soll in einem Pufferbereich um pH = 10 durchgeführt werden, damit kein Magnesiumhydroxid ausfällt. Im vorliegenden Fall ergibt sich ein Analysewert von 24,43 mg Magnesium. Das heißt, dass der Magnesiumanteil im Bleistiftspitzer-Material 97,7 % beträgt. Es handelt sich um nahezu reines Magnesium.

Entsorgung
Titrierte Lösungen in den Sammelbehälter 1.

Quelle
Pfeifer, P. u. a.: Experimente mit Magnesium. In: Glöckner, W. (Hrsg.): Handbuch der experimentellen Chemie. Bd. 2, Aulis Verlag, Köln 1996, S. 124 ff.

1.3.8 Kupfernachweis in Münzen

Sachinformation
Die derzeit im Umlauf befindlichen Cent- und Euro-Münzen unterscheiden sich in ihrer Zusammensetzung erheblich (Tab. 4).

Tab. 4: Die Zusammensetzung der Cent- und Euro-Münzen

Münze	Zusammensetzung, außen	Zusammensetzung, innen
2 Euro	Kupfer-Nickel	dreischichtig: Nickel-Messing, Nickel, Nickel-Messing
1 Euro	Nickel-Messing	dreischichtig: Kupfer-Nickel, Nickel, Kupfer-Nickel
50 Cent	Kupfer-Aluminium-Zink-Zinn-Legierung	
20 Cent	Kupfer-Aluminium-Zink-Zinn-Legierung	
10 Cent	Kupfer-Aluminium-Zink-Zinn-Legierung	
5 Cent	Stahl mit Kupferauflage	
2 Cent	Stahl mit Kupferauflage	
1 Cent	Stahl mit Kupferauflage	

Geräte: Wattestäbchen (weiß), Papiertücher, kleine Glasschale, Euro-Münzgeld
Chemikalien: Ammoniak-Lösung (w = 2 %; **C**, ätzend), Brennspiritus (**F**, leicht entzündlich), dest. Wasser

Durchführung
Gereinigte und mit Brennspiritus entfettete Münzen werden auf ein Papiertuch gelegt. Unter sehr kräftigem Andruck wird die Oberfläche mit einem in Ammoniak-Lösung getränkten Wattestäbchen abgerieben.

Beobachtung
Das Wattestäbchen färbt sich deutlich blau.

Erklärung
Münzen unterliegen an der Oberfläche Redoxreaktionen. Demzufolge bilden sich bei Kupfermünzen bzw. Kupferlegierungen verschiedene Kupferverbindungen. Sie sind Ursache für den positiven Verlauf des beschriebenen Tests, bei dem sich der blaue Tetraamminkupfer(II)-Komplex bildet:

$$Cu^{2+} + 4\,NH_3 \longrightarrow [Cu(NH_3)_4]^{2+}$$

Entsorgung
Wattestäbchen in den Hausmüll.

Quellen
Proske, W.; Venke, S.: Kupfernachweis bei Münzen. In: UC 13 (2002) 72, S. 59–60.
http://www.bundesbank.de/bargeld/bargeld_faq_euromuenzen.php#technischen_merkmale (18.03.2011).

1.3.9 Kleesalz als Lösungsmittel für Rost

Geräte: Reagenzgläser, Reagenzglasständer, Reagenzglaszange, Brenner, Messzylinder (10 mL), Waage, Spatel
Chemikalien: Eisen(III)-chlorid-Lösung (w = 7 %), Ammoniak-Lösung (w = 10 %; **C**, ätzend), Kaliumhydrogenoxalat (Kleesalz) (**Xn**, gesundheitsschädlich), dest. Wasser

Durchführung
In einem Reagenzglas werden 3 mL Eisen(III)-chlorid-Lösung zum Sieden erhitzt. Anschließend fügt man 4 mL Ammoniak-Lösung zu und lässt den entstandenen rot-braunen Niederschlag absetzen. Die überstehende Flüssigkeit wird anschließend vorsichtig abgegossen.
In einem zweiten Reagenzglas löst man 2 g Kleesalz (Kaliumhydrogenoxalat) in 10 mL Wasser durch Erhitzen auf. Diese heiße Lösung gießt man in das erste Reagenzglas zu dem rot-braunen Niederschlag.

Beobachtung
Der Niederschlag löst sich auf. Unter Umständen muss man durch nochmaliges Erwärmen nachhelfen.

Erklärung
Aus der Eisen(III)-chlorid-Lösung wird durch Ammoniak Eisen(III)-hydroxid (Rost) gefällt. Eisen(III)-hydroxid reagiert mit Kleesalz unter Bildung wasserlöslicher Oxalatoferrat-Komplexverbindungen. Es entsteht Kalium-trisoxalatoferrat(III):

$$3\ \underbrace{(HOOC{-}COO^-\,K^+ \cdot HOOC{-}COOH)}_{\text{Kleesalz}} + Fe(OH)_3 \longrightarrow \underbrace{K_3[Fe(C_2O_4)_3]}_{\text{Kalium-trisoxalato-ferrat(III)}} + 3\ HOOC{-}COOH + 3\ H_2O$$

Eine heiße Kleesalz-Lösung kann zum Entfernen von Rostflecken aus Textilien verwendet werden. Da die entstehende Oxalsäure die Fasern zerstören kann, muss anschließend gründlich mit Wasser gespült werden.

Entsorgung
Reaktionslösungen vereinigen und in das Abwasser.

Quelle
Just, M., Hradetzky, A.: Chemische Schulexperimente. Band 4. Verlag Harri Deutsch, Frankfurt 1978.

1.3.10 Galvanisieren von kleinen Gegenständen

Sachinformation
Unter Galvanisieren versteht man die Oberflächenbehandlung von Metallen und Nichtmetallen auf elektrolytischem Wege. Galvanisierbar ist auch eine große Zahl von nichtmetallischen Gegenständen, sofern sie mit einem Leitlack bedeckt sind. Ganz allgemein wird beim Galvanisieren der mit einer Metallschicht bedeckte Gegenstand als Kathode, das den Überzug liefernde Metall als Anode geschaltet. Als Elektrolyt wählt man die Lösung eines seiner Salze.

Geräte: Kunststoffdose, zu verkupfernder Gegenstand, Gleichstromquelle, Pinsel, Kabelverbindungen, Krokodilklemmen, Kupferblech ca. 4 x 5 cm
Chemikalien: Schwefelsäure (w = 10 %; **Xi**, reizend), dest. Wasser, Kupfer(II)-sulfat-pentahydrat (**Xn**, gesundheitsschädlich), Tauchlack (Bastelgeschäft), Leitlack (Silberleitlack oder Ferrographitlack; Bastelgeschäft), Seifen-Lösung, Faden (evtl. Kupferdraht, Aceton)

Durchführung
Vor dem Eintauchen in das Galvanisierbad müssen die Werkstücke vorbereitet werden. Gegenstände aus Metall müssen sorgfältig entfettet werden. Nichtmetallische Gegenstände (wie Muscheln, Steine, Nüsse) werden zunächst mit einem Tauchlack versiegelt. Der Tauchlack wird mit einem Pinsel aufgetragen. Nach dem Trocknen wird Leitlack möglichst gleichmäßig ebenfalls mit dem Pinsel aufgetragen. Anschließend lässt man etwa 1 Stunde lang trocknen.
Ein Gefäß (z. B. eine große Kunststoffdose) wird so hoch mit der Elektrolyt-Lösung (65 g Kupfer(II)-sulfat-pentahydrat + 125 mL Schwefelsäure + 375 mL dest. Wasser) gefüllt, dass der zu verkupfernde Gegenstand (Werkstück) später völlig eintaucht. Das Werkstück wird jetzt als Kathode mit dem negativen Pol einer Gleichstromquelle (z. B. Taschenlampenbatterie oder Akkumulator) verbunden. Als Anode dient ein Kupferblech (etwa 4 x 5 cm), das am anderen Ende der Dose in die Elektrolyt-Lösung eintaucht und mit dem positiven Pol der Stromquelle verbunden wird. Der Abstand zwischen der Anode und den verschiedenen Stellen des Werkstücks sollte möglichst gleich groß sein.
Die Galvanisierungsspannung beträgt etwa 1 V. Sollte der Gegenstand in der Elektrolyt-Lösung schwimmen, wird er mit einer Glasplatte beschwert.
Nach abgeschlossener Galvanisierung nimmt man das Werkstück aus dem Bad, wäscht es gründlich mit Seifen-Lösung (Neutralisierung der Schwefelsäure, die die Kupferschicht sofort zerstören würde) und anschließend mit Wasser ab, trocknet und poliert mit einem Tuch.

Beobachtung
Innerhalb von 10–20 min überzieht sich das Werkstück mit einer hauchdünnen Kupferschicht. Zur Herstellung einer strapazierfähigen Schicht von etwa 0,5 mm Dicke sollte man 12 h lang galvanisieren und das Werkstück dabei ab und zu bewegen.

Erklärung
Der zu verkupfernde Gegenstand ist als Kathode geschaltet. An der Kathode werden die Kupfer(II)-Ionen reduziert und metallisches Kupfer scheidet sich ab.

$$Cu^{2+} + 2e^- \longrightarrow Cu$$

Entsorgung
Galvanisierlösung in den Sammelbehälter 1.

Quelle
Höhn, E.-G., Adelhelm, M.: Galvanoplastik. In: MNU 48 (1995) 6, S. 353–358.

1.3.11 Aluminium-Luft-Batterie (MacGyver-Batterie)

Geräte: Aluminiumdose (z. B. Red Bull®), Schmirgelpapier, Kleinelektromotor, Voltmeter, Kabel, Stativmaterial, Kohle-Elektrode, 2 Krokodilklemmen
Chemikalien: Natriumchlorid-Lösung (c = 2 mol/L)

Durchführung
Der Deckel einer Aluminiumdose wird entfernt, sodass man einen einseitig offenen Zylinder erhält. Anschließend wird das Innere der Dose mit Schmirgelpapier aufgeraut **(Vorsicht, Schnittgefahr!).** Nun wird die Aluminiumdose mit Natriumchlorid-Lösung gefüllt und eine Kohle-Elektrode, die über einen Kleinelektromotor oder ein Voltmeter mit der Aluminiumdose verbunden ist, in den Elektrolyten eingetaucht.

Beobachtung
Der Propeller des Kleinelektromotors dreht sich für kurze Zeit.

Erklärung
Das Aluminium steht in direktem Kontakt zum Elektrolyten, es geht anodisch in Lösung (1). Die Elektronen fließen zur Kohle-Elektrode, an der der gelöste Luftsauerstoff reduziert wird (2). Der Stromabfall erfolgt rasch, denn nach kurzer Zeit ist der gelöste Luftsauerstoff verbraucht. Durch kurzes Schwenken der Kohle-Elektrode an der Luft wird Sauerstoff „aufgenommen" und die Batterie funktioniert wieder.
Die besondere Bedeutung der Chlorid-Ionen kann demonstriert werden, indem man z. B. Natriumsulfat anstelle der Natriumchlorid-Lösung verwendet: kein Stromfluss.

$$4\,Al \rightleftarrows 4\,Al^{3+} + 12\,e^- \quad (1)$$

$$3\,O_2 + 6\,H_2O + 12\,e^- \rightleftarrows 12\,OH^- \quad (2)$$

Chlorid-Ionen bilden mit Aluminium-Ionen einen löslichen Komplex (3)

$$Al^{3+} + 4\,Cl^- \rightleftarrows [AlCl_4]^- \quad (3)$$

Auf diese Weise wird eine Passivierung der Aluminiumoberfläche durch Abscheidung von Aluminiumhydroxid verhindert.

Entsorgung
Elektrolytlösung in das Abwasser.

Quelle
Ducci, M., Ducci, B., Oetken, M.: Aluminium in der Spannungsreihe der Metalle. In: NiU-Chemie 12 (2001) 66, S. 42.

2 Lebens- und Genussmittel

2.1 Vom Pflanzenöl zur Margarine

2.1.1 Extraktion von fettem Öl aus Pflanzenmaterial

Variante 1
Geräte: Teelöffel, Teebeutel (oder Tee-Ei), dünne Schnur (ca. 7 cm, zum Zubinden des Teebeutels), Weithals-Erlenmeyerkolben (250 mL), Messzylinder (50 mL), Uhrglas (zum Abdecken des Erlenmeyerkolbens), Heizplatte, Pinzette oder Tiegelzange, Schere, Kristallisierschale, (Destillationsapparatur)
Chemikalien: ölhaltige Samen (z. B. gemahlene Sojabohnen, Hasel- oder Erdnüsse), Petroleumbenzin (Siedebereich 40–60 °C; **F**, leicht entzündlich)

Durchführung
Man gibt 2–3 Teelöffel der ölhaltigen Samen in einen handelsüblichen Teebeutel und bindet ihn mit einer Schnur zu (alternativ: Tee-Ei). Den so präparierten Teebeutel hängt man in einen mit 50 bis 70 mL Petroleumbenzin gefüllten Weithals-Erlenmeyerkolben, der mit einem Uhrglas bedeckt wird. Dann erwärmt man die Lösung auf der Heizplatte auf ca. 50 °C. Nach ca. 5–8 min nimmt man den Kolben von der Wärmequelle und holt mit einer Pinzette oder Tiegelzange den Teebeutel heraus. Die Lösung gießt man aus dem Kolben in eine Kristallisierschale und lässt sie unter dem Abzug stehen, bis keine Flüssigkeit mehr vorhanden ist. Alternativ kann die Lösung destilliert und das Lösungsmittel zurückgewonnen werden.

Variante 2
Geräte: Demonstrationsreagenzglas, Reagenzglas, Kork- oder Gummiring, Messzylinder (25 mL), Siedesteinchen, Becherglas (400 mL, hohe Form), Heizplatte, Stativmaterial, Trichter, Filterpapier, Kristallisierschale, (Destillationsapparatur)
Chemikalien: ölhaltige Samen (z. B. Kokosflocken, gemahlene Haselnüsse), Petroleumbenzin (Siedebereich 40–60 °C; **F**, leicht entzündlich)

Versuchsaufbau
(s. nebenstehende Grafik)

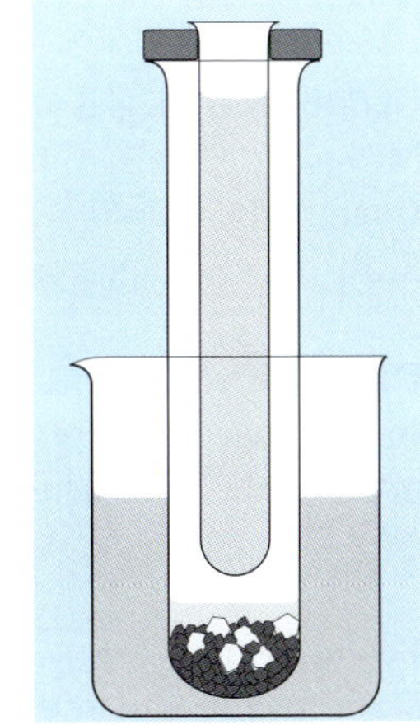

Durchführung
In ein Demonstrationsreagenzglas gibt man zerkleinerte ölhaltige Samen (z. B. Nüsse). Man übergießt sie mit ca. 15 mL Petroleumbenzin und gibt 2–3 Siedesteinchen hinzu. In das Glas hängt man mittels eines Kork- oder Gummiringes ein kleineres, mit kaltem Wasser gefülltes Reagenzglas. Diese Vorrichtung wird im Wasserbad erhitzt, sodass das Extraktionsmittel leicht siedet. Der aufsteigende Dampf kondensiert an dem kalten Reagenzglas. Das Kondensat tropft in das Extraktionssystem zurück. Nach ca. 10 min kann man die Extraktion beenden und

das Gemisch in eine Kristallisierschale filtrieren. Das Filtrat stellt man zum Verdunsten des Extraktionsmittels unter den Abzug oder unterwirft es einer Destillation (vgl. Variante 1).

Beobachtung
In beiden Fällen bleibt nach dem Verdunsten bzw. Verdampfen des Extraktionsmittels ein farbloser bis weißlicher Feststoff zurück, welcher sich fettig anfühlt.

Erklärung
Durch die Extraktion konnte das fette Öl aus pflanzlichem Material gewonnen werden.
Während die Extraktion entsprechend der Variante 2 ausschließlich qualitativen Charakter hat, kann die Variante 1 auch zu quantitativen Aussagen genutzt werden. Dazu muss nur die Einwaage an Probenmaterial erfasst und die Extraktionsdauer erhöht werden. Die klassische Labormethode für die quantitative Isolierung von Fetten ist die Extraktion nach Soxhlet.

Entsorgung
Über den Hausmüll.

Quellen
Variante 1: Donner, B., Sommer, K.: Vom sensorischen Test zur quantitativen Bestimmung, Beispiel Brühwürfel. In: PdN-Chemie 53 (2004) 6, S. 21–27;
Variante 2: Versuche mit Lebensmitteln im Unterricht. Autorenkollektiv. VEB Fachbuchverlag, Leipzig 1970, S. 135.

2.1.2 Härtung von fetten Ölen (Modellversuch)

Sachinformation
Fette Öle tierischer oder pflanzlicher Herkunft sind bei Zimmertemperatur flüssig oder halbflüssig. Diese Eigenschaft beruht auf dem hohen Anteil an ungesättigten Fettsäuren (vor allem Ölsäure). Zur Umwandlung in festere und damit streichfähige Fette werden die fetten Öle durch Reaktion mit atomarem Wasserstoff bei Anwesenheit eines Katalysators gehärtet.

Geräte: Reagenzglas mit passendem Stopfen, Reagenzglasständer, 2 Kolbenhubpipetten (2 mL), Messpipette (1 mL), Spatel
Chemikalien: dest. Wasser, Schwefelsäure (w = 96–98 %; **C**, ätzend), Soja-, Raps- oder Olivenöl, Zink- oder Eisenpulver

Durchführung
In ein Reagenzglas werden zu 0,5 mL dest. Wasser etwa 1,5 mL konzentrierte Schwefelsäure gegeben. Auf die noch heiße Lösung pipettiert man etwa 1,5 mL Öl und fügt eine Spatelspitze Zink- oder Eisenpulver zu. Anschließend wird das Gemisch gut durchgeschüttelt.

Beobachtung
Nach etwa 30 min ist die Emulsion fest geworden.

Erklärung

Aus der Reaktion von Zink (oder Eisen) und Schwefelsäure entsteht atomarer Wasserstoff (nascierender Wasserstoff) (1). Atomarer Wasserstoff lagert sich an die Doppelbindung der Ölsäure an und wandelt diese in die feste Stearinsäure um (2).

$$Zn + H_2SO_4 \longrightarrow ZnSO_4 + 2\,H \qquad (1)$$

$$CH_3\text{-}(CH_2)_7\text{-}CH{=}CH\text{-}(CH_2)_7\text{-}COOH + 2\,H \longrightarrow CH_3\text{-}(CH_2)_{16}\text{-}COOH \qquad (2)$$

Ölsäure: flüssig (Schmelztemperatur: 16 °C) — Stearinsäure: fest (Schmelztemperatur: 69 °C)

Entsorgung

Reaktionsgemisch in den Sammelbehälter 1.

Quelle

Schotten, W.: Ein einfacher Versuch zur Fetthärtung. In: PdN-Chemie 16 (1967), S. 85–86.

2.1.3 Margarine – selbst gemacht

Sachinformation

Im Jahr 2004 nahm jeder Bundesbürger 6,3 kg Margarine – einschließlich Halbfettmargarine und Halbmischfett – und 6,6 kg Butter zu sich.

Geräte: Becherglas (100 mL), Waage, Ess- und Teelöffel, Thermometer, Messer, Heizplatte, Metallschale mit Eiswürfeln, Glasstab oder Handmixer
Chemikalien: Kokosfett (Palmin®), Speiseöl (z. B. Olivenöl), Milch, Ei, Kochsalz, Brotscheibe zum Kosten

Durchführung

Damit man die Margarine essen kann, wird mit Küchenutensilien gearbeitet. In einem Becherglas werden 15 g Kokosfett (Palmin®) bei 45 °C geschmolzen und anschließend mit 10 g (etwa 1 Esslöffel) Speiseöl (z. B. Olivenöl), 1 Teelöffel Milch, 1 Teelöffel frischem Eigelb und einer Messerspitze Kochsalz vermischt. Anschließend stellt man das Becherglas in eine Wanne mit Eiswasser und rührt so lange mit einem Glasstab, bis die Masse steif geworden ist.
Will man die zehnfache Menge an Rohstoffen verwenden, um mehr Margarine zu erhalten, dann kann man sich das Rühren durch den Einsatz eines elektrischen Handmixers erleichtern.
Die Streichfähigkeit der entstandenen Margarine wird auf einer Brotscheibe gezeigt.

Beobachtung

Durch das Rühren erhält man eine Emulsion aus Stoffen der fetthaltigen und der wasserhaltigen Phase, die schnell steif wird.

Erklärung

Margarine ist eine Fett-Wasser-Emulsion (vgl. auch 6.3.2), die streichfähig ist.

Quellen

Sichelschmidt, R.: Nahrungsmittelchemie (Lehrerheft). Cornelsen-Velhangen & Klasing Verlag, Berlin, 1973. Schmidkunz, H., Schlagheck, K.: Lebensmittel-Nährstoffe. Band 11. Unterricht Chemie, Aulis Verlag, Köln 2001. Sommer, K., Pfeifer, P., Reller, A.: Fettreduzierte Brotaufstriche. In: Chemie in unserer Zeit 36 (2002) 2, S. 2–8.

2.2 Organische Säuren und ihre Anwendungen

2.2.1 Isolierung von Citronensäure aus Zitronen

Sachinformation

Die heute noch verwendete Methode zur Isolierung von Citronensäure wurde erstmals von Scheele praktiziert. Er erkannte, dass Citronensäure mit Kalk in heißem Wasser unlösliche Salze bildet, „... mit Hilfe derer man sie von anderen in Früchten vorkommenden Substanzen abtrennen kann. Indem man die Salze mit Schwefelsäure zersetzt, erhält man die reinen Säuren."

Geräte: 3 Bechergläser, Messzylinder (25 mL), Glasstab, Trichter, Filterpapier, pH-Papier, Brenner, Vierfuß, Ceranplatte, Pipette, Kristallisierschale
Chemikalien: Saft einer Zitrone, dest. Wasser, Ammoniak-Lösung (w = 25 %; **C**, ätzend), Calciumchlorid-Lösung (c = 1 mol/L), Schwefelsäure (c = 0,1 mol/L)

Durchführung

Der Zitronensaft wird mit 10 mL dest. Wasser versetzt und filtriert. Man fügt zum Filtrat so viel Ammoniak-Lösung zu, bis das Gemisch alkalisch reagiert (mit pH-Papier überprüfen). Nun werden 10 mL Calciumchlorid-Lösung hinzugegeben. Man erhitzt die Lösung bis zum Sieden und hält das Gemisch 3–5 min auf der gleichen Temperatur. Das siedende Stoffgemisch wird filtriert.
Man gibt den Filterrückstand in ein Becherglas und fügt Schwefelsäure hinzu, bis sich der Niederschlag aufgelöst hat. Man filtriert nochmals, gibt das Filtrat in eine Kristallisierschale und lässt es stehen.

Beobachtung

In der siedenden Lösung bildet sich ein Niederschlag, welcher sich in Schwefelsäure wieder lösen lässt. Aus dem Filtrat dieser Lösungen bilden sich nach einiger Zeit rhombische Kristalle.

Erklärung

Das in der Hitze schwer lösliche Salz ist Calciumcitrat (1). Durch die Zugabe von Schwefelsäure wird Citronensäure aus dem Salz Calciumcitrat freigesetzt (vgl. Sachinformation) (2).

$$2\ \text{Citronensäure} + 3\,CaCl_2 \longrightarrow Ca_3(\text{Citrat})_2 + 6\,HCl \quad (1)$$

Citronensäure | Calcium-chlorid | Calciumcitrat | Salzsäure

$$Ca_3(\text{Citrat})_2 + 3\,H_2SO_4 \longrightarrow 2\ \text{Citronensäure} + 3\,CaSO_4 \quad (2)$$

Calciumcitrat | Schwefelsäure | Citronensäure | Calciumsulfat

Entsorgung
Citronensäure-Ansatz mit Natriumhydroxid-Lösung neutralisieren und in das Abwasser.

Quellen
Just, M., Hradetzky, A.: Chemische Schulexperimente. Band 4, Verlag Harri Deutsch, Thun, Frankfurt/M. 1987. Sumfleth, E. und Mitarbeiter: Isolierung von Carbonsäuren aus Naturstoffen. In: PdN-Chemie 36 (1987) 2, S. 9–12.

2.2.2 Kunsthonig – selbst gemacht

Geräte: 2 Kristallisierschalen, Glasstab, Vierfuß, Brenner, Ceranplatte, Messzylinder (50 mL), Waage, Reagenzgläser, Reagenzglasständer, Becherglas (250 mL)
Chemikalien: Raffinadezucker, Wasser, Citronensäure (**Xi**, reizend), Fehling I (**Xn**, gesundheitsschädlich), Fehling II (**C**, ätzend)

Durchführung
25 g Zucker werden in 50 mL Wasser gelöst und mit 0,5 g Citronensäure versetzt. Über dem Brenner und unter ständigem Rühren mittels Glasstab engt man die Flüssigkeit auf etwa ein Drittel des Volumens ein.
Für einen zweiten Ansatz werden 25 g Zucker in 50 mL Wasser gelöst. Auch dieser Ansatz wird auf ein Drittel des Volumens eingeengt. Beide Ansätze werden mit der Fehling-Probe auf Glucose untersucht.

Beobachtung
Nach dem Abkühlen der mit Citronensäure versetzten Probe ist eine gelbbraune, zähe Masse mit charakteristischem, süß-säuerlichen Honiggeschmack entstanden. Die Fehling-Probe dieses Ansatzes ergibt schon nach kurzem Erhitzen eine rote Färbung. Der zweite Ansatz ergibt nach dem Abkühlen einen Rückstand, der bei der Fehling-Probe nicht zu einer Farbveränderung führt.

Erklärung

Im ersten Ansatz entsteht durch hydrolytische Spaltung der Saccharose unter dem katalytischen Einfluss der Citronensäure ein äquimolares Monosaccharid-Gemisch aus Glucose und Fructose. Eine reine thermolytische Spaltung ist, wie in Ansatz 2 gezeigt, nicht möglich.

Saccharose $+ H_2O \longrightarrow$ Glucose $+$ Fructose

Entsorgung

Beide Ansätze in das Abwasser; Reaktionsgemische mit Fehling I/II in den Sammelbehälter 1.

Quelle

Wieczorek, R.: Isolierung von ausgewählten Enzymen aus Lebensmitteln, deren Charakterisierung und alltagsbezogene Anwendung. Erste Staatsexamensarbeit, Ruhr-Universität Bochum 2005.

2.2.3 Isolierung von Weinsäure aus Traubensaft

Geräte: Waage, Spatel, Wägeschiffchen, Becherglas (2 L), Glasstab, pH-Papier, Trichter, Filterpapier, Messzylinder (50 mL), Becherglas (250 mL), Magnetheizrührer mit Rührfisch, Kristallisierschale
Chemikalien: naturreiner Traubensaft, Calciumhydroxid (**C**, ätzend), dest. Wasser, Schwefelsäure (c = 2 mol/L; **Xi**, reizend), Aktivkohlepulver

Durchführung

In einen Liter naturreinen Traubensaft werden portionsweise 3,5 g festes Calciumhydroxid eingerührt. Der pH-Wert darf 8,5–9 nicht überschreiten. Der Niederschlag wird abfiltriert und mehrmals mit destilliertem Wasser gewaschen. Dann suspendiert man den Niederschlag in 30 mL destilliertem Wasser und gibt portionsweise verdünnte Schwefelsäure zu. Nach jeder Säurezugabe wird umgerührt und der pH-Wert gemessen. Bleibt er auch nach längerem Rühren unter 2, beendet man die Säurezugabe. Jetzt muss der Ansatz 24 h lang stehen und gerührt werden (Magnetrührer verwenden). Dann wird filtriert. Das Filtrat wird zur Reinigung mit 1,5 g Aktivkohlepulver versetzt, 10 min lang gerührt und nochmals filtriert. Das Filtrat wird auf der Heizplatte auf 5 bis 10 mL eingeengt, wobei ein sich eventuell bildender Niederschlag (aus Calciumsulfat) abfiltriert wird. Anschließend lässt man die Lösung an einem warmen Ort zur Kristallbildung stehen.

Beobachtung

Es entstehen Kristalle charakteristischer Form (Abb. 4 und 5).

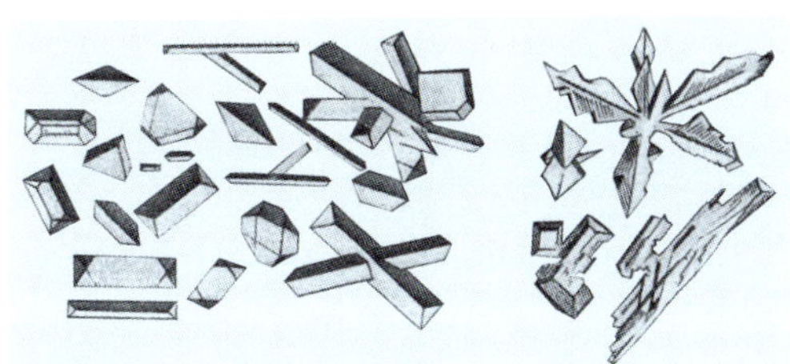

Abb. 4: Weinsäure-Kristalle (aus: Molisch)

Abb. 5: Weinsäure-Kristalle, isoliert aus Traubensaft (400-fache Vergrößerung) (Foto: J. Lorke)

Erklärung

Die Weinsäure wird aus dem Traubensaft durch Zugabe von Calcium-Ionen als Calciumtartrat gefällt. Aus dem Niederschlag kann man die Weinsäure mittels Schwefelsäure wieder freisetzen.

Entsorgung

Filtrationsrückstände in den Hausmüll; Weinsäure-Ansatz mit Natriumhydroxid-Lösung neutralisieren und in das Abwasser.

Quellen

Molisch, H.: Mikrochemie der Pflanze. Fischer, Jena 1913 (Abbildung). Sumfleth, E. et al.: Isolierung von Carbonsäuren aus Naturstoffen. In: PdN-Chemie 36 (1987) 2, S. 9–12.

2.2.4 Brauselimonade – selbst gemacht

Geräte: Teelöffel, 2 Bechergläser (100 mL), Glasstab
Chemikalien: Saccharose, Weinsäure, Natriumhydrogencarbonat (Natron), dest. Wasser, eventuell Kalkwasser (**Xi**, reizend)

Durchführung

Man mischt 2 Teile Saccharose, 2 Teile Weinsäure und 1 Teil Natron. Ein gehäufter Teelöffel dieses Gemisches wird in einem Becherglas mit dest. Wasser übergossen.

Beobachtung

Es schäumt heftig auf. Das frei werdende Gas kann mit Kalkwasser als Kohlenstoffdioxid identifiziert werden.

Erklärung

Saure Lösungen zersetzen Carbonate unter Bildung von Kohlenstoffdioxid. Für Natron gilt die Gleichung:

$$\underset{\text{Natron}}{NaHCO_3} + \underset{\text{Weinsäure}}{HR} \longrightarrow CO_2 + H_2O + \underset{\text{Natriumtartrat}}{NaR}$$

Entsorgung
Über das Abwasser.

Quelle
Feldmann, W. et al.: Hausmittel-Lexikon. Ecomed Verlagsgesellschaft, Landsberg/Lech 1982.

2.3 Gewürze und Farbstoffe

2.3.1 Iodiertes Speisesalz – Iod im Salz?

Geräte: Spatel, Reagenzglasständer, Reagenzgläser, Pipetten, Cobaltglas, Messzylinder (5 mL)
Chemikalien: iodiertes Speisesalz, dest. Wasser, Salpetersäure (c = 0,5 mol/L), Silbernitrat-Lösung (c = 0,1 mol/L; **Vorsicht, färbt bei Hautkontakt dunkel**), Ammoniak-Lösung (w = 25 %; **C**, ätzend), Kaliumiodid-Lösung, Stärke-Lösung

Durchführung
a) Eine Spatelspitze Speisesalz wird im Reagenzglas mit 5 mL dest. Wasser versetzt (Beobachtung I). Dann fügt man 1 mL verdünnte Salpetersäure zu (Beobachtung II). Mit einer Pipette gibt man tropfenweise Silbernitrat-Lösung zu (Beobachtung III). Das Gemisch wird mit einigen Tropfen konzentrierter Ammoniak-Lösung versetzt (Beobachtung IV).
b) Zu einer weiteren, angesäuerten Probe Speisesalz gibt man 1–2 mL Kaliumiodid-Lösung und etwas Stärke-Lösung.

Beobachtung
a) Beobachtung I: Das Speisesalz löst sich nur teilweise; eine milchige Trübung bleibt zurück.
Beobachtung II: Die milchige Trübung verschwindet; eventuell treten einige Gasbläschen auf. Es entsteht eine farblose Lösung.
Beobachtung III: Es bildet sich ein weißer, flockiger Niederschlag.
Beobachtung IV: Der weiße Niederschlag löst sich vollständig auf.
b) Es tritt eine deutliche Blaufärbung auf.

Erklärung
a) Das Speisesalz enthält eine un- (bzw. schwer-)lösliche Komponente.
Die unlösliche Komponente ist in verdünnter Salpetersäure löslich.
Bei dem Niederschlag könnte es sich um Silberchlorid und/oder Silberiodid handeln. Der weiße Niederschlag ist als Silberchlorid identifiziert; Silberiodid würde sich nicht auflösen!
b) Durch eine Reaktion zwischen Iodat-Ionen und Iodid-Ionen in saurer Lösung kommt es zur Bildung von elementarem Iod nach folgender Reaktionsgleichung:

$$IO_3^- + 5\,I^- + 6\,H_3O^+ \longrightarrow 3\,I_2 + 9\,H_2O$$

Es handelt sich um eine besondere Redoxreaktion, eine Synproportionierung. Iodiertes Speisesalz enthält demnach ein Iodat, z. B. KIO_3, als Iodquelle.

Entsorgung
Reaktionsgemische in den Sammelbehälter 1.

Quelle
Lutz, B., Pfeifer, P.: Iodiertes Speisesalz. In: UC 13 (2002) 69, S. 34.

2.3.2 Piperin im Pfeffer

Geräte: Reagenzglas, Reagenzglasständer, Messzylinder (10 mL), Spatel, Waage, Uhrglasschale, Glasstab, Heizplatte, Becherglas (400 mL – dient als Wasserbad), Trichter, Filterpapier, Petrischale, Lupe, Objektträger, Deckgläschen, Pipette, Mikroskop
Chemikalien: weißes Pfefferpulver, Ethanol (**F**, leicht entzündlich), dest. Wasser

Durchführung
In einem Reagenzglas bringt man 10 mL Ethanol und 1 g weißes Pfefferpulver zur Suspension. Man stellt das Reagenzglas in das siedende Wasserbad (mit Wasser gefülltes Becherglas (400 mL) auf Heizplatte) und bringt es kurz zum Sieden. Dann filtriert man in eine Petrischale. Nach dem Erkalten fügt man so viel dest. Wasser hinzu, dass eine kräftige Emulsion entsteht. Man verwendet dafür etwa doppelt so viel Wasser wie vorhandenes Filtrat. Die Emulsion wird über Nacht stehen gelassen. Am nächsten Tag betrachtet man das Gemisch mit der Lupe. Am besten schaut man sich den Rand oberhalb des Flüssigkeitsspiegels an, da sich hier die Kristalle gut erkennen lassen. Ein Tropfen der Emulsion wird auf den Objektträger gegeben und mikroskopisch betrachtet.

Beobachtung
Fügt man nach dem Sieden Wasser hinzu, bilden sich Fettaugen auf der Flüssigkeitsoberfläche. Nachdem die Emulsion über Nacht stehen gelassen wurde, kann man Kristalle erkennen.

Erklärung
Ethanol hat die Eigenschaft, Piperin aus dem Pfeffer herauszulösen. Wenn man Wasser hinzugibt, scheidet sich zunächst das mitgelöste Fett ab. Über Nacht fällt Piperin in Kristallform aus.

Entsorgung
Über das Abwasser.

Quelle
Högermann, C., Ruppolt, W.: Schulexperimente mit Gewürzen. In: Praxis Schriftenreihe Biologie. Band 33, Aulis Verlag, Köln 1986.

2.3.3 Essig – selbst gemacht

Sachinformation
Essigsäure gehört zu den Genusssäuren und wird sowohl zum Konservieren von Lebensmitteln (z. B. Gurken) als auch zum Würzen von Speisen verwendet. Der größte Anteil der Essigsäure wird aus Alkohol (Ethanol) durch bakterielle Essigsäuregärung hergestellt.

Geräte: Becherglas (1 L), Esslöffel, Haushaltssieb, pH-Papier
Chemikalien: Falläpfel oder andere Früchte mit Faulstellen, Haushaltszucker, Wasser

Durchführung
Falläpfel oder andere Früchte mit Faulstellen werden in einem Becherglas mit warmem Wasser übergossen, in dem 2 Esslöffel Haushaltszucker gelöst sind. Das Glas wird mit einem Haushaltssieb abgedeckt, damit keine Fruchtfliegen in das Gärgefäß gelangen können. Das Gefäß mit dem Ansatz wird dann an einem warmen Ort aufgestellt.
Nach einigen Tagen prüft man den Geruch und den pH-Wert des Ansatzes.

Beobachtung
Nach einigen Tagen hat sich die Flüssigkeitsoberfläche mit einer dünnen grauen Haut (Kahmhaut) bedeckt. Der Ansatz weist essigartigen Geruch auf und das pH-Papier färbt sich rot.

Erklärung
Zunächst wird der Traubenzucker des Obstes durch die an den Schalen haftenden Hefen zu Ethanol und Kohlenstoffdioxid vergoren. Der Alkohol wird sodann durch die aus der Luft stammenden Essigsäurebakterien zu Essigsäure oxidiert:

$$C_2H_5OH + O_2 \longrightarrow CH_3COOH + H_2O$$

Da dieser Vorgang strikt aerob abläuft, darf das Gärgefäß nicht dicht verschlossen werden. Die Kahmhaut besteht aus den luftbedürftigen Essigsäurebakterien.

Entsorgung
Über den Hausmüll bzw. das Abwasser.

Quelle
Raaf, H.: Chemie des Alltags. Franckh'sche Verlagshandlung, Stuttgart 1985.

2.3.4 „Safran macht den Kuchen gel"

Sachinformation
Safran ist das teuerste Gewürz der Welt. Der Preis erklärt sich vor allem aus der Herstellung: Safran wird aus den getrockneten Blütennarben des Safran-Krokus *(Crocus sativus L.)* gewonnen. Dieser Krokus stammt aus dem östlichen Mittelmeerraum und Kleinasien und wird heute vor allem in Iran, Spanien, Kaschmir und Griechenland angebaut. Während der rund zweiwöchigen Blütezeit

im Herbst werden die violetten Blüten von Hand geerntet. Jede Blüte enthält drei rote Blütennarben, die in Handarbeit herausgezupft werden. Ca. 150 000 Blüten müssen geerntet werden, um 5 kg Blütennarben zu erhalten. Nach dem Trocknen bleibt dann 1 kg Safran übrig. Der hohe Preis hat natürlich auch zur Folge, dass Verfälschungen angeboten werden.

Geräte: Reagenzgläser mit passenden Stopfen, Reagenzglasständer, Glasstäbe, Trichter, Filterpapier, DC-Platte (idealerweise: HPTLC-Kieselgel 60 F_{254}, 10 x 10 cm; Merck 105564), Bleistift, Lineal, Pasteur-Pipetten, Messpipetten, Pipettierhilfen, DC-Kammer, Auftragekapillaren (2 µL; z. B. DESAGA Mikrokapillare Nr. 120194), UV-Lampe, Föhn, Trockenschrank
Chemikalien: verschiedene Proben von Safran, dest. Wasser, Methanol (**F**, leicht entzündlich; **T**, giftig), Essigsäureethylester (**F**, leicht entzündlich), 2-Propanol (**F**, leicht entzündlich), Ethanol (**F**, leicht entzündlich), Essigsäure (w = 96 %; **C**, ätzend), Vanillin, Schwefelsäure (w = 96–98 %; **C**, ätzend)

Vorbereitung
Herstellen der Probe- und Vergleichslösungen
In einem Reagenzglas werden je 100 mg Probe mit Hilfe eines Glasstabes vorsichtig zerrieben und mit 0,5 mL dest. Wasser benetzt. Nach 2–3 min fügt man 10 mL Methanol hinzu und lässt das Glas – mit einem Stopfen verschlossen – 10 min unter Lichtausschluss stehen. Es wird filtriert und die Flüssigkeit vorsichtig in ein kleines Gefäß mit Verschluss überführt.
Als Vergleichslösung werden 100 mg Referenzprobe Safran (1. Klasse) wie die Probelösung aufgearbeitet.
DC-Platte
Die DC-Platte wird für das Auftragen wie folgt vorbereitet: Ca. 1,5 cm vom unteren Plattenrand wird mit einem weichen Bleistift eine dünne(!) Linie gezogen. Die Auftragepunkte (AP) werden nun mit einem weichen Bleistift auf einer Linie markiert, wobei der erste Auftragepunkt ca. 1,5 cm vom linken Plattenrand und der letzte Auftragepunkt ca. 1,5 cm vom rechten Plattenrand entfernt sein sollte. Der Abstand zwischen den Punkten sollte 1 cm betragen. Man erhält bei einer 10 cm breiten DC-Platte max. 8 Auftragepunkte.
Laufmittel
Man setzt das Laufmittel (Essigsäureethylester : 2-Propanol : Wasser = 13:5:2 (mL)) an, füllt es ca. 0,5 cm hoch in die DC-Kammer ein und verschließt sie wieder. Nach ca. 10–15 min (Stichwort: Kammersättigung) kann die DC-Kammer für die Entwicklung der DC-Platte verwendet werden.
Sprühreagenz
17 mL Ethanol werden in einem Eisbad gekühlt, anschließend wird vorsichtig 2 mL konzentrierte Essigsäure und dann 1 mL konzentrierte Schwefelsäure dazugegeben. Nach Abkühlen der Lösung werden 100 mg Vanillin darin aufgelöst. Das Reagenz ist im Kühlschrank max. 6 Monate haltbar (gelb gefärbte Lösung ist nicht mehr brauchbar).

Durchführung
Auf einer entsprechend vorbereiteten DC-Platte trägt man von links nach rechts je 2 µL folgender Untersuchungslösungen mit Kapillaren punktförmig auf: Safran (1. Klasse), Safran (Madeira), „Safran spezial“, Safran (Spanien), Safran (Ostmann), Safran (1. Klasse); für jede Probe wird eine neue Kapillare verwendet.

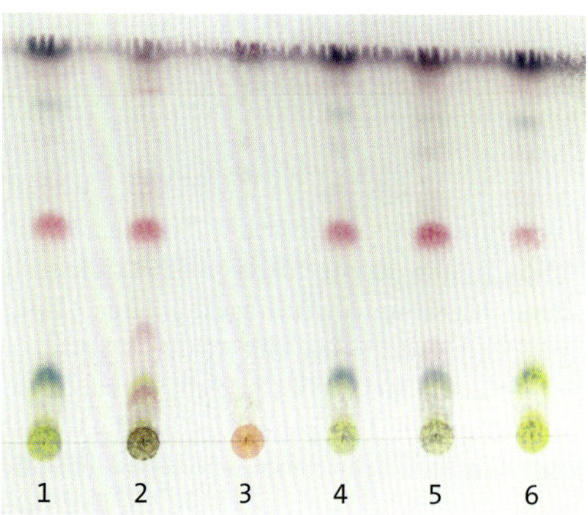

Abb. 6: Dünnschichtchromatographische Untersuchung verschiedener Safran-Proben (Foto: S. Buse)

Die Auftragszonen auf der Platte werden ca. 2 min mit dem Föhn (Warmluft Stufe 1) getrocknet. Dann stellt man die Platte in die vorbereitete DC-Kammer und verschließt sie wieder mit dem Deckel. Nach ca. 25–30 min hat das Laufmittel eine Trennstrecke von 6,5 cm zurückgelegt.
Nach Entfernung der Laufmittelreste (Föhn, Warmluftstufe 2) wird die DC-Platte zunächst im Tageslicht und dann unter der UV-Lampe bei 254 nm betrachtet. Die DC-Platte kann abschließend mit Vanillin-Schwefelsäure-Reagenz besprüht und für 5–10 min im Trockenschrank bei 120 °C erhitzt werden (Abb. 6).

Erklärung

Die farbgebenden Bestandteile des Safrans sind Carotinoide, in Sonderheit Crocin (hRf-Wert 7–9). Dabei handelt es sich um Mono- und Diglycosylester der Polyendicarbonsäuren (Abb. 7), wobei der Zuckeranteil die gute Wasserlöslichkeit bedingt.
Aus dem bitter schmeckenden Terpenglycosid Picocrocin (hRf-Wert 23–28) wird durch Hydrolyse die Hauptkomponente des etherischen Öls von Safran – das Safranal (hRf-Wert 48–53) – freigesetzt. Es kann erst durch das Anfärben mit Vanillin-Schwefelsäure-Reagenz identifiziert werden.
Anhand dieser Leitsubstanzen konnte eine Probe eindeutig als Verfälschung identifiziert werden, obwohl sie als Safran deklariert war. Es wäre möglich, dass dieser „Safran" aus Färberdistelblüten besteht, denn bezeichnenderweise wird die Färberdistel auch „Wilder Safran" genannt.

Entsorgung

Pflanzenmaterial und benutzte DC-Platte in den Hausmüll; Probe- und Vergleichslösungen in das Abwasser; Laufmittel in den Sammelbehälter 3; Sprühreagenz in Sammelbehälter 1.

Quelle

Hahn-Deinstrop, E.: Original oder Fälschung? Identifizierung von Safran mit Hilfe der Dünnschicht-Chromatographie. In: UC 15 (2004) 84, S. 14–17.

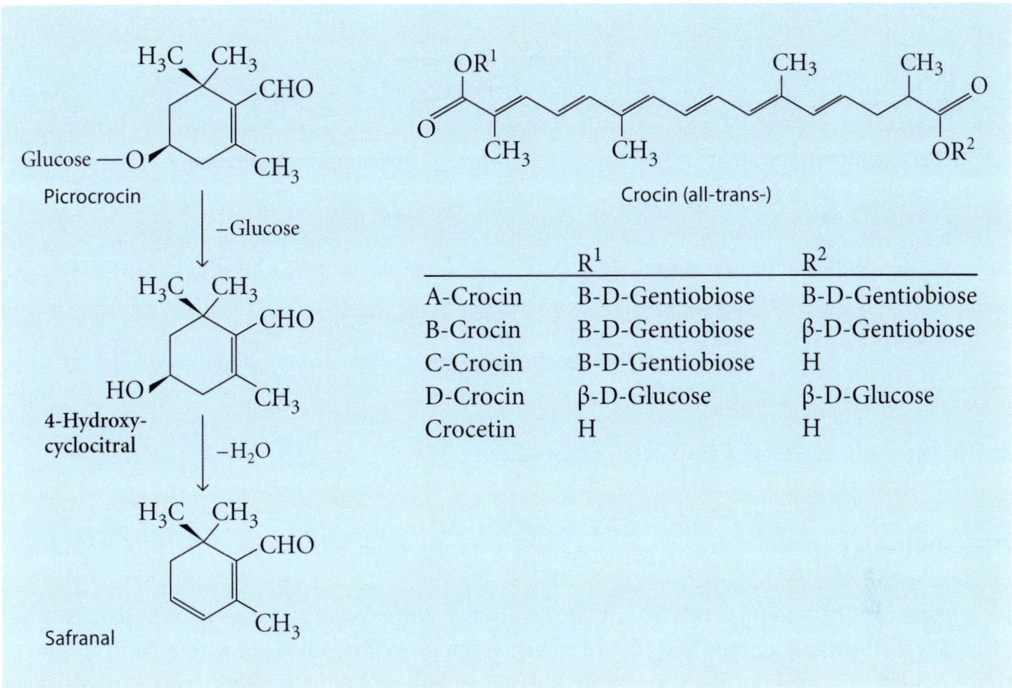

	R^1	R^2
A-Crocin	B-D-Gentiobiose	B-D-Gentiobiose
B-Crocin	B-D-Gentiobiose	β-D-Gentiobiose
C-Crocin	B-D-Gentiobiose	H
D-Crocin	β-D-Glucose	β-D-Glucose
Crocetin	H	H

Abb. 7: Chemische Struktur wichtiger Safran-Bestandteile (aus: Hahn-Deinstrop)

2.3.5 Lebensmittelfarbstoffe – Isolierung und Identifizierung

Sachinformation

Die Gründe, weshalb Lebensmittel gefärbt werden, sind sehr verschieden. Nachdem das Auge die Kaufentscheidung wesentlich mit beeinflusst, sollten die Lebensmittel ansprechend aussehen. Es gibt Untersuchungen darüber, dass bestimmte Geschmacksrichtungen mit bestimmten Farben assoziiert werden (z. B. „Vanillepudding ist gelb"). Außerdem ist es möglich, dass Lebensmittel bei der industriellen Verarbeitung (vor allem Gemüse, wie Spinat, Erbsen, Karotten) ihre Farbe verlieren oder aber aus Rohstoffen mit wechselnder Qualität hergestellt werden; mit Farbstoffen kann man diese Defizite beheben. Die „Zusatzstoff-Zulassungsverordnung" aus dem Jahr 1998 legt fest, welche Farbstoffe hierfür eingesetzt werden dürfen. Die Kennzeichnung mit der entsprechenden E-Nummer erfolgt auf der Lebensmittelpackung; Farbstoffe haben eine „100er"-E-Nummer.

Teil 1: Aufarbeitung der Lebensmittel (vgl. Abb. 8)
Geräte: Waage, Bechergläser, Messzylinder (100 mL, 10 mL), Glasstab, Trichter, Faltenfilter (∅ 185 mm, MN 615 ¼, Fa. Macherey & Nagel), Pipette, Heizplatte, Kristallisierschale, pH-Papier
Chemikalien: Puddingpulver (z. B. Pudding Vanille-Geschmack® Komet), Götterspeise (z. B. Götterspeise Waldmeistergeschmack® Ruf), Ammoniak-Lösung (w = 25 %; **C**, ätzend), Ethanol (**F**, leicht entzündlich), dest. Wasser, Kaliumhydrogensulfat-Lösung (w = 10 %; **C**, ätzend)

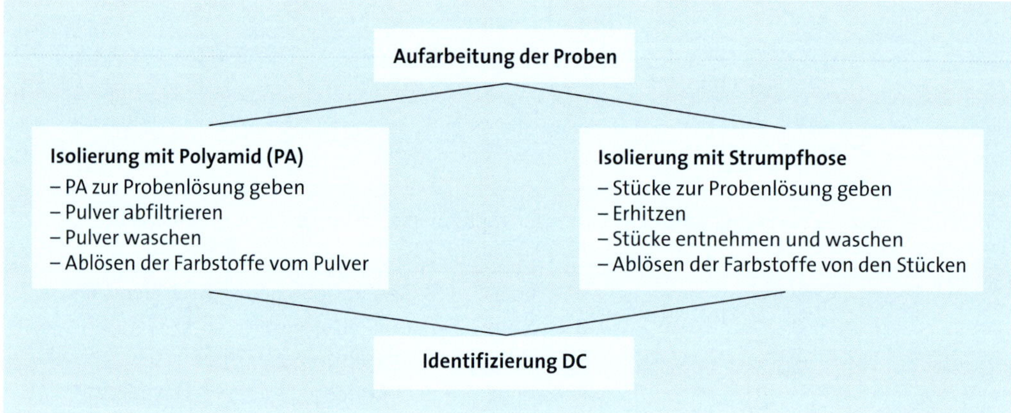

Abb. 8: Polyamid – als Pulver bzw. Gewebe – zum Isolieren

Durchführung

a) Aufarbeitung des Puddingpulvers

10 g Puddingpulver werden mit 50 mL ethanolischer Ammoniak-Lösung (Ammoniak-Lösung: Ethanol = 1 : 19) vermischt und ca. 10 min stehen gelassen. Währenddessen wird ab und zu umgerührt. Schließlich wird das Puddingpulver über einen Faltenfilter abfiltriert und das so erhaltene Filtrat in einer Kristallisierschale auf ca. 5 mL eingeengt. Anschließend wird mit dest. Wasser auf 30 mL aufgefüllt und die Lösung mit Kaliumhydrogensulfat-Lösung angesäuert (mit pH-Papier prüfen).

b) Aufarbeitung der Götterspeise

10 g des Götterspeisepulvers werden zu 50 mL Ethanol gegeben und 10 min stehen gelassen. Das Pulver wird über einen Faltenfilter abfiltriert und das Filtrat in einer Kristallisierschale auf ca. 1 mL eingeengt. Danach wird mit dest. Wasser auf 30 mL aufgefüllt. (Falls beim Einengen weiße Flocken ausfallen, sollte die Lösung vor der Zugabe des dest. Wassers noch einmal filtriert werden.) Schließlich wird die Lösung durch Zutropfen von Kaliumhydrogensulfat-Lösung angesäuert (mit pH-Papier prüfen).

Beobachtung/Erklärung

a) Puddingpulver

Durch die Zugabe der ethanolischen Ammoniak-Lösung werden die Farbstoffe aus dem Puddingpulver extrahiert; die Lösung färbt sich gelb. Da sich die Stärke in der ethanolischen Ammoniak-Lösung nicht löst, bleibt sie zurück und kann abfiltriert werden.

b) Götterspeise

Durch die Zugabe von Ethanol zu der Götterspeise löst sich das Farbstoffgemisch, während sich die Gelatine nicht löst, sondern ausfällt.

Um die Isolierung der Farbstoffe durchführen zu können, müssen die meisten Lebensmittel aufgearbeitet werden, also in Lösung gebracht werden. Bei zuckerhaltigen Lebensmitteln besteht die Gefahr, dass der Zucker beim Erhitzen karamellisiert. Um das zu verhindern, muss die Lösung, aus der die Isolierung erfolgen soll, deutlich sauer sein. Lebensmittel, die Stärke enthalten (z. B.

Puddingpulver), werden mit ethanolischer Ammoniak-Lösung behandelt. Dabei gehen die Farbstoffe in Lösung, die Stärke jedoch nicht. Sie kann also durch einfache Filtration entfernt werden. Gelatinehaltige Lebensmittel (z. B. Götterspeise) werden mit Ethanol versetzt. In Ethanol fällt die Gelatine aus und kann so abfiltriert werden. Alle Lösungen müssen am Ende angesäuert werden.

Entsorgung
Filterrückstände in den Hausmüll; alkoholische angesäuerte Lösungen in das Abwasser.

Teil 2: Isolierung der Farbstoffe (vgl. Abb. 8)
Geräte: Bechergläser verschiedener Größe, Magnetheizrührer mit Rührfisch, Siedesteinchen, Glasstab, Messzylinder (50 mL), Kristallisierschale
Chemikalien: Probenlösung aus Puddingpulver bzw. Götterspeise (siehe Teil 1), Perlonstrumpfhose (20den-22dtex, 100 % Polyamid, Farbe: Sahara), dest. Wasser, Ethanol (**F**, leicht entzündlich), Ammoniak-Lösung (w = 25 %; **C**, ätzend)

Durchführung
In die aufgearbeitete Probenlösung werden einige Stückchen einer zerschnittenen Strumpfhose gegeben. Dann wird die Lösung so lange erhitzt, bis sich die Lösung deutlich entfärbt und die Stückchen des Strumpfhosengewebes gelb bzw. grün gefärbt sind. Diese Gewebestückchen werden nun zuerst mit heißem Leitungswasser und anschließend mit dest. Wasser ausgewaschen, bis das Wasser farblos ist.
Dann werden die Stückchen in ca. 50 mL ethanolischer Ammoniak-Lösung (Ethanol : Ammoniak = 19 : 1) erhitzt, bis sich der Farbstoff wieder davon ablöst. Die so entstandene Farbstoff-Lösung kann, je nach Farbstärke, in einer Kristallisierschale eingeengt oder direkt weiterverwendet werden.

Beobachtung
Bei der Isolierung färbt sich das Strumpfhosengewebe nach der Zugabe zur Probenlösung und der Wartezeit in der entsprechenden Farbe, wobei sich die Lösung fast vollständig entfärbt.
Nach dem Filtrieren der Lösung und dem anschließenden Waschen der gefärbten Strumpfhose führt die Zugabe der ethanolischen Ammoniak-Lösung zu einer Entfärbung. Die sich ergebenden Lösungen sind nun gefärbt (je nach Lebensmittel gelb oder blaugrün).

Erklärung
In der gängigen Literatur der experimentellen Schulchemie werden grundsätzlich zwei verschiedene Methoden beschrieben, synthetische Lebensmittelfarbstoffe zu isolieren: die Wollfadenmethode und die Polyamidmethode.
Da die meisten synthetischen Farbstoffe Sulfonsäuregruppen besitzen, können sie mit basischen Aminogruppen, die sich z. B. an den Aminosäureseitenketten des α-Keratins von Schafwollhaaren befinden oder auch ein Strukturmerkmal des Perlons (Abb. 9, S. 56) sind, reagieren und Salze bilden. Somit verfügen sowohl die natürliche Wolle als auch das synthetische Perlon über das Strukturmerkmal der „Säure-Amid-Bindung“ bzw. der Peptidbindung. Der einzige Unterschied ist, dass das Polyamid-Pulver nur an den Molekülenden Aminogruppen besitzt, wohingegen das α-Keratin der Schafwolle durch die Aminosäuren auch basische Seitenketten besitzt, deren Aminogruppen mit den Sulfonsäuregruppen reagieren können.

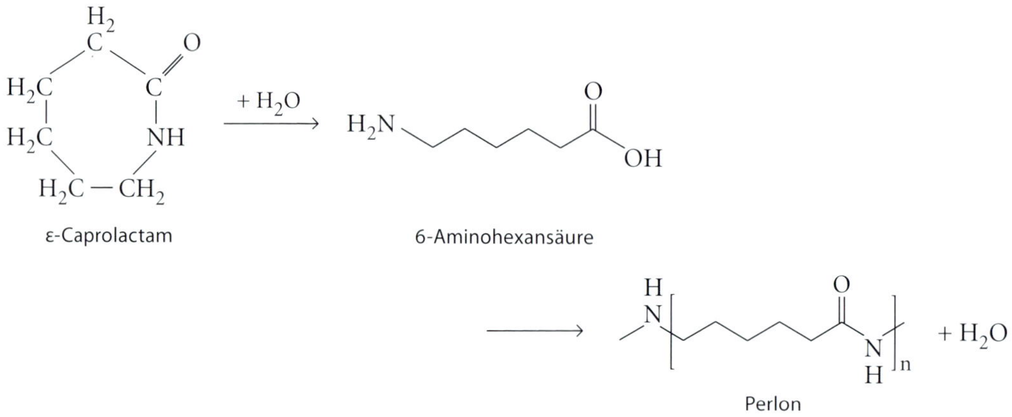

ε-Caprolactam $\xrightarrow{+ H_2O}$ 6-Aminohexansäure $\longrightarrow$ Perlon $+ H_2O$

Abb. 9: Synthese von Polyamid 6 (Perlon) aus ε-Caprolactam

Entsorgung
Strumpfhosenreste in den Hausmüll; restliche Farbstofflösungen in das Abwasser.

Teil 3: Identifizierung der Farbstoffe (vgl. Abb. 8)
Geräte: Bechergläser (50 mL), Messzylinder (100 mL), Pipette (10 mL), Bleistift, Lineal, DC-Platte (Kieselgel 60 ohne Fluoreszenzindikator, 10 x 10 cm), Kapillaren, DC-Kammer, Föhn
Chemikalien: Farbstoff-Lösungen (siehe Teil 2), grüne Ostereierfarbe (Brauns Heitmann), Gelborange S (alternativ: orange Ostereierfarbe (Brauns Heitmann)), dest. Wasser, 1-Propanol (**F**, leicht entzündlich; **Xi**, reizend), Essigsäureethylester (**F**, leicht entzündlich; **Xi**, reizend)

Vorbereitung
Herstellen der Vergleichslösungen
Als Vergleichslösung werden ein Tropfen der grünen bzw. orangen Ostereierfarbe in 10 mL dest. Wasser gelöst. Steht Gelborange als Feststoff zur Verfügung, so wird davon 1 winzige Spatelspitze in 2–3 mL dest. Wasser gelöst.
Laufmittel
Man setzt das Laufmittel (1-Propanol : Essigsäureethylester : Wasser = 6 : 1 : 3 (mL)) an, füllt es ca. 0,5 cm hoch in die DC-Kammer ein und verschließt sie wieder. Nach ca. 20 min (Stichwort: Kammersättigung) kann die DC-Kammer für die Entwicklung der DC-Platte verwendet werden.

Durchführung
Auf einer entsprechend vorbereiteten DC-Platte (siehe 2.3.4) trägt man von links nach rechts in jeweils 1 cm Abstand die Untersuchungslösungen mit Kapillaren punktförmig auf: Gelborange S (E 110), orange Ostereierfarbe, Puddingpulver, grüne Ostereierfarbe, Götterspeise. Die aufgetragenen Lösungen lässt man nun trocknen. (Mit einem Föhn lässt sich diese Zeitspanne verkürzen.) Danach stellt man die DC-Platte in die DC-Kammer mit dem Laufmittel. Ist das Laufmittel 7–8 cm gelaufen, kann die Platte aus der Kammer entfernt und mit dem Föhn getrocknet werden.

Beobachtung

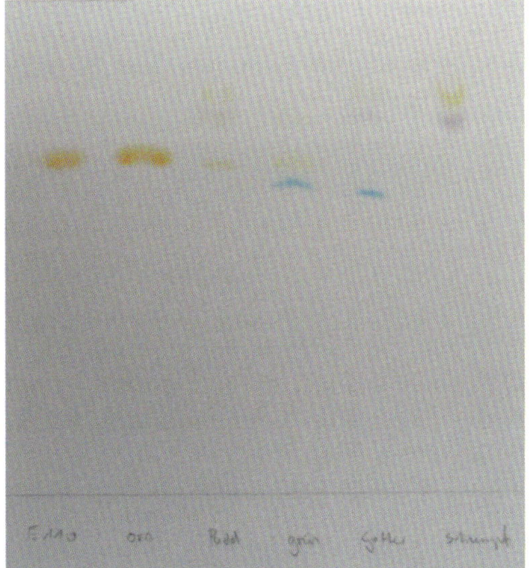

Abb. 10: Dünnschichtchromatographische Untersuchung (v. l. n. r.: E 110, Ostereierfarbe orange, Vanillepudding, Ostereierfarbe grün, Götterspeise, Strumpfhose) (Foto: H. Steff)

Abb. 11: Gelb-grüne Fluoreszenz der zubereiteten Götterspeise (mit Riboflavin) im UV-Licht bei 366 nm (Foto: H. Steff)

Erklärung

Die Position der Banden nach der chromatographischen Entwicklung zeigt, dass der untersuchte Vanillepudding die Farbstoffe Gelborange S (E 110) und Chinolingelb (E 104) enthält. Für die Identifizierung dieser Farbstoffe kann die orange Ostereierfarbe genutzt werden, die Gelborange enthält, wie ein Vergleich mit der Reinsubstanz zeigt.

Der grüne Farbeindruck der Ostereierfarbe wird durch Chinolingelb und Patentblau V hervorgerufen. Es könnte vermutet werden, dass auch die grüne Götterspeise mit diesen beiden Farbstoffen gefärbt ist. Allerdings lässt sich in der grünen Götterspeise mit der DC nur Patentblau V nachweisen. Als gelber Farbstoff wird auf der Lebensmittelverpackung Riboflavin, ein natürlicher Farbstoff, ausgewiesen. Charakteristisch für diesen Farbstoff ist seine gelb-grüne Fluoreszenz bei 366 nm (Abb. 11).

Bei den mit der Strumpfhose aufgearbeiteten Proben fallen nahe der Laufmittelfront drei Banden auf, die sich keiner der Vergleichssubstanzen zuordnen lassen. Es liegt die Vermutung nahe, dass diese Farben die Färbung der Strumpfhose („hautfarben") verursachen. Dies lässt sich bestätigen, indem ein Farbstoffextrakt durch das Sieden der Strumpfhose in ethanolischer Ammoniak-Lösung ohne Anwesenheit einer Farbstoff-Lösung hergestellt und als Probe aufgetragen wurde. Die erzielten Ergebnisse (Abb. 10) bestätigen die Vermutung.

Entsorgung

Probe- und Vergleichslösungen in das Abwasser; benutzte DC-Platte in den Hausmüll; Laufmittel a) mit Essigsäureethylester in den Sammelbehälter 3, Laufmittel b) in das Abwasser.

Quellen

Kleinhorst, H., Sommer, K.: Isolierung und Identifizierung gelber und grüner Lebensmittelfarbstoffe. In: UC 19 (2008) 105, S. 24–27. Weiterführende Informationen (u. a. Wollfadenmethode) und umfassende Literaturangaben in diesem Themenheft. Laier, B., Pfeifer, P.: Riboflavin. In: NiU-Chemie 7 (1996) 31, S. 28–29.

2.4 Durstlöscher und anregende Getränke

2.4.1 Untersuchung von Mineralwasser

Teil 1: Eindampfrückstand und Wiederauflösen des Eindampfrückstandes
Geräte: Messzylinder (10 mL), Porzellanschale, Vierfuß, Ceranplatte, Brenner, Trockenschrank, Analysenwaage, Uhrglasschale, Becherglas (100 mL), Spatel
Chemikalien: Mineralwasser, Salzsäure (c = 1 mol/L; **Xi**, reizend), Kalkwasser (gesättigte Calciumhydroxid-Lösung; **Xi**, reizend), dest. Wasser

Durchführung
Die Porzellanschale wird gewogen (Messgenauigkeit: 1 mg), mit 10 mL Mineralwasser gefüllt und dieses vorsichtig eingedampft **(Schutzbrille!).** Die Schale wird beschriftet und 1 h lang in den Trockenschrank (110 °C) gestellt. Nach dem Erkalten wird die Schale zügig erneut auf 1 mg genau gewogen. Nun kann man die Masse des Eindampfrückstandes und damit den Massenanteil der gelösten Salze in 1 L Mineralwasser berechnen. Der ermittelte Massenanteil der gelösten Salze wird mit der Gesamtmasse der Ionen auf dem Etikett der Mineralwasserflasche verglichen.
Als Nächstes soll der Eindampfrückstand in Wasser gelöst werden. Die Hälfte des Rückstandes wird in ein Becherglas gefüllt und es werden 30 mL dest. Wasser hinzugegeben. Nach dem Umrühren bleibt eine weiße Trübung in der Lösung zurück. Um den Eindampfrückstand vollständig zu lösen, gibt man die andere Hälfte des Rückstandes auf eine Uhrglasschale. Der Rückstand wird mit 2 mL Salzsäure versetzt und darüber ein Glasstab mit einem Kalkwassertropfen gehalten.

Beobachtung
Beim Einwirken der Salzsäure auf den Rückstand kommt es zu einer leichten Gasentwicklung. Das farblose Gas trübt den Kalkwassertropfen.

Erklärung
Bei der Reaktion des Eindampfrückstandes mit Salzsäure entsteht Kohlenstoffdioxid, welches mit dem Kalkwasser zu Calciumcarbonat reagiert:

$$CO_2 + Ca(OH)_2 \longrightarrow CaCO_3 + H_2O$$

Weiterführung zum Nachdenken
Wiegen Sie die Rückstände von verschiedenen Mineralwässern. Sie können feststellen, dass bei stark calciumhydrogencarbonat-haltigen Mineralwässern der Eindampfrückstand deutlich weniger wiegt als es die Summe der Ionen auf dem Etikett (Massenangaben!) erwarten lässt. Finden Sie eine Erklärung.

Entsorgung
Reaktionsgemisch mit Calciumhydroxid-Lösung neutralisieren und in das Abwasser.

Quelle
Pfeifer, P., Pfeifer, G.: Wasser. Band 2, Unterricht Chemie, Aulis Verlag, Köln 2002.

Teil 2: Bestimmung des Hydrogencarbonat-Anteils in Mineralwässern
Geräte: Becherglas (400 mL), Messzylinder (100 mL), Bürette (50 mL), Pipette, Magnetrührer mit Rührfisch, Stativmaterial
Chemikalien: verschiedene Mineralwässer, Salzsäure (c = 0,1 mol/L; **Xi**, reizend), Methylorange-Lösung (w = 2 %)

Durchführung
In das Becherglas werden 100 mL Mineralwasser gegossen und mit 3–4 Tropfen Methylorange-Lösung versetzt. Die Bürette wird mit Salzsäure befüllt und der Flüssigkeitsstand ermittelt (= Start). Nun lässt man die Salzsäure langsam unter Umrühren in das Mineralwasser hinzutropfen, bis der Indikator von gelb nach rot umschlägt. Die Menge an verbrauchter Salzsäure wird bestimmt.

Beobachtung
Der Indikator schlägt von gelb nach rot um. Das Volumen an verbrauchter Salzsäure kann abgelesen werden, z. B. 24 mL.

Erklärung
Der Umschlagpunkt des Indikators zeigt an, dass das Protolysegleichgewicht von Hydrogencarbonat vollständig nach links verschoben ist:

$$H_2CO_3 \rightleftarrows HCO_3^- + H^+$$

$$M(HCO_3^-) = 61\ g \cdot mol^{-1}$$

Bei pH-Werten zwischen 4,5 und 8,3 können die Carbonat-Ionen vernachlässigt werden, sodass folgende Beziehung gilt:

1 mmol H^+-Ionen = 1 mmol HCO_3^--Ionen

Bei der eingesetzten Salzsäure c = 0,1 mol/L ergibt

1 mL Verbrauch = 0,1 mmol HCO_3^--Ionen (6,1 mg)

2,4 mL Verbrauch = 14,6 mg (bei 100 mL Mineralwasser)

Ergebnis: In 1 Liter des untersuchten Mineralwassers sind 146 mg HCO_3^--Ionen.

Entsorgung
Über das Abwasser.

Quelle
Pfeifer, P., Sommer, K., Schminke, M.: Mineralwasser. In: NiU-Chemie 11 (2000) 58/59, S. 50–60.

2.4.2 Mineralwasser mit dem Powerstoff Sauerstoff

Geräte: Spatel, Messzylinder (10 und 50 mL), Bechergläser bzw. große Reagenzgläser, Pipetten
Chemikalien: sauerstoffhaltiges Mineralwasser (z. B. active O_2®), dest. Wasser, Indigocarmin, warme Gelatine-Lösung (w = 10 %), wässrige Natriumdithionit-Lösung (w = 1 %), Paraffinöl

Durchführung

Eine kleine Spatelspitze Indigocarmin wird in 50 mL dest. Wasser gelöst, sodass eine kornblumenblaue Lösung entsteht. Zur Förderung der Farbschlierenbildung werden 6 mL warme Gelatine-Lösung zugesetzt. Man tropft anschließend so lange Natriumdithionit-Lösung zu, bis die Indigocarmin-Lösung gerade entfärbt ist. Diese Lösung wird auf zwei kleine Bechergläser verteilt und eine dünne Schicht Paraffinöl auf der Oberfläche der Proben aufgebracht; sie verhindert eine Reaktion mit dem Luftsauerstoff. Im letzten Schritt lässt man mit Hilfe einer tief in die Versuchslösung tauchenden Pipette langsam das sauerstoffhaltige Mineralwasser in das erste Becherglas und dest. Wasser in das zweite Becherglas fließen. Dabei wird die Intensität der entstehenden blauen Farbschlieren beobachtet.

Beobachtung

Während dest. Wasser lediglich zu einer schwachen Blaufärbung führt, verursacht das sauerstoffhaltige Mineralwasser eine intensive Blaufärbung der Lösung.

Erklärung

Dithionit wirkt reduzierend auf Indigocarmin, das dadurch in die gelbliche „Leukoform" übergeht:

Oxidation: $\overset{+III}{S_2}O_4^{2-} \rightleftarrows 2\,\overset{+IV}{S}O_2 + 2\,e^-$

Reduktion:

Indigocarmin (blau) $+ 2\,H_2O + 2\,e^-$

$\rightleftarrows$ Leukoindigocarmin (hellgelb) $+ 2\,OH^-$

Redox: $S_2O_4^{2-}$ + Indigocarmin + $2\,H_2O \longrightarrow 2\,SO_2$ + Leukoindigocarmin + $2\,OH^-$

Der im Wasser gelöste Sauerstoff fördert wiederum die Rückreaktion (also Oxidation) des hellgelben Leukoindigocarmin zu blauem Indigocarmin.

Entsorgung
Über das Abwasser.

Quelle
Raab, L., Pfeifer, P.: Powerstoff Sauerstoff. In: UC 17 (2006) 94/95, S. 74–79.

2.4.3 Nachweis von Taurin in Energy-Drinks

Sachinformation
Taurin ist 2-Aminoethansulfonsäure und wurde bereits im Jahr 1824 durch L. Gmelin in der Ochsengalle (griech. tauros = Stier) entdeckt. Taurin entsteht im menschlichen Körper in der Leber, wo es aus Methionin und Cystein durch die Taurinbiosynthese gebildet wird. Hohe Taurinkonzentrationen findet man im zentralen Nervensystem, im Herz und in der Retina. Auch in der Muttermilch ist Taurin enthalten. Untersuchungen haben ergeben, dass „weder durch Fasten noch durch eine reichliche Taurinzufuhr" eine messbare Änderung des Tauringehalts im Körper erreicht werden kann. Mit der Verbindung Taurin können interessante Analogien zu den Aminosäuren hinsichtlich Struktur (Zwitterionenstruktur) und Eigenschaften (Säure-Base-Verhalten, Farbreaktion mit Ninhydrin) aufgezeigt werden.

Geräte: Rundkolben (100 mL), Rückflusskühler, Heizpilz (100 mL), Magnetrührer mit Rührfisch, Messzylinder (50 mL), Messpipette (2 mL), Peleusball, Waage
Chemikalien: Energy-Drink (z. B. Red Bull®), Taurin, D/L-Alanin oder ß-Alanin für Kontrollversuche, 2-Propanol (**F**, leicht entzündlich), Ninhydrin (**Xn**, gesundheitsschädlich; **Xi**, reizend), Natriumhydroxid-Lösung (c = 2 mol/L; **C**, ätzend), dest. Wasser

Durchführung
In den Rundkolben werden 20 mL Energy-Drink und 10 mL 2-Propanol gegeben. Unter Rühren fügt man 130 mg Ninhydrin hinzu. Die Lösung wird nun unter Verwendung von Heizpilz (Stufe 3) und Rückflusskühler zum Sieden gebracht. Nachdem die Lösung 5–10 min gesiedet hat, gibt man 2 mL Natriumhydroxid-Lösung **langsam und tropfenweise(!)** hinzu (Zugabe ist durch den Rückflusskühler hindurch möglich).
Für den Kontrollversuch mit reinem Taurin löst man 80 mg Taurin in 20 mL dest. Wasser und gibt unter Rühren 10 mL 2-Propanol und 80 mg Ninhydrin hinzu. Das Erhitzen und die Zugabe der Natriumhydroxid-Lösung werden wie oben angegeben durchgeführt.
Hinweise
Gibt man die Natriumhydroxid-Lösung zu schnell hinzu, so kommt es zu einer Konkurrenzreaktion, bei der sich die Lösung erst gelb, dann braun und schließlich rotviolett färbt.
Statt des Energy-Drinks können als Kontrollversuche neben reinem Taurin auch D/L-Alanin oder ß-Alanin (jeweils 80 mg gelöst in 20 mL dest. Wasser) verwendet werden. Die Nachweisgrenze für Taurin liegt bei einer Konzentration von ca. 4 g/L.

Beobachtung
Beim Kontrollversuch mit reinem Taurin nimmt die Lösung kurz nach Beginn des langsamen Zutropfens der Natriumhydroxid-Lösung eine bläuliche Färbung an, die sich zu einem kräftigen Dunkelblau intensiviert.
Bei den Kontrollversuchen mit D/L-Alanin und ß-Alanin erscheint die blaue Farbe bereits beim Erwärmen noch vor dem Zusatz der Natriumhydroxid-Lösung. (Die Reaktion erfolgt hier schon im schwach sauren pH-Bereich.)
Bei Verwendung des Energy-Drinks erhält man durch das langsame Zutropfen der Natriumhydroxid-Lösung allmählich ebenfalls eine dunkelblaue Färbung.

Erklärung
Taurin (2-Aminoethansulfonsäure) wird hier analog zu α-Aminosäuren durch die Ninhydrin-Farbreaktion nachgewiesen. Im Verlauf der relativ komplexen Reaktion entsteht ein blauer Farbstoff („Ruhemanns Purpur").
Während im Verlauf der Reaktion von α-Aminosäuren mit Ninhydrin Kohlenstoffdioxid freigesetzt wird, kommt es bei der Reaktion von einem Molekül Taurin mit einem Molekül Ninhydrin formal zu einer Abspaltung des Strukturelements $<SO_3>$ aus dem zunächst entstehenden Zwischenprodukt. Im weiteren Verlauf der Reaktion wird dann Acetaldehyd freigesetzt, sodass ein Aminoderivat des (reduzierten) Ninhydrins zurückbleibt, welches sich mit einem unverändert gebliebenen Ninhydrin-Molekül zum blauen Reaktionsprodukt umsetzt.

Entsorgung
Reaktionsgemische in den Sammelbehälter 1.

Quelle
Pfeifer, P., Kotzbauer, A., Röder, Th.: Nachweis und Bestimmung von Taurin in Energiedrinks. In: GIT 5/96, S. 619–623.

2.4.4 Kaffee ist nicht gleich Kaffee

Geräte: 2 Bechergläser (50 mL), Glasstab, gegebenenfalls Trichter und Filterpapier, Heizplatte, Reagenzglasständer, Reagenzgläser, Messzylinder (5 mL), Pipetten
Chemikalien: Malzkaffee (z. B. Kathreiner Malzkaffee), Bohnenkaffee, dest. Wasser, Fehling I (**Xn**, gesundheitsschädlich), Fehling II (**C**, ätzend), Iod-Kaliumiodid-Lösung

Durchführung
Man bereitet einen Malzkaffee und einen Bohnenkaffee zu.
a) Je 2 mL Kaffee werden jeweils in ein Reagenzglas gegeben, mit 4 mL Fehling I/II (gemischt im Verhältnis 1 : 1) versetzt und im **siedenden** Wasserbad 2 min erhitzt.
b) In je einem Reagenzglas werden 1 mL Kaffee mit 5 mL dest. Wasser verdünnt und tropfenweise Iod-Kaliumiodid-Lösung hinzugefügt.

Beobachtung
a) Beim Malzkaffee bildet sich ein intensiver ziegelroter Niederschlag; dies ist beim Bohnenkaffee nicht der Fall.
b) Der Malzkaffee färbt sich nach der Zugabe von Kaliumiodid-Lösung intensiv blau-schwarz; beim Bohnenkaffee sind allenfalls leichte Schlieren erkennbar.

Erklärung
Malzkaffee enthält u. a. Stärke und deren Abbauprodukte (Dextrine) bis hin zum Malzzucker (Disaccharid aus 1,4-verknüpften Glucoseeinheiten), der v. a. für die positive Fehling-Probe verantwortlich ist. Geröstete Kaffeebohnen enthalten keine reduzierend wirkenden Inhaltsstoffe.

Entsorgung
Reaktionsgemisch mit FehlingI/II in den Sammelbehälter 1; Reaktionsgemisch mit Iod-Kaliumiodid-Lösung in das Abwasser.

Quelle
Sommer, K.: Eigene Arbeiten; unveröffentlicht.

2.4.5 Coffein aus Teeblättern

Sachinformation
Coffein gehört zu den pflanzlichen Alkaloiden und kommt in Kaffee, Kakao, Tee und Kolanüssen vor. Da Coffein als Stimulans bei Ermüdungserscheinungen wirkt, werden coffeinhaltige Produkte als anregende Genussmittel verwendet.

Geräte: Mörser mit Pistill, Spatel, Uhrglas, Glasplatte, Brenner, Tondreieck, Dreifuß, Tiegelzange, Trockenschrank, Lupe
Chemikalien: schwarzer Tee

Durchführung
Den schwarzen Tee mörsern und 2–3 h bei 100 °C im Trockenschrank trocknen. Eine Spatelspitze des pulverisierten, trockenen schwarzen Tees wird auf ein Uhrglas gegeben und mit einer Glasplatte abgedeckt. Zur Kühlung wird ein Wassertropfen über der Probe auf der Glasplatte angebracht. Das Uhrglas wird auf einer feuerfesten Unterlage mit der Sparflamme einige Minuten vorsichtig erhitzt. Nach dem Abkühlen betrachtet man die Glasplatte mit der Lupe.

Beobachtung
An der Unterseite der gekühlten Glasplatte scheiden sich nadelförmige Kristalle ab.

Erklärung
Coffein sublimiert und scheidet sich in Form von nadelförmigen Kristallen ab.

Entsorgung
Über den Hausmüll.

Quelle
Bukatsch, F.: Nahrungsmittelchemie für Jedermann. Franckh'sche Verlagshandlung, Stuttgart 1959.

2.4.6 Verschiedene Biersorten – selbst gemacht

Variante 1: Herstellung von Bier aus Malzkaffee (Modellversuch)
Geräte: Großer Topf (V = 10 L), Beutel aus Baumwolle (z. B. Baumwollsocken), Flaschen mit Bügelverschlüssen (für insgesamt 8 L Flüssigkeit), Wärmeschrank, Kühlschrank, Rührstab, Becherglas, Glaskolben oder Kunststoffkanister von 5 L Inhalt, Gärröhrchen
Chemikalien: Wasser, Malzkaffee, Hopfentee, Natriumcarbonat-Lösung (w = 10 %), Backhefe, Haushaltszucker, Kalkwasser (gesättigte Calciumhydroxid-Lösung; **Xi**, reizend)

Durchführung
1. Herstellung der Würze
Zunächst werden 8 L Wasser in einem großen Topf zum Sieden erhitzt. Sodann füllt man 250 g Malzkaffee und etwa 2 g Hopfentee in einen Beutel aus Baumwolle, der verschnürt für etwa 30 min in das kochende Wasser getaucht wird. Flaschen mit Bügelverschlüssen (für insgesamt 8 L Flüssigkeit) werden mit warmer Natriumcarbonat-Lösung gewaschen und gründlich mit klarem Wasser gespült. Die Gummidichtungen werden entfernt und die Flaschen im Wärmeschrank bei 150 °C erhitzt; dort bleiben sie nach dem Abkühlen, bis sie abgefüllt werden. Nach dem Ende der Kochzeit wird der Malzkaffeebeutel aus der entstandenen Würze entfernt. Sie muss jetzt bei geschlossenem Deckel möglichst rasch abgekühlt und im Kühlschrank aufbewahrt werden.
2. Alkoholische Gärung
Ein Würfel Backhefe wird mit etwas lauwarmem Wasser verrührt und die entstandene Suspension gleichmäßig in der Würze verteilt. Sodann werden 175 g Zucker aufgelöst. Dieses Gemisch füllt man in einen Glaskolben oder Kunststoffkanister von 5 L Inhalt, der mit einem Gärröhrchen (Kalkwasser zur Bindung von Kohlenstoffdioxid) verschlossen und im Kühlschrank aufbewahrt wird. Nach einer Hauptgärdauer von 2–3 Tagen wird die Hefe im Kanister aufgewirbelt und der Gäransatz in Bügelverschlussflaschen gegossen. Dabei dürfen die Flaschen nicht ganz gefüllt werden und müssen zur Nachgärung in den Kühlschrank. In den folgenden 3–4 Tagen müssen die Flaschen täglich vorsichtig geöffnet werden, um etwas Kohlenstoffdioxid abzulassen.

Beobachtung
Es entsteht ein naturtrübes, schäumendes Biergetränk.

Erklärung
Malz enthält v. a. Malzzucker (Maltose) und Abbauprodukte der Stärke (v. a. Maltodextrine). Die Kohlenhydrate werden von den Hefezellen zu Traubenzucker abgebaut, der zu Ethanol und Koh-

lenstoffdioxid vergoren wird. Durch den Hopfentee werden die für den Biergeschmack typischen Bitterstoffe eingebracht (weitere Erklärungen – siehe Variante 2).

Entsorgung
Waschlösung in das Abwasser; organische Abfälle in den Hausmüll.

Variante 2: Herstellung von traditionellem Bier (Modellversuch)
Geräte: Eimer, Hahn (Durchmesser des Durchlaufs 7–8 mm; Aquarienzubehör), Zweikomponentenkleber, Küchenmaschine mit Schlagmahlwerk oder Kaffeemühle mit Schlagmesser, Topf von 10 L Inhalt, Topf von 4–5 L Inhalt, Schöpflöffel, Glasstab, 2 Windeln, flacher Topf, Herd, Küchensieb, Haushaltsfolie
Chemikalien: Malz, Hopfenpellets (oder frischer Hopfen), Bierhefe in gepresster Form (oder Trockenhefe), Calciumoxid (**Xi**, reizend)

Vorbereitung
Die Herstellung von weniger als 25 L Bier im Monat ist von der Biersteuer befreit. Allerdings muss unabhängig von der Menge des selbst hergestellten Bieres das nächste Hauptzollamt formlos über das geplante Brauvorhaben informiert werden.
Zur Herstellung von 4–5 L Bier benötigt man 1000 g Malz und 10 g Hopfenpellets (oder 6,5 g frischen Hopfen) sowie 10 g Bierhefe in gepresster Form (oder 2 g Trockenhefe). Diese drei Rohstoffe sind käuflich zu erwerben (z. B. Firma F. P. Boos, Mainzer Str. 5, 67547 Worms) oder von Brauereien erhältlich.
Benötigt wird außerdem ein Gäreimer, der folgendermaßen hergestellt wird: In die Wand eines Kunststoffeimers von etwa 5–6 L Inhalt wird 1 cm vom Boden entfernt ein Loch gebohrt und darin ein Hahn (Durchmesser des Durchlaufs 7–8 mm; Aquarienzubehör) mit einem Zweikomponentenkleber eingeklebt.

Durchführung
1. Schroten von Malz
Malz besteht aus gekeimten und getrockneten Gerstenkörnern. Es enthält noch viel Stärke, jedoch ist ein Teil davon bereits verzuckert. Daneben enthält Malz Amylasen, die bei der Gewinnung der Würze zur Verzuckerung der Stärke erforderlich sind.
Das Malz wird mit einer Küchenmaschine mit Schlagmahlwerk oder mit einer Kaffeemühle mit Schlagmesser grob geschrotet. Da Malz empfindlich gegenüber Sauerstoff und Feuchtigkeit ist, muss es stets frisch geschrotet werden.
2. Herstellung des Brauwassers
Die Härte des Brauwassers darf nicht zu hoch sein; der günstigste Bereich liegt unter 10 °d, doch kann auch Wasser bis zu 15 °d noch ohne Vorbehandlung verwendet werden. Zur Enthärtung des vorhandenen Leitungswassers wird Calciumoxid verwendet. Abhängig von der vorhandenen Härte werden folgende Mengen an Calciumoxid zu 8 L Leitungswasser gegeben: bei 20 °d und mehr: 3–5 g; bei 15–20 °d: 2–3 g; bei 10–15 °d: 1–2 g.
In einem 10 L fassenden Topf wird die erforderliche Menge Calciumoxid in 8 L Leitungswasser unter kräftigem Rühren eingetragen. Während der anschließenden Enthärtungszeit von etwa 30 min reagiert das Calciumoxid mit den Härtebildnern des Wassers unter Bildung schwer lös-

licher Carbonate, die sich absetzen. Anschließend werden die benötigten 7 L Brauwasser mit einem Schöpflöffel von oben entnommen.

3. Maischen

In einem Topf von 4–5 L Inhalt werden 2 L Brauwasser auf etwa 55 °C erhitzt. Anschließend nimmt man den Topf von der Wärmequelle und rührt das frisch geschrotete Malz ein. Es entsteht die Maische mit einer Temperatur von etwa 50 °C.

Ein Teil der Reststärke wird während des Maischens durch Amylasen zu löslicher Maltose (Malzzucker) abgebaut.

4. Eiweißrast

Die Maische muss 15 min lang auf 55 °C gehalten werden, wobei gelegentlich umgerührt wird.

Das Einhalten eines Temperaturbereiches von 50–55 °C ist wichtig, da hier die Proteinasen ihr Temperaturoptimum haben und somit die Eiweißrast besonders gut abläuft. Dabei werden Eiweißmoleküle im Malz in kleine Bruchstücke (Peptide, Aminosäuren) zerlegt. Dadurch wird die Bildung einer Schaumkrone auf dem künftigen Bier gefördert.

5. Maltoserast

Die Maische wird nunmehr 20 min lang auf 65 °C erwärmt. Diese Temperatur sollte genau eingehalten werden. Etwa alle 2–3 min muss die Maische einmal langsam durchgerührt werden. Am Ende der Maltoserast ist die Maische deutlich dunkelbraun gefärbt.

Während dieser Zeit, der Maltoserast, wird weiterhin Reststärke im Malz durch die Amylasen zu Maltose abgebaut (Temperaturoptimum der ß-Amylasen: 60–65 °C).

6. Verzuckerungsphase

Für weitere 30 min wird die Maische jetzt auf 72–74 °C gehalten, um den Übergang der Maltose in die Lösung zu beschleunigen.

7. Abtrennung der Würze

Durch eine Windel, die zwischen den vier Beinen eines umgedrehten Stuhles aufgespannt ist, wird die Maische in einen flachen Topf filtriert. Bei diesem „Läutern" trennt sich die Würze als Filtrat vom Treber.

3,5 L Brauwasser werden zum Sieden gebracht und mit einer Schöpfkelle in einzelnen Portionen über den Treber gegossen, dem dadurch die verbliebene Maltose entzogen wird. Dabei muss der Treber gelegentlich vorsichtig umgerührt werden.

8. Zugabe von Hopfen

Die erforderliche Hopfenmenge wird in die Würze eingerührt. Sie wird anschließend etwa 60 min lang gekocht, damit sich die Inhaltsstoffe des Hopfens lösen. Verdampftes Wasser muss mit Brauwasser ersetzt werden.

Durch den Zusatz von Hopfen gelangen nicht nur Bitterstoffe zur Aromaverbesserung in die Würze, es wird auch das Eiweiß in der Würze zum Gerinnen gebracht und unerwünschte Mikroorganismen werden abgetötet (Enzyminaktivierung).

9. Abtrennung von Trübstoffen

Auf den Rand des Gäreimers wird ein Küchensieb gehängt, in das eine ausgekochte, vierfach gefaltete Windel gelegt wird. Die heiße Würze wird durch die Windel filtriert. Da von nun an Fremdinfektionen zum Verderb des Bieres führen können, muss rasch gearbeitet werden, und alle Gerätschaften müssen sorgfältig gereinigt werden.

10. Zugabe der Hefe

Der Gäreimer wird mit Haushaltsfolie abgedeckt, damit nachträgliche Verunreinigungen vermieden werden, und auf die entsprechende Temperatur (für die einzusetzende Hefe 16–20 °C und für untergärige Hefe 6–10 °C) gebracht. Anschließend wird die Hefe zugegeben und die Mischung leicht umgerührt.

11. Hauptgärung

Im mit Folie abgedeckten Gäreimer setzt die Gärtätigkeit der Hefe rasch ein. Hat man obergärige Hefe zugefügt, dann ist die Hauptgärung nach 4–6 Tagen abgeschlossen. Dies erkennt man daran, dass der Gärschaum zusammenfällt und die Hefe sich auf dem Boden absetzt.

12. Nachgärung

Flaschen mit Schraubverschluss werden offen (!) im Backofen auf 150 °C erhitzt und nach dem Erreichen dieser Temperatur bis zum Erkalten im abgeschalteten Ofen gelassen. Dadurch werden die Flaschen sterilisiert. Man lässt nun das Bier aus dem Hahn des Gäreimers in die Flaschen ablaufen und trennt es somit von der abgesetzten Hefe. Die Flaschen sollten nur zu etwa ¾ gefüllt und verschlossen werden. Das obergärige Bier lässt man anschließend 2–3 Wochen nachgären, wobei man in den ersten 3–6 Tagen die Flaschen immer wieder kurz öffnet, um das überschüssige Kohlenstoffdioxid entweichen zu lassen. Nach etwa 3–4 Tagen werden die Flaschen in einen kalten Raum oder in einen Kühlschrank gelegt.

Beobachtung

Man erhält ein gut schmeckendes Bier, das durch Schwebstoffe und Hefereste naturtrüb ist. Im Dunkeln ist das Bier etwa 4 Wochen haltbar.

Erklärung

Eine Vielzahl von Erklärungen werden bereits bei der Beschreibung der Durchführung gegeben. Die komplizierten biochemischen Prozesse, die bei der Herstellung von Bier ablaufen, können vereinfacht folgendermaßen dargestellt werden:

Stärke —Amylase→ Maltose

—Maltase→ Glucose —(– 4 H)→ 2 Brenztraubensäure

—Pyruvat-decarboxylase→ Ethanal (H_3C–CHO) —Alkohol-dehydrogenase, $NADH + H^+/NAD^+$→ Ethanol (H_3C–CH_2–OH)

Entsorgung
Rückstände der Brauwasserbereitung in das Abwasser; feste organische Abfälle in den Hausmüll.

Quellen
Pütz, J.: Das Hobbythek-Buch, Band 7. Verlagsgesellschaft Schulfernsehen (vgs), Köln, 1982. Anonym: Bier aus Malzkaffee. In: Indikator (Klett) (1995) 6, S. 3–5.

2.4.7 Obstwein – selbst gemacht

Sachinformation
Als Ausgangsmaterial eignen sich viele Arten von Beeren-, Stein- und Kernobst (Näheres bei Schneider und Knauth, o. J.; Arauner, 1982 a). Besonders einfach herzustellen ist Apfelwein.

Geräte: Obstpresse, Glasballon von etwa 20 L Inhalt, Gärröhrchen, Gummischlauch
Chemikalien: Äpfel, Hefenährsalz-Mischung, Weinhefe, Kalkwasser (gesättigte Calciumhydroxid-Lösung; **Xi**, reizend)

Durchführung
Etwa 15 kg Äpfel werden ausgepresst, um den Ansatz von 10 L Saft zu erhalten. Die 10 L Apfelmost werden in einen Glasballon von etwa 20 L Fassungsvermögen gegossen, der vorher gut gereinigt worden ist. *(Der Kolben muss zur Aufnahme des gebildeten Kohlenstoffdioxids zu etwa* $^{1}/_{10}$ *seines Volumens ungefüllt bleiben.)*
4 Tabletten Hefenährsalz-Mischung (z. B. der Firma P. Arauner, 97318 Kitzingen) und ein Fläschchen Weinhefe (*Saccaromyces ellipsoideus;* z. B. Rasse „Steinberg" der Firma P. Arauner) werden dann zugegeben. *(Die Nährsalztabletten enthalten Ammoniumhydrogenphosphat und Ammoniumsulfat und stellen der Hefe in erster Linie den zum Wachstum benötigten Stickstoff zur Verfügung.)*
Der Gärballon wird anschließend mit einem Gärröhrchen verschlossen, in dem sich Kalkwasser zur Bindung des freigesetzten Kohlenstoffdioxids befindet. Der Gärballon wird jetzt in einen Raum gebracht, in dem die Temperatur (16–20 °C) möglichst wenig schwankt.
Nach wenigen Tagen setzt die alkoholische Gärung ein, sichtbar an den Gasbläschen und dem Schaum an der Oberfläche des Mostes. Empfohlen wird ein gelegentliches leichtes Schütteln des Kolbens, damit die Hefe mit dem Gärgut immer wieder vermischt wird.
Nach einer Gärzeit von einigen Wochen verringert sich langsam die Bläschen-Bildung und die Hefe setzt sich zusammen mit allen Trübstoffen auf dem Boden des Ballons ab. Mit Hilfe eines Gummischlauches zieht man vorsichtig die klare Flüssigkeit ab, die mit dem Mund angesaugt wird.

Beobachtung
Gleich zu Beginn der Gärung ist eine heftige Gasentwicklung zu beobachten, welche nach einigen Wochen Gärzeit nachlässt. Der hergestellte Jungwein hat eine fruchtige Note.

Erklärung
Ein im Unterricht hergestellter Apfelwein hatte einen Alkoholgehalt von 5,7 Vol.-%; der Durchschnittswert liegt nach Arauner (1982 a, b) bei 6–7 Vol.-%.

Die einzelnen Schritte der alkoholischen Gärung sind sehr kompliziert. Einige Erklärungen sind bereits bei der Durchführung beschrieben. Als Summengleichung lässt sich formulieren:

$$\underset{\text{Glucose}}{C_6H_{12}O_6} \longrightarrow 2\ \underset{\text{Ethanol}}{CH_3CH_2OH} + 2\ CO_2$$

Hinweis
Für die Haltbarkeit des Weines ist ein Säuregehalt von 6–9 g/L erforderlich, weshalb bei Unterschreitung dieses Bereiches ein Zusatz von 80-%iger Milchsäure empfohlen wird (Arauner, 1982 b). Allerdings ist im Rahmen von Schulversuchen die Haltbarkeit des Weines ohne Bedeutung, sodass auf Bestimmung und gegebenfalls erforderliche Verbesserung des Säuregehaltes verzichtet werden kann.

Entsorgung
Über den Hausmüll bzw. das Abwasser.

Quellen
Arauner, P.: Süddeutscher Obstmost/Kitzinger Weinbuch. Firma Paul Arauner KG, Kitzingen/Main 1982. Schneider, J., Knauth, A.: Die Obst- und Beerenweinverarbeitung. In: Lehrmeister-Bücherei, Nr. 416, A. Philler Verlag, Minden, o. J.

2.5 Genussmittel

2.5.1 Schokolade – selbst gemacht

Sachinformation
Grundlage der Schokoladenherstellung ist die Kakaomasse. Sie wird aus fermentierten und bei 100 bis 120 °C gerösteten Kakaobohnen hergestellt. Die Kakaomasse besteht zu über 50 % aus Kakaobutter, wobei bei der Schokoladenherstellung Kakaobutter immer noch separat zugesetzt wird (Tab. 5). Unter den Mineralsalzen ist vor allem die hohe Konzentration an biologisch gut verwertbaren Eisenverbindungen hervorzuheben. Unterrichtsrelevante experimentelle Schwerpunkte werden Trennverfahren und Nachweisreaktionen sein.

Tab. 5: Zusammensetzung wichtiger Schokoladensorten

Sorte	Kakaomasse	Kakaobutter	Milchpulver	Zucker
Milchschokolade	15 %	15 %	20 %	50 %
Vollmilch	30 %	10 %	25 %	35 %
Zartbitter	50 %	5 %	0 %	45 %
Bitter	60 %	0 %	0 %	40 %

Geräte: Esslöffel, Rührschüssel, Rührgerät, kleiner Kochtopf, Heizplatte, Pergamentpapier oder Aluminiumfolie, Pinsel

Chemikalien: Kakao, Puderzucker, Wasser, Kokosfett (zur Geschmacksverfeinerung: Rosinen, Nüsse oder Sahne)

Durchführung
Damit man die Schokolade essen kann, wird mit Küchenutensilien gearbeitet. Ein Esslöffel Kakao und 75 g Puderzucker werden in einer Rührschüssel mit einem elektrischen oder mechanischen Rührgerät gemischt und mit 1–2 Esslöffeln Wasser angerührt. Ein Esslöffel Kokosfett wird vorsichtig geschmolzen und in die Kakao-Zucker-Masse eingerührt; zur Geschmacksverfeinerung kann man der Masse Rosinen, Nüsse oder Sahne zugeben. Die Masse wird schließlich auf einem Stück Pergamentpapier oder Aluminiumfolie ausgestrichen.

Beobachtung
Die Masse erstarrt.

Erklärung
Es ist Schokolade entstanden.

Quelle
Stenzel, A.: Kakao und Schokolade. In: Unterricht Biologie 9 (1985) 103, S. 18–20.

2.5.2 Ein haltbares Kakaogetränk mit Carrageenen – selbst gemacht

Sachinformation
Carrageene sind Salze komplexer Gemische verschiedener Polysaccharide aus D-Galactose-4-sulfat und 3,6-Anhydro-D-galactose aus bestimmten Rotalgen-Gattungen. Sie bilden in Wasser viskose Gele und Sole, die überwiegend in der Lebensmitteltechnologie eingesetzt werden. Dort finden sie Verwendung als Stabilisatoren und Verdickungsmittel in Sirups, Säften, Soßen und Dressings. In Milchprodukten bilden Carrageene mit bestimmten Kationen Gele und reagieren auch mit milcheigenen Proteinen.

Geräte: Mörser mit Pistill, Waage, Uhrglasschalen, 2 Bechergläser (150 mL), Stativmaterial, 2 Magnetheizrührer, 2 Thermometer, Metallschale
Chemikalien: Kakaopulver, Haushaltszucker, κ-Carrageen (Welding GmbH, 20354 Hamburg), H-Milch, Eis, Kochsalz

Durchführung
Im Mörser werden 4 g Kakaopulver und 12 g Haushaltszucker gemischt und auf zwei Bechergläser (150 mL) verteilt. Eines der Bechergläser enthält 0,09 g κ-Carrageen, der zweite Ansatz bleibt als Kontrolle. Beide Bechergläser werden mit einem Stativ fixiert und auf einen heizbaren Magnetrührer gestellt. Jedes der Bechergläser wird mit 90 mL H-Milch auf 70 °C erwärmt (Thermometer) und dann zum Abkühlen in eine Eis-Kochsalz-Kältemischung gegeben.

Beobachtung
Im Ansatz mit κ-Carrageenen ist die Mischung trüb und kakaoähnlich; in der stabilisatorfreien Mischung sinkt das Kakaopulver rasch auf den Boden ab.
Erklärung
Der Zusatz von κ-Carrageenen führt zu einer haltbaren Emulsion bzw. Suspension.

Entsorgung
Über das Abwasser.

Quelle
Marburger, A., Gerstner, E.: Carrageene. Polysaccharid-Derivate aus Rotalgen, die in aller Munde sind. In: PdN-Chemie 49 (2000) 6, S. 31–39.

2.5.3 Weichkaramellen – selbst gemacht

Geräte: Schüssel, Kochtopf, Kochlöffel, Waage, Kochplatte, Backpapier, Messer, Thermometer
Chemikalien: Sorbit (z. B. Spinnrad), Reinlecithin (Spinnrad), Sahne, Isomalt, Butter

Durchführung
Damit man die Weichkaramellen essen kann, wird mit Küchenutensilien gearbeitet. 50 g Sorbit und 2 g Reinlecithin werden mit 50 g Sahne verrührt. Nun schmilzt man 250 g Isomalt in einem Topf und gibt 50 g weiche Butter und das Sahne-Gemisch hinzu. Die Masse erhitzt man bis 125 °C und gießt sie dann sofort auf ein gefettetes Backpapier. Die warme Masse wird mit einem Messerrücken quadratisch geteilt.

Beobachtung/Erklärung
Es entstehen angenehm schmeckende Bonbons mit zahnschonenden Eigenschaften. Dafür spielen die nichtkariogenen Zuckeraustauschstoffe Sorbit und Isomalt die entscheidende Rolle.

Quelle
Deifel, A.: Saccharose – ein Rohstoff für nichtkariogene und brennwertverminderte Süßungsmittel. In: PdN-Chemie 44 (1995) 5, S. 9–15.

2.5.4 Nachweis von Isomalt in Bonbons und Kaugummi

Sachinformation
Isomalt ist ein weißes Pulver mit süßem Geschmack. Es kann ohne Mengenbegrenzung zur Herstellung von Süßwaren und als Zuckeraustauschstoff für Diabetiker eingesetzt werden. Strukturell handelt es sich um eine hydrierte Isomaltulose aus 1-0-α-D-Glucopyranosyl-D-sorbit und 1-0-α-D-Glucopyranosyl-D-mannit-dihydrat.

Geräte: Bechergläser (10 mL), Reagenzgläser, Pipetten, Mörser mit Pistill, Waage, Magnetrührer, Rührfisch, Messzylinder (50 mL), DC-Platte (Kieselgel 60 ohne Fluoreszenzindikator, 5 x 10 cm), Bleistift, Lineal, Kapillaren, DC-Kammer, Sprühvorrichtung, Heizplatte, eventuell Föhn
Chemikalien: Isomalt, Sorbit, Bonbons (z. B. Wick Blau®, Ragolds Atemgold Plus®, Ricola®, Dr. C. Soldan Salbei®), Kaugummi (z. B. Wrigley's Air Wave®), 1-Propanol (**F**, leicht entzündlich), Essigsäureethylester (**F**, leicht entzündlich), dest. Wasser, Thymol (**C**, ätzend), Ethanol (**F**, leicht entzündlich), Schwefelsäure (w = 96–98 %; **C**, ätzend)

Vorbereitung
Herstellen der Probe- und Vergleichslösungen
Ein **Bonbon** wird in einem Mörser zerkleinert. Anschließend löst man 0,5 g Bonbonpulver in einem Reagenzglas in 10 mL lauwarmen Wasser auf. Ebenso verfährt man mit den anderen drei Bonbons.
Den **Kaugummi** versucht man unter ständigem Rühren (am besten mit Rührer und Rührfisch) in warmem Wasser zu lösen. Nach einiger Zeit bleibt nur noch eine klebrige, in Wasser unlösliche Masse übrig (sie klebt am Rührfisch), die verworfen werden kann.
Als Vergleichslösungen werden 0,5 g Isomalt bzw. 0,5 g Sorbit in 10 mL dest. Wasser gelöst.
Laufmittel
Man setzt das Laufmittel (1-Propanol : Essigsäureethylester : Wasser = 14 : 4 : 2 (mL)) an, füllt es ca. 0,5 cm hoch in die DC-Kammer ein und verschließt sie wieder. Nach ca. 10–15 min (Stichwort: Kammersättigung) kann die DC-Kammer für die Entwicklung der DC-Platte verwendet werden.
Sprühreagenz
0,1 g Thymol werden in 19 mL Ethanol gelöst und vorsichtig mit 1 mL konzentrierter Schwefelsäure versetzt. Das Sprühreagenz sollte immer frisch angesetzt werden.

Durchführung
Auf einer entsprechend vorbereiteten DC-Platte (siehe 2.3.4) trägt man von links nach rechts in jeweils 1 cm Abstand je 1 µL folgender Untersuchungslösungen mit Kapillaren punktförmig auf: Isomalt, Wick Blau®, Atemgold®, Ricola®, Soldan Salbei®, Air Waves® und Sorbit (2 x 1 µL). Man lässt nun die aufgetragenen Lösungen 45 min einwirken. (Mit einem Föhn lässt sich diese Zeitspanne verkürzen.) Danach stellt man die DC-Platten in die Kammer mit dem Laufmittel. Nach einer Laufzeit von 40 min trocknet man die DC-Platten mit dem Föhn. Anschließend besprüht man die DC-Platten im Abzug mit dem Sprühreagenz und erhitzt die besprühten Platten im Trockenschrank bei ca. 120 °C 3 bis 5 min lang.
Alternative bei der Durchführung: Sollte kein Trockenschrank zu Verfügung stehen, so können die besprühten DC-Platten zum Sichtbarmachen der Flecken auf eine Heizplatte gelegt und so lange erhitzt werden, bis deutlich Flecken zu erkennen sind.

Beobachtung
s. Abb. 12.

Erklärung
Es ist eindeutig zu erkennen, dass alle Bonbons und der Kaugummi Isomalt enthalten (Abb. 12). Beim Kaugummi Air Waves® kann man sogar noch einen leicht bläulichen Fleck sehen, der mit Hilfe der Sorbit-Vergleichslösung identifiziert wurde.

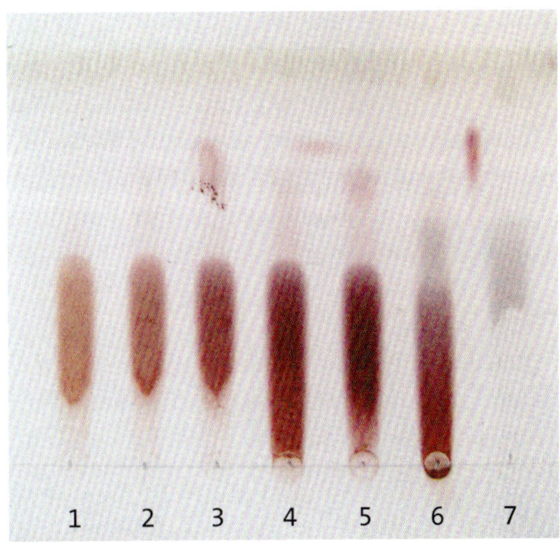

Abb. 12: Dünnschichtchromatographische Untersuchung von Süßwaren auf Isomalt und Sorbit
(Foto: S. Buse)

Entsorgung
Probe- und Vergleichslösungen in das Abwasser; benutzte DC-Platte in den Hausmüll; Laufmittel in den Sammelbehälter 3; Sprühreagenz in den Sammelbehälter 1.

Quelle
Kotissek, B., Sommer, K., Pfeifer, P.: Isomalt – Experimentelle Erschließung eines Zuckeraustauschstoffes. In: NiU-Chemie 12 (2001) 62, S. 20–23.

2.5.5 Nachweis von Butter in Butterkeksen

Sachinformation
Butterfett bildet mit mindestens 82 % den Hauptbestandteil von Butter und enthält im Gegensatz zu allen anderen für Nahrungszwecke eingesetzten Fetten 2,5–5 % Buttersäure.

Geräte: Mörser mit Pistill, Teefilter, Faden, Waage, Thermometer, Heizplatte, Filterpapier, Trichter, Becherglas (250 mL), Messzylinder (100 mL), Uhrglas, Kristallisierschale, Demonstrationsreagenzglas, Zange, Brenner, Spatel, Siedesteinchen, Pasteur-Pipetten
Chemikalien: Butterkekse, Petroleumbenzin (Siedebereich 40–60 °C); (**F**, leicht entzündlich; **Xn**, gesundheitsschädlich), Natriumhydroxid-Lösung (w = 10 %; **C**, ätzend), Salzsäure (c = 2 mol/L; **C**, ätzend)

Durchführung
1. Fettextraktion aus Keksen
Man zerkleinert 30 g Kekse im Mörser und füllt die zerkleinerten Kekse in den Teefilter. Der Teefilter wird mit einem Faden zugebunden. Diesen „Beutel" gibt man zu 80 mL Petroleumbenzin in das Becherglas. Man erhitzt für 10 min auf ca. 50 °C und deckt dabei das Becherglas mit dem Uhrglas ab. Anschließend entfernt man den Teebeutel aus der Lösung und gibt die Lösung in eine Kristallisierschale. Das Petroleumbenzin lässt man unter dem Abzug verdunsten (ca. 1 h).

2. Verseifung
Man gibt 500 mg des extrahierten Fettes in ein Demonstrationsreagenzglas. Es werden 10 mL Natriumhydroxid-Lösung und einige Siedesteinchen hinzugefügt. Das Gemisch wird unter ständigem Schütteln vorsichtig erwärmt **(Vorsicht, Siedeverzug!)**. Sobald Schaumbildung eintritt, entfernt man das Reagenzglas aus der Brennerflamme und wartet vor dem erneuten Erhitzen, bis sich der Schaum zurückgebildet hat. Der Vorgang wird nach 5 min beendet. Man neutralisiert durch Zugabe von Salzsäure.

Beobachtung
1. Nach dem Verdunsten des Petroleumbenzins bleibt ein gelber Rückstand zurück.
2. Während des Erhitzens verschwinden die Fettaugen. Man erhält eine gelblich-trübe Lösung. Durch Zugabe von Salzsäure fällt ein weißlicher Niederschlag aus. Die Lösung riecht intensiv nach Butter und Buttersäure.

Erklärung
Das extrahierte Fett wird durch alkalische Verseifung in Glycerin und Fettsäure-Anionen gespalten. Durch Zugabe von Salzsäure werden die Fettsäure-Anionen protoniert. Von den entstandenen Fettsäuren sind nur Buttersäure (C4) und Capronsäure (C6) in wässrigem Milieu löslich. Die längerkettigen Fettsäuren (ab Caprylsäure (C7)) fallen als weißlicher Niederschlag aus.

Entsorgung
Reaktionsansatz mit viel Wasser in das Abwasser.

Quellen
Lorenz, C.: Enthalten Butterkekse tatsächlich Butter? In: PdN-Chemie 37 (1988) 3, S.38–40. Sommer, K., Pfeifer, P., Reller, A.: Fettreduzierte Brotaufstriche. In: Chemie in unserer Zeit 36 (2002) 2, S. 2–8.

2.5.6 Mandelkekse – selbst gemacht

Geräte: Waage, Wasserkocher, Schale, Messer, Mandelmühle, Handrührgerät, Ess- und Teelöffel, Backblech, Backpapier, Backofen, Kurzzeitwecker
Chemikalien: bittere Mandeln, süße Mandeln, Haushaltszucker, Eier, Salz

Durchführung
Damit man die Kekse essen kann, wird mit Küchenutensilien gearbeitet. 50 g bittere und 200 g süße Mandeln werden mit kochendem Wasser übergossen und etwa 5 min stehen gelassen. Sodann schreckt man die Mandeln ab, entfernt die Häute, mahlt und mischt die gemahlenen Mandeln mit 250 g Haushaltszucker. Drei Eiklar werden mit einer Messerspitze Salz sehr steif geschlagen und dann portionsweise an die Mandelmasse gegeben. Das Gemisch wird allmählich lockerer und kann mit einem Teelöffel häufchenweise auf ein mit Backpapier belegtes Backblech gegeben werden. Bei 175 °C wird der Teig ca. 15 min gebacken.

Beobachtung
Es entstehen braune, aromatisch nach Mandeln riechende Objekte.

Erklärung
Es handelt sich um die Kekse, welche u. a. in Folge der Maillard-Reaktion angenehm riechen und schmecken.

Quelle
Pickel, H. H., Lutz, B.: Bitterer Kern in süßer Schale – Warum keimen Steinobstsamen im Boden nicht sofort aus? In: PdN-Chemie 42 (1993) 4, S. 30–36.

2.6 Klassiker bei Kindern und Jugendlichen

2.6.1 Popcorn – selbst gemacht

Geräte: Glaskochtopf mit Deckel, Kochplatte
Chemikalien: Maiskörner, Speiseöl, Gewürze (z. B. Salz, Zucker)

Durchführung
Damit man das Popcorn essen kann, wird mit Küchenutensilien gearbeitet. In einen Glaskochtopf wird so viel Speiseöl gegeben, dass der Boden gerade bedeckt ist. Man erhitzt das Öl auf der Kochplatte bei höchster Stufe. In das heiße Öl trägt man Maiskörner ein, bis der Boden des Topfes gut bedeckt ist. Dabei sollten nicht mehr als zwei Schichten Körner übereinanderliegen. Der Deckel wird sofort aufgelegt. Wenn die Maiskörner platzen und an den Deckel springen, wird die Kochplatte auf die niedrigste Stufe gestellt, um ein Anbrennen der Körner zu vermeiden. Sind alle Maiskörner aufgeplatzt, wird der Topf von der Heizplatte genommen. Das fertige Popcorn kann mit Salz, Zucker oder anderen Gewürzen versetzt werden.

Beobachtung
Die Maiskörner platzen beim Erhitzen auf.

Erklärung
Werden Maiskörner erhitzt, verdampft das Wasser im Inneren. Durch den entstandenen Druck platzt die Schale auf und die Stärke quillt als weiche, lockere Masse hervor.

Quelle
Gropengießer, I., Otto, D.: Erdnussflips und Popcorn. In: Unterricht Biologie 15 (1991) 161, S. 15 – 19.

2.6.2 Ketchup – selbst gemacht

Geräte: Brettchen, Messer, Schüssel, Kochplatte, Kochtöpfe, Sieb, Kochlöffel, Esslöffel, Teelöffel, verschließbare Flaschen
Chemikalien: Tomaten, Zimt, Zwiebeln, Lorbeerblatt, Essigessenz, Gewürznelken, Salz, Zucker

Durchführung
Damit man das Ketchup essen kann, wird mit Küchenutensilien gearbeitet. 1 kg Tomaten werden gewaschen, zerkleinert und danach durch ein Sieb passiert. Der Tomatensaft wird in einen Topf gegeben und erhitzt, sodass er etwas eindickt. Zu dem eingedickten Saft gibt man 2 klein geschnittene Zwiebeln, 3 Esslöffel Essig, 1 Teelöffel Salz, 3 Esslöffel Zucker, ½ Teelöffel Zimt, 2 Gewürznelken und 1 Lorbeerblatt. Der Ansatz wird bei mittlerer Hitze ca. 10 min gekocht. Danach passiert man das Gemisch durch ein Sieb in einen zweiten Topf; die so gewonnene Soße wird erneut gekocht, bis sie die gewünschte Konsistenz hat, und abgeschmeckt. Danach füllt man das Ketchup in Flaschen ab und kann es im Kühlschrank aufbewahren.

Beobachtung
Der ursprünglich dünnflüssige Tomatensaft wird durch das Erhitzen eingeengt und erhält eine zähflüssige Konsistenz.

Erklärung
Es gelang, Ketchup herzustellen.

Quelle
Saalfrank, A.: Herstellung von Ketchup. In: UC 13 (2002) 69, S. 22.

2.6.3 Nachweis von Glucose in Ketchup

Geräte: Messzylinder (25 mL), Becherglas (100 mL), Magnetrührer mit Rührfisch, Glasstab, Trichter, Filterpapier, Reagenzglasständer, Reagenzglas, Pipetten, Heizplatte, Becherglas (250 mL – dient als Wasserbad)
Chemikalien: Ketchup, dest. Wasser, Fehling I (**Xn**, gesundheitsschädlich), Natriumhydroxid-Lösung (w = 10 %; **C**, ätzend), Carrez-Reagenz I, Carrez-Reagenz II

Vorbereitung
Herstellen der Probelösung
10 mL Ketchup werden in ein Becherglas gegeben und mit 30 mL dest. Wasser verdünnt. Das Gemisch wird ca. 20 min auf einem Magnetrührer gerührt. Anschließend gibt man 10 mL Carrez-Reagenz I (15 g Kalium-hexacyanoferrat(II)-trihydrat in dest. Wasser lösen und auf 100 mL auffüllen) und 10 mL Carrez-Reagenz II (23 g Zinkacetat-dihydrat bzw. 30 g Zinksulfat-heptahydrat in dest. Wasser lösen und auf 100 mL auffüllen) hinzu und rührt mit einem Glasstab kurz um. Der voluminöse Niederschlag von Carrez-Reagenz I und II ist in der Lage, Proteine sowie Trüb- und

Farbstoffe (hier: Lycopin) „festzuhalten". Nach der Filtration entsteht eine klare Lösung, die im Kühlschrank längere Zeit aufbewahrt werden kann.

Durchführung
In ein Reagenzglas gibt man 2 mL klare Ketchup-Lösung (siehe Vorbereitung) und fügt 2 mL Fehling I sowie 2 mL Natriumhydroxid-Lösung hinzu. Man stellt das Reagenzglas in ein siedendes Wasserbad. Nach 2 min kann der Versuch beendet werden.

Beobachtung
Es bildet sich ein ziegelroter Niederschlag.

Erklärung
Kupfer(II)-Ionen werden durch reduzierend wirkende Substanzen des Ketchups zu Kupfer(I)-Ionen reduziert. Es bildet sich rotes Kupfer(I)-oxid.
Hinweis: Die Verwendung von Glucose-Teststäbchen bestätigt die Vermutung, dass Glucose als reduzierend wirkende Substanz im Ketchup enthalten ist.
Im Fall der hier modifizierten *Fehling*-Reaktion wird aber kein Komplexbildner zugegeben. Es wird nur Natriumhydroxid-Lösung verwendet, die für die Schaffung des alkalischen Milieus verantwortlich ist. Als Komplexbildner wirkt zum einen die Glucose selbst. Diese Polyhydroxy-Verbindung verhindert die Bildung von Kupfer(II)-hydroxid. Zum anderen kann die Funktion des Komplexbildners von den Anionen der Citronensäure erfüllt werden.

Entsorgung
Reaktionsgemisch mit Fehling I/II in den Sammelbehälter 1.

Quelle
Saalfrank, A., Pfeifer, P., Sommer, K.: Die Fehling'sche Probe einmal anders. In: UC 13 (2001) 69, S.51–52.

2.6.4 Speiseeis – selbst gemacht

Geräte: trockenes, verschließbares Gefäß, Waage, Messbecher, Becherglas (1000 mL), Handrührgerät, Thermometer, Metallschale, Gefrierfach
Chemikalien: Haushaltszucker, Magermilchpulver, Vanillezucker, Johannisbrotkernmehl, Tegomuls, Milch, Sahne, Geschmack: Kakaopulver oder Vanilleschote, Eiswürfel und Salz (für Kältemischung)

Durchführung
Damit man das Eis essen kann, wird mit Küchenutensilien gearbeitet. In einem trockenen, verschließbaren Gefäß werden 15 g Zucker, 6,5 g Magermilchpulver, 1 Päckchen Vanillezucker, 0,3 g Johannisbrotkernmehl und 0,8 g Tegomuls durch Schütteln gemischt. Anschließend wird die Trockenmasse in ein 1000-mL-Becherglas zu einer Mischung aus 100 mL Milch und 65 g Sahne

gegeben und mit einem Handrührgerät eingerührt. Die Masse wird auf dem Heizrührer auf 70 °C erhitzt (Thermometerkontrolle), bis sich die zugegebenen Substanzen lösen.
Danach wird die Mischung mit dem Handrührgerät ca. 5 min auf höchster Stufe geschlagen, wobei die Temperatur von 70 °C beibehalten wird. Anschließend wird die Masse unter ständigem Weiterrühren in einem Eisbad rasch auf 10 °C abgekühlt.
Für die Geschmacksrichtung Vanille gibt man zu der Milch-Sahne-Mischung noch ein Viertel einer aufgeschnittenen Vanilleschote. Die Schote wird nach dem Aufkochen entfernt. Möchte man Schokoladeneis herstellen, gibt man zu der Trockenmasse zusätzlich 4 g Kakaopulver. Die abgekühlte Mischung wird im Eisfach gefroren.

Beobachtung/Erklärung
Nach dem Gefrieren entstehen 200 g Eiscreme.

Quelle
http://daten.didaktikchemie.uni-bayreuth.de/experimente/lebensmittel/092_eis_industriell_vanille_l.htm (20.03.2011).

2.6.5 Gummibärchen – selbst gemacht

Geräte: Esslöffel, Teelöffel, Schneebesen, 2 kleine Kochtöpfe, Heizplatte, kleine Tassen, Puderkasten (Backblech, Keksdose etc.), Messbecher (50 mL), Küchenwaage, Zahnstocher, Streichleiste
Chemikalien: Saccharose (Haushaltszucker), Apfelpektin, Citronensäure, Kirschsirup, Puderzucker

Vorbereitung
Damit man die Gummibärchen essen kann, wird mit Küchenutensilien gearbeitet. In den Puderkasten werden – je nach Tiefe der zu formenden Löcher – einige Päckchen Puderzucker gegeben und mit einer Streichleiste geglättet, ohne festgedrückt zu werden. Mit dem Zahnstocher und handelsüblichen Gummibärchen (am besten die großen) als Stempel drückt man vorsichtig Hohlformen in den Puderzucker. Dabei sollte man den Abstand so eng wählen, dass die einzelnen Vertiefungen nicht einfallen.

Durchführung
1. Herstellung der Citronensäure-Lösung
7 g Citronensäure werden in 7 g Wasser gelöst.
2. Herstellung von Invertzucker
100 g Saccharose, 1,5 g Citronensäure und 50 mL Wasser werden in einem Topf für 30 min auf ca. 75 °C erhitzt. Anschließend wird der Topf von der Platte genommen und mit dem Deckel abgedeckt.
3. Herstellung des Fruchtgummis
In den zweiten Topf werden 150 mL Wasser auf ca. 50 °C vorgeheizt. In einer kleinen Tasse werden 55 g Saccharose und 10 g Apfelpektin vermischt und portionsweise unter ständigem Rühren in das warme Wasser gegeben. Die Lösung muss klümpchenfrei sein – nicht mit Luftblasen ver-

wechseln. Nun wird der Invertzucker in die warme Pektin-Lösung gegeben, wobei die Lösung erst geliert, dann jedoch wieder klar wird. Unter ständigem Rühren nun aufkochen (knapp 100 °C) und 4 Esslöffel Kirschsirup hinzugeben.
Ab hier muss zügig gearbeitet werden: die Citronensäure-Lösung zugeben und die Masse mit dem Esslöffel oder Teelöffel (je nach Größe der Formen) in die Formen des Puderkastens geben.

Beobachtung/Erklärung
Die Masse sollte im gesamten Herstellungsverlauf glatt und klar erscheinen. Bei Zugabe von zu viel Zucker oder Säure geliert sie auch bei den angegebenen Arbeitstemperaturen.
Am nächsten Tag können die Fruchtgummis aus dem Puderzuckerbett geholt werden.

Quelle
Wagner, W.: Gummibärchen als didaktisches Konzept. In: NiU-Chemie 3 (1992) 14, S. 41–43.

2.6.6 Kaugummi – zuckerfrei oder zuckerhaltig?

Geräte: 2 Bechergläser (50 mL), Becherglas (200 mL), Messzylinder (10 mL), Glasstab, Pipette, Heizplatte, Reagenzglasständer, 3 Reagenzgläser
Chemikalien: Kaugummi (z. B. Wrigley's Spearmint® und Wrigley's Orbit ohne Zucker®), Fehling I (**Xn**, gesundheitsschädlich), Fehling II (**C**, ätzend), Glucose-Teststäbchen, dest. Wasser

Durchführung
1. Je 1 Kaugummi und 10 mL dest. Wasser werden in ein 50-mL-Becherglas gegeben und durch Drücken mit einem Glasstab ausgelaugt (ca. 5 min). Danach werden jeweils 2 mL der Kaugummi-Lösung mit 4 mL Fehling I/II (gemischt im Verhältnis 1 : 1) versetzt und im siedenden Wasserbad 2 min erhitzt.
2. Mit Hilfe von Glucose-Teststäbchen kann man näherungsweise den Glucosegehalt der wässrigen Lösungen der Kaugummis ermitteln.

Beobachtung

Tab. 6: Experimentelle Untersuchungsergebnisse von zuckerfreiem und zuckerhaltigem Kaugummi

	Wrigley's Spearmint®	Wrigley's Orbit ohne Zucker®
1.	Bildung eines ziegelroten Niederschlages	blaue Farbe bleibt erhalten
2.	56 mmol/L $\triangleq$ 10,68 g/L	0 mmol/L

Erklärung
In dem Kaugummi Wrigley's Spearmint® konnten reduzierend wirkende Zucker nachgewiesen werden. Es handelt sich vorzugsweise um Glucose, wie der Test mit den Glucose-Teststäbchen zeigt. Demgegenüber ist der Kaugummi Wrigley's Orbit ohne Zucker® wirklich zuckerfrei.

Entsorgung

Reaktionsgemische mit Fehling I/II in den Sammelbehälter 1; Kaugummi-Lösungen in das Abwasser; Kaugummirest in den Hausmüll.

Quelle

verändert nach: Kempkes, W.: Der Kaugummi. In: NiU-Physik/Chemie 31 (1983) 7, S. 239–246.

3 Medikamente und medizinische Hilfsmittel

3.1 Aspirin® – ein Klassiker, den jeder kennt

Salicylsäure und ihre Derivate sind seit alters her als Heilmittel gegen rheumatische Schmerzen und gegen Fieber bekannt. Acetylsalicylsäure wurde erstmals 1899 in reinster Form synthetisiert und ist seitdem (z. B. als Aspirin®) eines der am meisten verwendeten Arzneimittel.

3.1.1 Synthese von Acetylsalicylsäure

Geräte: Waage, Spatel, Messzylinder (10 mL, 50 mL), Erlenmeyerkolben (100 mL), Pasteur-Pipetten, Magnetheizrührer mit Rührfisch, Becherglas (600 mL – dient als Wasserbad), Saugflasche, Büchnertrichter, Filterpapier, Reagenzglasständer, Reagenzgläser
Chemikalien: Salicylsäure, Essigsäureanhydrid (**C**, ätzend), Acetylsalicylsäure, Schwefelsäure (w = 96–98 %; C, ätzend), dest. Wasser, Eisen(III)-chlorid-Lösung (w = 1 %), Ethanol (w = 96 %; **F**, leicht entzündlich)

Durchführung ***Abzug!***
5 g Salicylsäure und 5 mL Essigsäureanhydrid werden in einem Erlenmeyerkolben mit 5 Tropfen konzentrierter Schwefelsäure versetzt und im siedenden Wasserbad 10 min gerührt. Nach dem Abkühlen werden 50 mL dest. Wasser hinzugegeben, die ausgefallenen Kristalle abgefiltert und mit weiteren 50 mL dest. Wasser gewaschen.
Zum Nachweis werden je eine Spatelspitze des Produktes, der Salicylsäure bzw. Acetylsalicylsäure, in ein Reagenzglas gegeben, in je 5 mL Ethanol gelöst und mit einem Tropfen Eisen(III)-chlorid-Lösung versetzt.

Beobachtung
Nach Zugabe der Schwefelsäure wird die Lösung kurz klar. Es scheiden sich dann weiße Kristalle ab.
Beim Nachweis mit verdünnter wässriger Eisen(III)-chlorid-Lösung ist beim Produkt eine bräunliche Färbung zu erkennen; diese Färbung kann auch bei der Acetylsalicylsäure beobachtet werden. Die Referenzlösung von Salicylsäure ist hingegen stark violett gefärbt.

Erklärung
Salicylsäure reagiert unter der katalytischen Wirkung von konzentrierter Schwefelsäure mit Essigsäureanhydrid zu Acetylsalicylsäure (s. S. 82).
Beim Nachweis mit verdünnter wässriger Eisen(III)-chlorid-Lösung ergibt eine Lösung von reiner Acetylsalicylsäure in Wasser bzw. das selbst hergestellte Produkt eine leicht braune Färbung, reine Salicylsäure-Lösung hingegen eine starke Violettfärbung – zurückzuführen auf die freie Hydroxy-Gruppe am aromatischen Ring. Hier kann man also zeigen, dass eine neue Verbindung, eben Acetylsalicylsäure, entstanden ist.

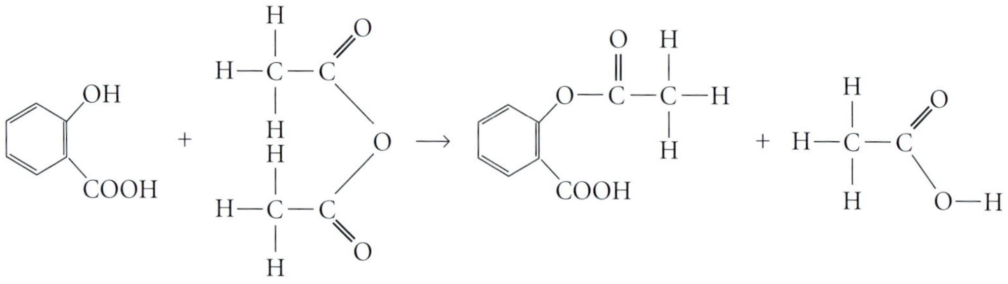

Salicylsäure + Essigsäureanhydrid ⟶ Acetylsalicylsäure + Essigsäure

Entsorgung
Reaktionsgemische (auch die mit Eisen(III)-chlorid-Lösung) und Waschwasser in das Abwasser.

Quellen
Sich, K.: Makromoleküle – Farbstoffe – Heilmittel. Kollegstufe Chemie. Schroedel Verlag, Hannover 1973, S. 92. Latzel, G.: Synthese eines Arzneistoffes als Schülerversuch. In: PdN-Chemie 34 (1985) 6, S. 9–13. Raaf, H.: Organische Chemie im Probierglas. Franckh'sche Verlagshandlung, Stuttgart 1982.

3.1.2 Hydrolyse von Acetylsalicylsäure

Geräte: Mörser mit Pistill, Reagenzgläser, Reagenzglasständer, Reagenzglaszange, Brenner, pH-Papier, Spatel, Messzylinder (10 mL), Trichter, Filterpapier, Pipette
Chemikalien: Acetylsalicylsäure (z. B. Aspirin®), Natriumhydroxid-Plätzchen (**C**, ätzend), dest. Wasser, Schwefelsäure (w = 20 %; **C**, ätzend), wässrige Eisen(III)-chlorid-Lösung (w = 1 %)

Durchführung
Zwei gemörserte Tabletten Acetylsalicylsäure werden im Reagenzglas mit 6 Natriumhydroxid-Plätzchen und 10 mL dest. Wasser vorsichtig erhitzt **(Siedeverzug!)**. Ist eine Lösung entstanden, hält man das Gemisch weitere 5 min am Sieden. Dann nimmt man das Reagenzglas aus der Flamme, ermittelt durch Zufächeln den Geruch und hält einen feuchten pH-Papierstreifen an die Reagenzglasmündung (Beobachtung 1).
Der Ansatz im Reagenzglas wird dann abgekühlt und zu 10 mL Schwefelsäure gegossen (Beobachtung 2).
Der Niederschlag wird abfiltriert und mit dest. Wasser gewaschen. Eine Spatelspitze des Niederschlages wird in ein Reagenzglas gegeben, mit 2 mL dest. Wasser versetzt und dann werden 2 bis 3 Tropfen Eisen(III)-chlorid-Lösung zugegeben (Beobachtung 3).

Beobachtung
Beobachtung 1: An der Mündung des Reagenzglases kann man Essigsäure riechen. Das angefeuchtete pH-Papier färbt sich an der Mündung des Glases rötlich.
Beobachtung 2: Es entsteht ein weißer Niederschlag.

Beobachtung 3: Der Niederschlag ergibt mit Eisen(III)-chlorid-Lösung eine Violettfärbung.

Erklärung
Bei der alkalischen Hydrolyse entstehen die Salze Natriumsalicylat und Natriumacetat, die durch die Schwefelsäure in die entsprechenden Säuren umgewandelt werden.

$$\text{C}_6\text{H}_4(\text{O}-\text{CO}-\text{CH}_3)(\text{COOH}) + 2\,\text{OH}^- \longrightarrow \text{C}_6\text{H}_4(\text{OH})(\text{COO}^-) + \text{CH}_3\text{COO}^- + \text{H}_2\text{O}$$

Salicylsäure ergibt mit Eisen(III)-chlorid-Lösung eine Komplexverbindung, die für die Violettfärbung verantwortlich ist.

Entsorgung
Saures Reaktionsgemisch in den Sammelbehälter 1.

Quellen
Latzel, G.: Synthese eines Arzneistoffes als Schülerversuch. In: PdN-Chemie 34 (1985) 6, S. 9–13.
Raaf, H.: Organische Chemie im Probierglas. Franckh'sche Verlagshandlung, Stuttgart 1982.

3.1.3 Nachweis von Stärke als Tablettenfüllstoff

Geräte: Mörser mit Pistill, Spatel, Tüpfelplatte, Pipette
Chemikalien: Tablette Aspirin®, Iodtinktur

Durchführung
Eine Tablette Aspirin® wird im Mörser pulverisiert. Man gibt eine Spatelspitze des Aspirin®-Pulvers auf die Tüpfelplatte und fügt einen Tropfen Iodtinktur hinzu.

Beobachtung
Das Pulver färbt sich blauschwarz.

Erklärung
Es lässt sich Stärke in der Tablette Aspirin® nachweisen.

Entsorgung
Über den Hausmüll.

Quelle
Sommer, K.: Eigene Arbeiten; unveröffentlicht.

3.2 Reaktionen mit Rennie®

3.2.1 Reaktion von Salzsäure mit Rennie®

Geräte: Reagenzglasständer, Reagenzgläser, Messzylinder (10 mL), Mörser mit Pistill, Spatel
Chemikalien: Rennie®, Salzsäure (c = 0,1 mol/L; Xi, reizend), dest. Wasser, frisch bereiteter Rotkohlsaft, Lackmus-Lösung, frisch bereiteter schwarzer Tee

Durchführung
In jeweils zwei Reagenzgläser werden 10 mL der verschiedenen Indikator-Lösungen (Rotkohlsaft, Lackmus-Lösung, schwarzer Tee) gefüllt und paarweise nebeneinander gestellt. Dann gibt man in je eine der Lösungen 2 mL Salzsäure und in die andere 2 mL dest. Wasser. Anschließend gibt man in die mit der Säure versetzten Lösungen jeweils eine pulverisierte Tablette Rennie®.

Beobachtung
In den mit Salzsäure und Rennie® versetzten Lösungen lässt sich eine Gasentwicklung feststellen. Der mit Salzsäure versetzte rote Rotkohlsaft erreicht allmählich wieder die ursprünglich bläuliche Farbe der Ausgangs- und der Vergleichslösung, wird dann dunkler blau und evtl. grünlich. Die durch die Salzsäure zunächst rot gefärbte Lackmus-Lösung wird wieder blau und der durch die Salzsäure aufgehellte schwarze Tee wird letztlich dunkler als die Vergleichslösung.

Erklärung
An der Gasentwicklung und der Farbveränderung kann man erkennen, dass Rennie® die saure Eigenschaft der Lösungen immer weiter verringert (neutralisiert), bis sie nicht mehr feststellbar ist. Die Reaktion ist nach der Neutralisation aber noch nicht abgeschlossen. Es werden offensichtlich Stoffe freigesetzt, die eine weitere Farbveränderung der Indikatoren hervorbringen. Das lässt sich leicht belegen, indem man zu den mit Wasser versetzten Lösungen ebenfalls eine pulverisierte Rennie®-Tablette gibt. Antazida („Antisäuren") sind also Stoffe, die sich nicht nur auf die Aufhebung (Neutralisation) des sauren Charakters von Lösungen beschränken, sondern wässrigen Lösungen einen alkalischen Charakter verleihen.

Entsorgung
Alle Reaktionsgemische in das Abwasser.

Quelle
Wolf, G., Flint, A.: Rennie® räumt den Magen nicht nur auf – Einsatzmöglichkeiten für Antazida in der Sekundarstufe I. In: NiU-Chemie 11 (2000) 55, S. 16–20.

3.2.2 Unterscheidung von Rennie® und Bullrich-Salz®

Geräte: Mörser mit Pistill, Reagenzglasständer, Reagenzgläser, Messzylinder (10 mL), Pipette
Chemikalien: Rennie®, Bullrich-Salz®, dest. Wasser, ethanolische Thymolphthalein-Lösung (w = 1 %)

Durchführung
In die beiden Reagenzgläser gibt man jeweils 10 mL dest. Wasser und einige Tropfen Thymolphthalein-Lösung. Dann fügt man dem einen Reagenzglas eine pulverisierte Tablette Rennie® und dem anderen eine pulverisierte Tablette Bullrich-Salz® hinzu.

Beobachtung
Die mit Rennie® versetzte Lösung färbt sich nach kurzer Zeit blau, die mit Bullrich-Salz® versetzte Lösung bleibt farblos.

Erklärung
Beim Inhaltsstoff von Rennie® handelt es sich offensichtlich um ein sekundäres Carbonat – konkret um ein Gemisch aus Calcium- und Magnesiumcarbonat, bei dem von Bullrich-Salz® um ein Hydrogencarbonat, nämlich um Natriumhydrogencarbonat. Carbonat-Ionen wirken im Gegensatz zu Hydrogencarbonat-Ionen als starke Brönsted-Basen; ihre wässrige Lösung reagiert deutlich alkalisch:

$$CO_3^{2-} + H_2O \rightleftarrows HCO_3^- + OH^-$$

Entsorgung
Alle Reaktionsgemische in das Abwasser.

Quelle
Wolf, G., Flint, A.: Rennie® räumt den Magen nicht nur auf – Einsatzmöglichkeiten für Antazida in der Sekundarstufe I. In: NiU-Chemie 11 (2000) 55, S. 16–20.

3.2.3 Ermittlung der Wirkstoffmenge einer Tablette Bullrich-Salz®

Geräte: Mörser mit Pistill, Messzylinder (100 mL), Pipette, Bürette (50 mL), Erlenmeyerkolben (300 mL)
Chemikalien: Bullrich-Salz®, Salzsäure (c = 1 mol/L; Xi, reizend), dest. Wasser, Lackmus-Lösung

Durchführung
In die Bürette werden 50 mL Salzsäure und in den Erlenmeyerkolben 100 mL dest. Wasser gefüllt. Dann versetzt man das dest. Wasser mit einigen Tropfen Lackmus-Lösung und gibt eine pulverisierte Tablette Bullrich-Salz® hinzu. Nachdem sich das Pulver aufgelöst hat, titriert man langsam mit der Salzsäure bis zu einem dauerhaften Farbumschlag.

Beobachtung/Erklärung
Pro Formeleinheit Salzsäure wird eine Formeleinheit Natriumhydrogencarbonat neutralisiert:

$$Na^+ + HCO_3^- + H_3O^+ + Cl^- \longrightarrow Na^+ + Cl^- + 2\,H_2O + CO_2$$

Ein Mol Salzsäure entspricht also einem Mol Natriumhydrogencarbonat. Es wurden beispielsweise 10,25 mL Salzsäure (0,01025 mol) bis zum Farbumschlag zugegeben. Also enthielt die Tablette auch

0,01025 mol Natriumhydrogencarbonat. Das entspricht einer Masse von 0,861 g. Auf der Packung ist ein Gehalt von Natriumhydrogencarbonat von 0,85 g angegeben; das Ergebnis weicht also um 1,3 % davon ab.

Entsorgung
Alle Reaktionsgemische in das Abwasser.

Quelle
Wolf, G., Flint, A.: Rennie® räumt den Magen nicht nur auf – Einsatzmöglichkeiten für Antazida in der Sekundarstufe I. In: NiU-Chemie 11 (2000) 55, S. 16–20.

3.3 Husten, Schnupfen, Heiserkeit

3.3.1 Gewinnung von etherischen Ölen

Variante 1: Gewinnung von etherischen Ölen mit einer einfachen Apparatur
Geräte: Erlenmeyerkolben (250 mL), Gärröhrchen mit Gummistopfen, Spatel, Waage, Mörser mit Pistill, Heizplatte
Chemikalien: Gewürznelken oder Pfefferminztee, dest. Wasser, Sudan III

Durchführung
Auf einen Erlenmeyerkolben (250 mL) wird ein Gärröhrchen mit einem durchbohrten Gummistopfen gesetzt; in das Gärröhrchen werden etwas Wasser und einige Körnchen Sudan III gegeben. Ungefähr 5 g Gewürznelken (oder Pfefferminztee) werden in einem Mörser zerkleinert und in den Erlenmeyerkolben übertragen. Nun gibt man etwas Wasser dazu und stellt den Kolben auf eine heiße Heizplatte.

Beobachtung
Beim Erhitzen entweicht etherisches Öl und bildet mit dem Sudan III (fettlöslich, Indikator für Öle und lipophile Flüssigkeiten) rote Schlieren. Ist das etherische Öl völlig entwichen, können die Schlieren wieder verschwinden.

Erklärung
Das aromatische Öl der Gewürznelken besteht aus 70–90 % Eugenol, 10–15 % des für den Nelkengeruch besonders typischen Eugenoacetats, weiterhin kleineren Anteilen an Alkoholen, Estern, Ketonen u.a.

Achtung
Um zu verhindern, dass die Flüssigkeit im Gärröhrchen in den abgekühlten Kolben eintreten kann, müssen zuerst Stopfen und Gärröhrchen entfernt werden.

Entsorgung
Pflanzenreste in den Hausmüll; Wasser in das Abwasser.

Quelle
Körber, G.: Pflanzliche Duftstoffe – ein fächerübergreifendes Thema in der Sekundarstufe I. In: MNU 49 (1996) 7, S. 436–442.

Variante 2: Gewinnung von etherischen Ölen mittels Wasserdampfdestillation
Geräte: Messer, verschließbares Gefäß, Rundkolben (2 x 500 mL), Glasrohr (ca. 1 m lang), T-Stück mit Hahn, Dampfkanne und Heizpilz (500 mL) (alternativ: 2 Heizpilze), Schliff-Thermometer, Destillationsbrücke, Stopfen, Spitzkolben zum Auffangen des Destillats, Schlauchmaterial, Stativmaterial
Chemikalien: Pfefferminze o. Ä., dest. Wasser

Versuchsaufbau
(s. nebenstehende Abbildung, Foto: S. Buse)

Durchführung
Die von der Pflanze geernteten Blätter (ca. 8–10 g) werden mit einem Messer zerkleinert und in ein verschließbares Gefäß gegeben. Man fügt dest. Wasser hinzu, bis das Blattmaterial vollständig bedeckt ist. Nun verschließt man das Gefäß und lässt es über Nacht stehen.
Am nächsten Tag kann die Wasserdampfdestillation durchgeführt werden. Dazu überführt man das Blätter-Wasser-Gemisch in den Rundkolben und baut eine Wasserdestillationsapparatur auf. Für die Erzeugung des Wasserdampfes wird ein Dampfentwickler vorgeschaltet. Das kann entweder eine mit Wasser gefüllte Dampfkanne sein, die auf einer Heizplatte steht, oder ein mit Wasser gefüllter Rundkolben, der durch einen Heizpilz erhitzt wird.
Nach ca. 15–20 min kann die Destillation beendet werden.

Beobachtung
Das Destillat weist den typischen Geruch von Pfefferminzöl auf.

Erklärung
Pfefferminzöl ist wasserdampfflüchtig (Siedetemperatur, Löslichkeit) und kann auf diese Weise schonend abgetrennt werden.

Entsorgung
Pflanzenreste in den Hausmüll; Wasser in das Abwasser.

Quelle
Just, M., Hradetzky, A.: Chemische Schulexperimente. Band 4. Verlag Harri Deutsch, Frankfurt/M. 1987, S. 340.

3.3.2 Dünnschichtchromatographische Untersuchung von etherischen Ölen (z. B. Pfefferminzöl)

Geräte: Waage, Spatel, Messpipette (5 mL), Reagenzgläser mit passendem Stopfen, Reagenzglasständer, Trichter, Filterpapier, Pasteur-Pipette, Messzylinder (25 mL), Becherglas (100 mL), Steilbrustflasche (100 mL), Bleistift, Lineal, DC-Platte (Kieselgel 60 mit Fluoreszenzindikator F_{254}, 5 x 10 cm), DC-Kammer, Mikrokapillare (2 µL), Sprüher, Trockenschrank
Chemikalien: Pfefferminzöl, Krauseminzöl, Menthol, Ethanol (**F**, leicht entzündlich), Petrolether (**F**, leicht entzündlich), Toluol (**F**, leicht entzündlich; **Xn**, gesundheitsschädlich), Essigsäureethylester (**F**, leicht entzündlich), Essigsäure (w = 96 %; **C**, ätzend), Schwefelsäure (w = 96–98 %; **C**, ätzend), Vanillin

Vorbereitung
Herstellen der Probe- und Vergleichslösungen
Soll ein etherisches Öl untersucht werden, müssen 100 mg (ca. 2 Tropfen) davon in 2 mL Ethanol gelöst werden.
Als Vergleichslösung werden 20 mg Menthol in 1 mL Ethanol gelöst.
Steht frisches Pflanzenmaterial (z. B. Pfefferminz- oder Krauseminzblätter) zur Verfügung, dann werden in einem Reagenzglas 1 g frisch pulverisierte Pfefferminzblätter in 2,5 mL Petrolether 10 min lang geschüttelt. Das Filtrat kann direkt als Probelösung verwendet werden.
Laufmittel **(Abzug! Schutzhandschuhe)**
Man setzt das Laufmittel (Toluol : Essigsäureethylester = 93 : 7 (mL)) an, füllt es ca. 0,5 cm hoch in die DC-Kammer ein und verschließt sie wieder. Nach ca. 10–15 min (Stichwort: Kammersättigung) kann die DC-Kammer für die Entwicklung der DC-Platte verwendet werden.
Sprühreagenz
17 mL Ethanol werden in einem Eisbad gekühlt, anschließend 2 mL konzentrierte Essigsäure und danach 1 mL konzentrierte Schwefelsäure vorsichtig dazugegeben. Nach Abkühlen der Lösung werden 100 mg Vanillin darin aufgelöst. Das Reagenz ist im Kühlschrank max. 6 Monate haltbar (gelb gefärbte Lösung ist nicht mehr brauchbar).

Durchführung
Auf einer entsprechend vorbereiteten DC-Platte (siehe 2.3.4) trägt man von links nach rechts je 2 µL folgender Untersuchungslösungen mit Kapillaren punktförmig auf: Krauseminzöl, Pfefferminzöl, Menthol; für jede Probe wird eine neue Kapillare verwendet.
Man lässt die DC-Platte ca. 15 min an der Luft trocknen. Dann stellt man die Platte in die vorbereitete DC-Kammer und verschließt sie wieder mit dem Deckel. Nach ca. 20 min hat das Laufmittel eine Trennstrecke von 6,5 cm zurückgelegt.
Nach Entfernung der Laufmittelreste (Föhn, Warmluftstufe 2) wird die DC-Platte mit Vanillin-Schwefelsäure-Reagenz besprüht und für 5–10 min im Trockenschrank bei 120 °C erhitzt.

Beobachtung

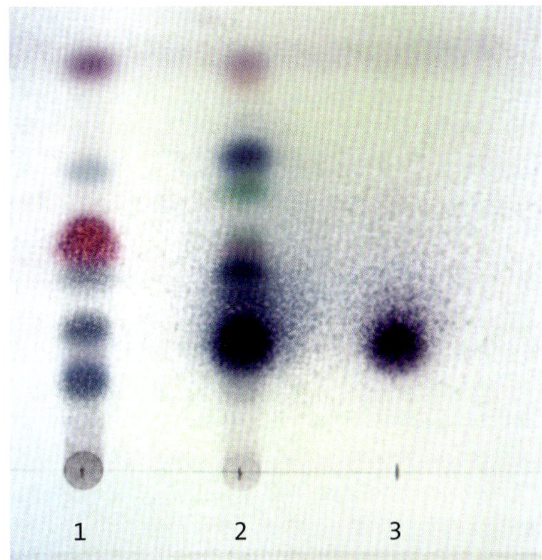

Abb. 13: Dünnschichtchromatographische Untersuchung von Krauseminzöl (1) und Pfefferminzöl (2) mit Menthol (3) als Vergleich (Foto: S. Buse)

Erklärung
Es lässt sich Menthol als Hauptkomponente des Pfefferminzöls nachweisen (Abb. 13).

Entsorgung
Probe- und (petroletherfreie) Vergleichslösungen in das Abwasser; benutzte DC-Platte in den Hausmüll; Laufmittel und Petrolether-Lösung in den Sammelbehälter 3; Sprühreagenz in Sammelbehälter 1.

Quellen
Pachaly, P.: DC-Atlas. Wissenschaftliche Verlagsgesellschaft mbH, Stuttgart 2002. Hahn-Deinstrop, E., Schmidkunz-Eggler, D.: Die Untersuchung von Pfefferminzöl mittels Dünnschicht-Chromatographie. In: UC 15 (2004) 84, S. 51–52.

3.3.3 Hustenbonbons – selbst gemacht

Geräte: Esslöffel, Becherglas, Heizplatte, Teelöffel, Eisbad, Teller
Chemikalien: Honig, Fenchel- oder Anispulver, Milchpulver

Durchführung
Damit man die Hustenbonbons essen kann, wird mit Küchenutensilien gearbeitet. Drei Esslöffel Honig werden in einem Becherglas 15–20 min lang bei schwacher Hitze gekocht. Erstarrt ein Tropfen Honig, den man in kaltes Wasser fallen lässt, dann war die Kochzeit ausreichend. Jetzt fügt man 2 Esslöffel Milchpulver und 1 Esslöffel Fenchel- oder Anispulver (Früchte in der Kaffeemühle gemahlen oder als Pulver in der Apotheke erhältlich) hinzu und rührt um. Aus dieser Bonbonmasse werden Bonbons geformt, indem man einen gefüllten Teelöffel etwa 10 sec lang in kaltes Wasser taucht. Die erstarrten Bonbons werden auf einem Teller getrocknet.

Beobachtung/Erklärung
Es entstehen wohlschmeckende Bonbons, die sich im Kühlschrank einige Wochen halten. Die etherischen Öle von Fenchel und Anis besitzen eine sekret-, krampf- und blähungslösende Wirkung.

Quelle
Spengler, I.: Ein leichter Husten. In: Unterricht Biologie 7 (1983) 81 („Heilkräuter“), S. 13–14.

3.3.4 Die schleimlösende Wirkung von Acetylcystein (Modellversuch)

Geräte: 2 Messpipetten (20 mL), 1 Messpipette mit enger Spitze (25 mL), Erlenmeyerkolben (250 mL), Messzylinder (100 mL), Stoppuhr (Messgenauigkeit 1/10 s), 3 Bechergläser (50 mL), 2 Erlenmeyerkolben (100 mL), Peleusball, Magnetrührer, 2 Rührfische, 2 Trichter, Glaswolle, Faltenfilter
Chemikalien: ACC® akut 200-Trinktabletten, Puffer (pH = 7,4), Hühnereiklar

Durchführung
Der Inhalt von vier ACC® akut 200-Trinktabletten wird zu 100 mL Puffer gegeben und ca. 1 min gerührt. Danach wird von ungelösten Hilfsstoffen abfiltriert. In zwei Bechergläsern werden je 15 mL Eiklar mit 15 mL Puffer bzw. 15 mL N-Acetylcystein-Lösung versetzt und für 30 min gerührt. Um gröbere Partikel aus den Lösungen zu entfernen, filtriert man durch einen lockeren Glaswollebausch. Danach wird mit Hilfe der Stoppuhr die Zeit ermittelt, die die Lösungen benötigen, um von der 0-mL-Marke bis zur 20-mL-Marke der Messpipette zu fließen. Die Messung wird mit jeder Probe dreimal durchgeführt.

Beobachtung

Tab. 7: Experimentelle Untersuchungsergebnisse der schleimlösenden Wirkung von Acetylcystein

	Becherglas 1 mit N-Acetylcystein-Lösung	Becherglas 2 ohne N-Acetylcystein-Lösung
Auslaufzeiten [s]	8,2 /8,3 /8,1	9,1 / 9,3 / 9,0
Mittelwert der Auslaufzeit [s]	8,2	9,1

Erklärung
Die Viskosität der Lösung mit ACC ist um ca. 10 % geringer als die der Lösung ohne ACC (Tab. 7).

Entsorgung
Pufferlösung mit ACC in das Abwasser; Feststoffe in den Hausmüll.

Quelle
Salzner, J., Drechsler, B., Bader, H. J.: Acetylcystein als Hustenlöser. In: UC 14 (2003) 75, S.18–19.

3.4 Besondere Inhaltsstoffe und medizinische Hilfsmittel

3.4.1 Zinkoxid in Salben

Geräte: Magnetheizrührer mit Rührfisch, 2 Bechergläser (100 mL), Messzylinder (10 mL), Reagenzglasständer, 2 Reagenzgläser, Filterpapier, Trichter, Spatel
Chemikalien: Zinksalbe (z. B. Pantederm N® von Hexal, Baby Wundschutzcreme® von Penaten, Baby Wundschutz® von HIPP), Schwefelsäure (w = 10 %; **Xi**, reizend), Kaliumhexacyanoferrat(II)-Lösung (w = 5 %)

Durchführung
0,5 g Probe werden nach Zusatz von 10 mL Schwefelsäure unter leichtem Erwärmen (ca. 50 °C) auf dem Magnetheizrührer 5 min gerührt. Nach dem Abkühlen wird in ein Reagenzglas filtriert. In ein zweites Reagenzglas wird nun 1 mL Filtrat gegeben und mit 8–10 Tropfen Kaliumhexacyanoferrat(II)-Lösung versetzt.

Beobachtung
Bei allen Proben trübt sich die Lösung nach Zugabe der Kaliumhexacyanoferrat(II)-Lösung. Nach einiger Zeit setzt sich ein milchiger, deutlich türkisfarbener Niederschlag ab; die überstehende Lösung ist klar.

Erklärung
Das in den Salben enthaltene Zinkoxid reagiert mit der verdünnten Schwefelsäure unter Bildung von löslichem Zinksulfat. Die Filtrate enthalten demnach Zink-Ionen, welche mit Hilfe der zugesetzten Kaliumhexacyanoferrat(II)-Lösung nachgewiesen werden können: als weiß-türkisfarbener Niederschlag.

$$3\,Zn^{2+} + 2\,K^+ + 2\,[Fe(CN)_6]^{4-} \longrightarrow K_2Zn_3[Fe(CN)_6]_2$$

Entsorgung
Reaktionsgemisch in den Sammelbehälter 1.

Quellen
Deutsches Arzneibuch. 9. Ausgabe. Deutscher Apotheker-Verlag, Stuttgart 1986. Jander, G, Blasius, W.: Lehrbuch der analytischen und präparativen anorganischen Chemie. 15. Auflage. Hirzel Verlag, Stuttgart 2002. Holleman, A. F., Wiberg, N.: Lehrbuch der anorganischen Chemie. 101. Auflage. de Gruyter, Berlin 1995.

3.4.2 Salicylsäuremethylester im Mundwasser

Sachinformation
In den (getrockneten) Blättern von „Wintergrün" (*Gaultheria procumbens;* in Gartencenter erhältlich) ist ein etherisches Öl (0,55–0,8 %) enthalten, dessen Hauptbestandteil (96–99 %) der Salicylsäuremethylester (S. 92, Abb. 14) ist. Das Öl – durch Wasserdampfdestillation zu gewinnen –

wird als Antirheumatikum (zur innerlichen und äußerlichen Anwendung) und als Antiseptikum sowie zur Aromatisierung von Zahnpasten, Kaugummis und Getränken eingesetzt.

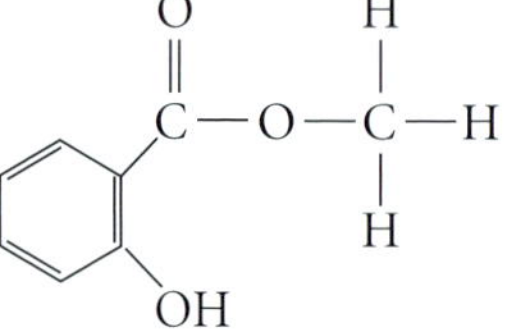

Abb. 14: Strukturformel von Salicylsäuremethylester

Geräte: Bechergläser (10 mL), Waage, Kapillaren (2 µL), Bleistift, DC-Platte (Kieselgel 60 mit Fluoreszenzindikator F_{254}, 10 x 10 cm), Lineal, DC-Kammer, UV-Lampe, Messzylinder, Föhn, Sprühgerät, Pipetten
Chemikalien: Mundspülung (Listerine Coolfresh®), Salicylsäuremethylester, Salicylsäure, Benzoesäure, Methanol (**T**, giftig; **F**, leicht entzündlich), Essigsäureethylester (**F**, leicht entzündlich; **Xi**, reizend), Ammoniak (w = 25 %; **C**, ätzend) Eisen(III)-chlorid, dest. Wasser, Ethanol (**F**, leicht entzündlich)

Vorbereitung
Herstellung der Probe- und Vergleichslösungen
Die Mundspülung kann unverdünnt verwendet werden.
Als Vergleichslösung werden Salicylsäuremethylester, Salicylsäure und Benzoesäure jeweils im Verhältnis 1:100 mit einem Methanol-Wasser-Gemisch (1:1) verdünnt.
Laufmittel
Man setzt das Laufmittel (Essigsäureethylester:Methanol:Ammoniak = 80:19:1) an, füllt es ca. 0,5 cm hoch in die DC-Kammer ein und verschließt sie wieder. Nach ca. 10–15 min (Stichwort: Kammersättigung) kann die DC-Kammer für die Entwicklung der DC-Platte verwendet werden.
Sprühreagenz
Für das Sprühreagenz mischt man 10 mL wässrige Eisen(III)-chlorid-Lösung (w = 1 %) mit 10 mL Ethanol.

Durchführung
Auf einer entsprechend vorbereiteten DC-Platte (siehe 2.3.4) trägt man von links nach rechts je 2 µL folgender Untersuchungslösungen mit Kapillaren punktförmig auf: Salicylsäuremethylester, Mundspülung (3 x 2 µL), Salicylsäure, Benzoesäure; für jede Probe wird eine neue Kapillare verwendet.
Man lässt die DC-Platte an der Luft trocknen. Dann stellt man die Platte in die vorbereitete DC-Kammer und verschließt sie wieder mit dem Deckel. Nach ca. 45 min hat das Laufmittel eine Trennstrecke von 6,5 cm zurückgelegt.
Nach Entfernung der Laufmittelreste (Föhn, Warmluftstufe 2) wird die DC-Platte unter der UV-Lampe bei 254 nm betrachtet und die fluoreszenzlöschenden Stellen der Proben werden mit einem weichen Bleistift markiert. Anschließend besprüht man mit der ethanolischen Eisen(III)-chlorid-Lösung.

Beobachtung

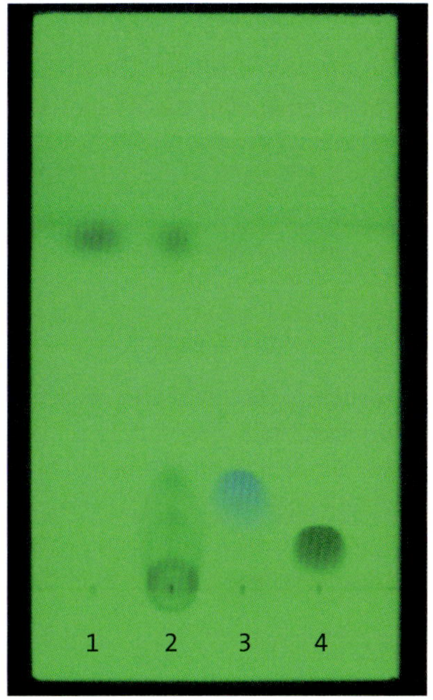

Abb. 15: Dünnschichtchromatographische Untersuchung der Mundspülung Listerine Coolfresh® (auf der DC-Platte von links nach rechts: Salicylsäuremethylester – Mundspülung – Salicylsäure – Benzoesäure) – linke Abb. im UV-Licht (254 nm) betrachtet, rechte Abb. mit Eisen(III)-chlorid-Lösung besprüht (Fotos: S. Buse)

Erklärung

Es lässt sich in der Mundspülung der bereits am Geruch zu erkennende Salicylsäuremethylester (Abb. 15, links) mittels Dünnschichtchromatographie eindeutig nachweisen. Bei der weiteren Bande im unteren Drittel handelt es sich nicht um Salicylsäure, wie vielleicht vermutet (als Hydrolyseprodukt von Salicylsäuremethylester), sondern um Benzoesäure, die dem Produkt als Konservierungsmittel zugesetzt ist (Abb. 15, links und rechts).
Bei dem Besprühen mit Eisen(III)-chlorid-Lösung färbt sich lediglich der Substanzfleck der Salicylsäure braun-violett.

Entsorgung

Probe- und Vergleichslösungen, Laufmittel und Sprühreagenz in das Abwasser; benutzte DC-Platte in den Hausmüll.

Quellen

Töpfer, K., Sommer, K.: Salicylsäuremethylester – Der Geruch nach „Wintergrünöl". In: UC 15 (2004) 84, S. 26–29. Holobar, L.: Salicylsäuremethylester aus Wintergrün (Gaultheria procumbens) – Isolierung, Identifizierung und Anwendungsmöglichkeiten. Unveröffentlichte Bachelorarbeit, Ruhr-Universität Bochum 2007.

3.4.3 Cool bags oder Wärmekissen

Sachinformation
Die Wirkung von Taschenwärmern oder Wärmekissen beruht auf verschiedenen chemischen Prinzipien. Außer der Hydratationsenthalpie der exothermen Reaktionen wird die Kristallisationsenthalpie des Salzes Natriumacetat-trihydrat als Latentwärmespeicher genutzt.

Teil 1: Herstellung eines Taschenwärmers
Geräte: Blech aus einer Coladose, dicke kochfeste Folie, Folienschweißgerät, Schere, Waage
Chemikalien: Natriumacetat-trihydrat, dest. Wasser

Durchführung
Aus einer dicken Folie wird ein 20 x 7 cm großes Stück ausgeschnitten, gefaltet und an zwei Seiten zu einem Beutel zugeschweißt. Daraufhin füllt man 30 g Natriumacetat-trihydrat mit 3 mL dest. Wasser in den Beutel. Aus der Coladose wird ein rundes Plättchen mit dem Radius 2 cm geschnitten und mit drei Kerben versehen. Der Beutel mit Plättchen wird nun zugeschweißt. Danach wird der Beutel in kochendes Wasser gelegt. Er ist erst nach dem Abkühlen zum Einsatz bereit. Durch kräftiges Knicken der Metallplatte wird der Kristallisationsvorgang ausgelöst.

Beobachtung
Nach dem Knicken der Metallplatte kristallisiert das Salz aus; der Beutel erwärmt sich.

Erklärung
Im Taschenwärmer befindet sich Natriumacetat-trihydrat. Das Salz gibt beim Erhitzen sein Hydratwasser ab und löst sich dann darin. Beim Abkühlen bildet sich eine unterkühlte Schmelze (oder übersättigte Lösung; metastabiler Zustand). Erst durch Bildung einer frischen kristallinen Oberfläche (verursacht durch das Knicken des Metallplättchens) beginnt die Kristallisation. Die im System gespeicherte latente Wärme wird frei:

$$\underset{\text{„unterkühlte Schmelze"; übersättigte Lösung}}{CH_3COO^- + Na^+ + 3\,H_2O} \underset{\text{reaktivieren (erhitzen)}}{\overset{\text{aktivieren (knicken)}}{\rightleftarrows}} \underset{\text{Kristalle}}{CH_3COONa \cdot 3\,H_2O} + \underset{\text{Kristallisationswärme}}{\text{Energie}}$$

Entsorgung
Über den Hausmüll.

Quelle
Schmidkunz, H.: Die thermische Energiespeicherung. In: UC 10 (1999) 54, S. 4–7.

Teil 2: Temperaturverlauf bei der Kristallisation einer Natriumacetat-Schmelze
Geräte: Demonstrationsreagenzglas, Waage, Spatel, Uhrglasschale, Messzylinder (5 mL), Thermometer, Brenner, Stativmaterial
Chemikalien: Natriumacetat-trihydrat, dest. Wasser

Durchführung
Ein Demonstrationsreagenzglas wird so am Stativ befestigt, dass ein Brenner darunter gestellt werden kann. Dann gibt man 20 g Natriumacetat-trihydrat und 2 mL dest. Wasser hinzu und stellt ein Thermometer hinein. Die Mischung wird mit dem Brenner vorsichtig erhitzt, bis eine klare Flüssigkeit entstanden ist. Dann lässt man abkühlen. Die Temperatur wird im Zeitintervall von 2 min abgelesen und notiert; man lässt auf 20 °C abkühlen. Dabei darf das Reagenzglas nicht angestoßen werden.
In Parallelversuchen lässt sich zeigen, wie die Kristallisation ausgelöst werden kann: Rühren mit dem Thermometer, Impfkristall, kräftiges Schütteln, Kratzen an der Gefäßinnenwand etc. Wichtig: Man sollte frisches Natriumacetat-trihydrat verwenden. Vorsichtshalber gibt man von vorneherein etwas Wasser zum Salz, damit eine homogene flüssige Phase entsteht.

Beobachtung/Erklärung
Während des Abkühlens kann man einen Temperaturhaltpunkt bei 58 °C feststellen. Die Temperatur fällt erst weiter, wenn alles Salz auskristallisiert ist. Beim Erhitzen ist es umgekehrt. Unterbleibt die Auslösung des Kristallisiervorgangs, so bleibt die abgekühlte „Schmelze“ stabil.
Verschiedene Einflüsse führen zur schlagartigen Kristallisation des Natriumacetat-trihydrats. Durch Kristallisationskeime bilden sich erste Kristallstrukturen; von dort setzt das lawinenartige Kristallwachstum ein.

Entsorgung
Natriumacetat-trihydrat mit viel Wasser in das Abwasser.

Quellen
Schmidkunz, H.: Salzhydrate als chemische Wärmespeicher. In: NiU-Chemie 10 (1999) 54, S. 15–18.
Häberlein, S., Pfeifer, P.: Experimente zum Thema „Taschenwärmer“. In: UC 16 (2005) 85, S. 49–52.

3.4.4 Bau und Wirkungsweise eines Glucose-Teststäbchens (Modellversuch)

Geräte: Messpipette, Messzylinder (100 mL), Waage, Spatel, Bechergläser, pH-Meter, Trockenschrank, Vakuumexsikkator, Reagenzpapier, Petrischale
Chemikalien: Glucoseoxidase, Peroxidase, Glucose-Lösung (w = 2 %), Kaliumdihydrogenphosphat-Lösung (c = 0,2 mol/L), Dinatriumhydrogenphosphat-Lösung (c = 0,2 mol/L), 3,3,5,5,-Tetramethylbenzidin, Ethanol p.a. (**F**, leicht entzündlich), dest. Wasser, Blaugel

Vorbereitung
Herstellung des Phosphatpuffers (pH = 5,7)
6,2 mL wässrige Dinatriumhydrogenphosphat-Lösung und 93,8 mL wässrige Kaliumdihydrogenphosphat-Lösung werden gemischt.
Herstellung der Enzym-Lösung
4 500 U/mg (= 10 mg) Peroxidase und 2 000 U/mg (= 100 mg) Glucoseoxidase (GOD) werden in 100 mL Phosphatpuffer aufgelöst.

Herstellung der Farbstoff-Lösung
200 mg 3,3,5,5,-Tetramethylbenzidin werden in 100 mL Ethanol gelöst.

Durchführung
a) Reagenzglasversuch
Zwei Reagenzgläser werden mit jeweils 10 mL der gepufferten Enzym-Lösung und 1 mL Farbstoff-Lösung gefüllt (hellgelbe Färbung). In das eine Reagenzglas gibt man 1 mL Glucose-Lösung (oder glucosehaltigen Harn) hinzu; in das andere 1 mL dest. Wasser.
b) Versuch mit selbst hergestelltem Teststreifen
Das Reagenzpapier wird bis zur Sättigung in der Farbstoff-Lösung getränkt, im Trockenschrank 1 h bei 70 °C getrocknet, anschließend mit der Enzym-Lösung getränkt und abschließend einen Tag im Vakuumexsikkator über Blaugel getrocknet. Der so gefertigte Teststreifen ist hellgelb gefärbt und bei lichtgeschützter Aufbewahrung über mehrere Wochen haltbar.
Für den Glucose-Nachweis kann man den Teststreifen in die Glucose-Lösung oder den glucosehaltigen Harn eintauchen und nach wenigen Sekunden die Färbung auf dem Testfeld beurteilen.

Beobachtung
Es entwickelt sich bei der Glucose-Lösung bzw. beim glucosehaltigen Harn eine türkis-blaue Färbung. Die Blindprobe mit dest. Wasser bleibt hellgelb.

Erklärung
Glucoseoxidase katalysiert die Oxidation von Glucose mit dem Luftsauerstoff zu Glucolacton/Gluconsäure. Dabei entsteht auch Wasserstoffperoxid, das in der Indikatorreaktion durch Peroxidase zersetzt wird; der freigesetzte Sauerstoff oxidiert 3,3,5,5,-Tetramethylbenzidin (Wasserstoffdonator) zu einer farbigen Verbindung.

Entsorgung
Lösungen in das Abwasser; Teststreifen in den Hausmüll.

Quelle
Wenck, H., Kleinemans, B., Hetzel, V.: Selbstgefertigte Teststreifen. In: PdN-Chemie 38 (1989) 5, S. 13–15.

4 Wasch- und Reinigungsmittel

4.1 Wasserhärte und Oberflächenspannung

Grundlage für das Waschen im Alltag ist das Leitungswasser – zugleich unser Trinkwasser. Es enthält wechselnde Mengen an Mineralstoffen, die vom Oberflächenwasser und den Niederschlägen auf dem Weg zum Grundwasser aus den Böden, Gesteinen und Mineralien des geologischen Untergrunds herausgelöst werden.
Unter den gelösten Mineralstoffen sind die Salze Calciumhydrogencarbonat ($Ca(HCO_3)_2$), Magnesiumhydrogencarbonat ($Mg(HCO_3)_2$) und Calciumsulfat ($CaSO_4$) besonders wichtig, denn sie rufen die „Härte" des Wassers hervor (Härtebildner). Tabelle 8 gibt einen Überblick über die Härtegrade.
Aufgrund gesetzlicher Bestimmungen wird die Wasserhärte in mmol/l (SI-Einheit) angegeben: 1 °d entspricht 0,18 mmol/L an Ca^{2+}- und Mg^{2+}-Ionen

Tab. 8: Wasserhärte – abstrakt und konkret

	Erdalkali-Ionen [mmol/L]	Grad Deutscher Härte [°d]	CaO [mg/L] (ppm)
1 mmol/L Erdalkali-Ionen	1,00	5,60	56,0
1 Deutscher Grad	0,18	1,00	10,0
1 ppm $CaCO_3$	0,01	0,056	0,56

Man unterscheidet Härtebereiche (Tab. 9) von „weich" bis „sehr hart". Die Verwendung von hartem Wasser bringt zwei Nachteile mit sich: Zum einen entsteht beim Erhitzen Kesselstein (auskristallisiertes Calciumcarbonat), der isolierend wirkt und somit einen erhöhten Energieverbrauch zur Folge hat; zum anderen reagieren die Calcium- und Magnesium-Ionen mit vielen Tensiden zu schwer löslichen Salzen („Kalkseifen"). Die auf diese Weise fixierten Tensid-Anionen stehen dem Waschvorgang nicht mehr zur Verfügung, was zu einem erhöhten Waschmitteleinsatz führt.

Tab. 9: Die Härtebereiche 1–4

Härtebereich	$c(Ca^{2+}/Mg^{2+})$ [mmol/L]	Grad Deutscher Härte [°d]
1: weich	bis 1,3	bis 7
2: mittelhart	1,3–2,5	7–14
3: hart	2,5–3,8	14–21
4: sehr hart	über 3,8	über 21

4.1.1 Nachweis der Wasserhärte

Sachinformation

Je nach der geforderten Genauigkeit lässt sich die Wasserhärte (hier: Gesamthärte) nach verschiedenen Verfahren bestimmen:

- Schnelltestset nach verschiedenen Herstellern/vgl. Chemikalienhandel (z. B. Merck, Riedel de Haen);
- komplexometrische Titration mit Titriplex-Lösung;
- das nachfolgend dargestellte Verfahren lässt sich zur *Bestimmung der Gesamthärte nach Boutron-Boudet* direkt an qualitative Versuche anschließen.

Geräte: mehrere Enghals-Erlenmeyerkolben (100 mL) mit Stopfen (Schliff NS 30), Bürette (25 mL oder 50 mL), Messzylinder (100 mL)
Chemikalien: Wasserproben unterschiedlicher Gesamthärte, alkoholische Seifen-Lösung nach Boutron-Boudet (Merck Nr. 9150)

Durchführung

Je 40 mL der zu untersuchenden Wasserproben werden in je einen Enghals-Erlenmeyerkolben gefüllt. Aus der Bürette – gefüllt mit der Seifenlösung – gibt man jeweils 0,5 mL hinzu und schüttelt kräftig. Nach jedem Schütteln wird beobachtet, ob ein bleibender Schaum entsteht. Der Verbrauch an Seifenlösung wird notiert. Gegebenenfalls werden je Probe drei Messungen vorgenommen und daraus der Mittelwert gebildet.

Beobachtung

Nach einem bestimmten zugegebenen Volumen an Seifenlösung bleibt nach dem Schütteln ein bleibender Schaum. Die vormals klare Wasserprobe ist stark getrübt bzw. es hat sich ein flockiger Niederschlag gebildet. Je härter das Wasser ist, desto höher der Verbrauch an Seifen-Lösung bis zur bleibenden Schaumbildung.

Erklärung

Die Härtebildner (Calcium- und Magnesium-Ionen) reagieren mit der zugetropften Seifen-Lösung unter Bildung schwer löslicher Calcium- und Magnesium-Salze der enthaltenen Fettsäuren („Kalkseife").
Exakt formuliert: Die Seifen-Anionen werden von den Calcium- und Magnesium-Ionen ausgefällt. Erst wenn auf diesem Weg die Härtebildner unwirksam gemacht worden sind, können überschüssige Seifen-Anionen ihre Wirkung entfalten (Schaumbildung beim Schütteln).

Hinweis für die quantitative Auswertung

Unter den genannten Bedingungen (40 mL Proben-Lösung) entspricht der Verbrauch von 1 mL Seifen-Lösung einer Wasserhärte von 2,4 °d.

Entsorgung

Über das Abwasser.

Quellen
Daecke, H.: Ionenaustauscher. Otto Salle Verlag, Frankfurt 1963. Pfeifer, P., Pfeifer, G.: Wasser. Unterricht Chemie. Band 2. Aulis Verlag, Köln 2003, S. 12, 65, 88.

4.1.2 Entfernung der Wasserhärte

Geräte: Messzylinder (10 und 100 mL), Druckgasflasche mit Kohlenstoffdioxid, 10 Reagenzgläser mit Gummistopfen, Reagenzglasständer, Spatel, Pasteurpipetten, Brenner, Reagenzglaszange, Trichter mit Filtrierpapier, Erlenmeyerkolben (50 und 100 mL)
Chemikalien: frisch bereitetes filtriertes Kalkwasser (gesättigte Calciumhydroxid-Lösung); Magnesiumsulfat-heptahydrat, gesättigte Lösung von Calciumsulfat-dihydrat, alkoholische Seifen-Lösung (ca. 2 g Kernseifenschnitzel in 100 mL Brennspiritus lösen; **F**, leicht entzündlich), Natriumcarbonat (**Xi**, reizend); verschiedene Wasserproben (dest. oder demineralisiertes Wasser als absolut weiches Wasser, Trinkwasser und eigens hergestelltes sehr hartes Wasser (siehe Probenvorbereitung; entbehrlich, wenn hartes Trinkwasser zur Verfügung steht))

Probenvorbereitung
In 100 mL Kalkwasser wird so lange Kohlenstoffdioxid eingeleitet, bis sich der zunächst bildende Niederschlag von Calciumcarbonat wieder auflöst. Anschließend fügt man eine Spatelspitze Magnesiumsulfat und ca. 5 mL der gesättigten Calciumsulfat-Lösung zu. Die entstandene Lösung kann modellhaft für sehr hartes Wasser verwendet werden. Sollte der Ansatz keine klare Lösung ergeben, filtrieren.

Durchführung
1. In zwei Reagenzgläser werden jeweils 10 mL dest. Wasser bzw. hartes Wasser pipettiert. Sodann fügt man jeweils 5 Tropfen einer alkoholischen Seifen-Lösung zu. Beide Reagenzgläser werden gleich lang geschüttelt.
2. Etwa 10 mL hartes Wasser werden im Reagenzglas 5 min gekocht. Anschließend wird filtriert und das Filtrat wie bei 1.) mit Seifen-Lösung geschüttelt.
3. In zwei Reagenzgläser werden jeweils etwa 10 mL hartes Wasser pipettiert. In eine der Wasserproben gibt man anschließend drei Spatelspitzen Natriumcarbonat (Soda), schüttelt kräftig und lässt etwa 10-20 min stehen. Ein gelegentliches erneutes Umschütteln verbessert das Ergebnis. Anschließend wird filtriert. Die Wasserprobe im zweiten Reagenzglas bleibt ohne Zusatz und dient als Kontrolle. Beide Proben werden sodann wie bei a) mit Seifen-Lösung geschüttelt.

Beobachtung
1. Im Reagenzglas mit dest. Wasser ist eine deutliche Schaumbildung zu beobachten; das Wasser selbst ist im Wesentlichen unverändert klar. Beim harten Wasser ist demgegenüber sehr viel weniger Schaum entstanden, während das Wasser selbst deutlich getrübt ist.
2. Sehr bald entsteht auf der Flüssigkeitsoberfläche ein zusammenhängendes „Häutchen“. Beim anschließenden Seifentest sind eine stärkere Schaumbildung und eine schwächere Trübung (im Vergleich zur unbehandelten Vergleichsprobe bei 1.)) zu beobachten.

3. Die mit Natriumcarbonat behandelte Wasserprobe ist weniger stark getrübt und bildet mehr Schaum als die Kontrolle.

Erklärung

1. Charakteristisch für weiches Wasser ist die starke Schaumbildung nach dem Schütteln der Seifen-Lösung, während hartes Wasser kaum Schaum bildet. Die Trübung des harten Wassers beruht auf der entstandenen unlöslichen Kalkseife, die aus der Reaktion der Metall-Ionen mit den Seifen-Anionen entsteht:

$$\underset{\text{aus Härtebildnern}}{Ca^{2+}} + \underset{\text{Seifen-Anion}}{2\,R{-}COO^-} \longrightarrow \underset{\text{„Kalkseife"}}{(R{-}COO^-)_2\,Ca^{2+}\downarrow}$$

2. Das oberflächliche Häutchen besteht aus Calciumcarbonat und Magnesiumcarbonat, die beide beim Kochen aus den löslichen Härtebildnern Calciumhydrogencarbonat und Magnesiumhydrogencarbonat entstehen und als Kesselstein zurückbleiben:

$$Ca(HCO_3)_2 \longrightarrow CaCO_3\downarrow + H_2O + CO_2$$

$$Mg(HCO_3)_2 \longrightarrow MgCO_3\downarrow + H_2O + CO_2$$

Die dadurch erreichte teilweise Enthärtung des Wassers ist am verbesserten Resultat der Seifenprobe (verstärkte Schaumbildung, geringere Trübung durch Kalkseife) erkennbar. Der durch Kochen entfernbare Anteil der Gesamthärte wird als „*temporäre Härte*" bezeichnet.
3. Die „*permanente Härte*", die im Wesentlichen auf der Anwesenheit von Calciumsulfat beruht, kann durch Aufkochen nicht beseitigt werden. Das Calciumsulfat reagiert jedoch mit Natriumcarbonat zu schwer löslichem Calciumcarbonat, das sich als Niederschlag absetzt:

$$CaSO_4 + Na_2CO_3 \longrightarrow CaCO_3\downarrow + Na_2SO_4$$

Die behandelte Wasserprobe zeigt nach Abfiltrieren des Calciumcarbonats im Seifentest eine deutliche Verminderung ihrer Härte.

Entsorgung

Über das Abwasser.

Quellen

Daecke, H.: Ionenaustauscher. Otto Salle Verlag, Frankfurt 1963. Pfeifer, P., Pfeifer, G.: Wasser. Unterricht Chemie. Band 2. Aulis Verlag, Köln 2003, S. 12, 65, 88.

4.1.3 Die Wirkungsweise von Ionenaustauschern

Sachinformation

Ionenaustauscher finden eine weite Verwendung bei der Aufbereitung von Wasser, wobei die Enthärtung und Entsalzung im Vordergrund stehen. Die modernen Ionenaustauscher bestehen

aus kleinen Kunstharzkugeln (Polymerisate und Polykondensate), in deren Makromolekülen austauschaktive funktionelle Gruppen eingebaut sind. Bei Kontakt mit einer Elektrolytlösung werden positive oder negative Ionen abgegeben und dafür äquivalente Mengen anderer Ionen gleicher Ladung aus der Lösung aufgenommen. Nach ihrer Austauschfähigkeit unterscheidet man:
a) **Kationenaustauscher** (KIA): Sie enthalten eine Säuregruppe, die stark (z. B. -SO_3H) oder schwach (z.B. -OH) sein kann, d. h., von der Sulfongruppe kann leichter ein Proton abdissoziieren als im zweiten Fall: In beiden Fällen kann das Proton durch ein Metall-Ion ersetzt werden.
b) **Anionenaustauscher** (AIA): Sie enthalten eine basische Gruppe, die stark (z. B. -NX_3) oder schwach sein kann (z. B. -NH_2). Hier werden Hydroxid-Ionen durch Anionen ersetzt.
Weitere Angaben über die Wirkungsweise von Ionenaustauschern sind bei Daecke (1963) zu finden.

Geräte: Glasrohr mit Durchmesser (d = 1,5–2 cm), Stopfen mit Glasrohr, Schlauchstück mit Quetschhahn oder Bürette, Glaswolle
Chemikalien: Ionenaustauscher (Kationenaustauscher und Anionenaustauscher), dest. Wasser, Salzsäure (w = 5–7 %; **Xi**, reizend), Calciumchlorid-Lösung (w = 10 %), Ammoniumoxalat-Lösung (w = 3 %), Lackmus-Lösung, Natriumhydroxid-Lösung (w = 4 %; **C**, ätzend), Natriumsulfat, Natriumchlorid, Bariumchlorid-Lösung, Silbernitrat-Lösung (beide c = 0,1 mol/L)

Durchführung
Eine lonenaustauschersäule wird aus einem Glasrohr hergestellt, das unten mit einem durchbohrten Stopfen verschlossen wird, in dem ein Glasröhrchen steckt. Dieses wird mit einem Schlauchstück verbunden, das mit einem Quetschhahn verschlossen wird. (Es kann auch eine Bürette verwendet werden.) Auf den Boden der Säule wird etwas Glaswolle gebracht und festgedrückt, um die Ionenaustauscherkügelchen in der Säule zurückzuhalten.
Die eingefüllte lonenaustauscherschicht wird mit etwas Glaswolle abgedeckt, um ein Aufwirbeln der Kunstharzkügelchen zu verhindern. Vor dem Einfüllen in die Säule lässt man den lonenaustauscher über Nacht in destilliertem Wasser aufquellen.
a) Wirkungsweise eines Kationenaustauschers
Die Säule wird 25–30 cm hoch mit einem KIA (z. B. Lewatit S 100) gefüllt. Nun wird der Austauscher beladen. Hierzu verwendet man Salzsäure, von der man ein mindestens doppelt so großes Volumen benötigt wie das Volumen des eingesetzten KIA (berechnet aus Durchmesser und Höhe der Austauscherschicht). Zunächst lässt man etwa ⅔ der Säuremenge langsam durchtropfen, schließt dann den Hahn, lässt die verbliebene Säure etwa 30 min lang einwirken und dann ablaufen. Anschließend spült man so lange mit dest. Wasser, bis das austretende Wasser keine saure Reaktion mehr zeigt (Lackmusprobe). Leitungswasser wird jetzt mit Calciumchlorid-Lösung „verunreinigt" (1 mL Calciumchlorid-Lösung (w = 10 %) zu 200 mL Wasser); die Calcium-Ionen lassen sich mit Hilfe einer Ammoniumoxalat-Lösung nachweisen (Niederschlag von Calciumoxalat). Dann lässt man das Testwasser durch die Säule laufen, misst anschließend den pH-Wert und prüft auf Anwesenheit von Calcium-Ionen. Anschließend wird der KIA regeneriert, indem man den Beladungsprozess wiederholt.
b) Wirkungsweise eines Anionenaustauschers
Die Säule wird 25–30 cm hoch mit einem AIA (z. B. Lewatit M 600) gefüllt. Der Austauscher wird sodann mit Hydroxid-Ionen beladen, indem man Natriumhydroxid-Lösung durchlaufen lässt. Hierzu muss ein Laugenvolumen verwendet werden, das etwa zehnmal so groß ist wie das Aus-

tauschervolumen (die einzelnen Beladungsschritte laufen so ab wie bei der Beladung des KIA). Anschließend wird so lange mit dest. Wasser gespült, bis keine alkalische Reaktion mehr nachweisbar ist (Lackmusprobe). Leitungswasser wird durch Zugabe von verdünnten Lösungen von Natriumsulfat und Natriumchlorid „verunreinigt" und die Anwesenheit von Sulfat-Ionen mit Bariumchlorid-Lösung (Niederschlag von Bariumsulfat) und von Chlorid-Ionen mit Silbernitrat-Lösung (Niederschlag von Silberchlorid) nachgewiesen. Sodann lässt man dieses Prüfwasser durch die Säule fließen, misst anschließend den pH-Wert und prüft auf Anwesenheit von Sulfat-Ionen und Chlorid-Ionen.
Der AIA wird anschließend regeneriert, indem man erneut verdünnte Natriumhydroxid-Lösung durchfließen lässt.

Beobachtung
a) Die unten abfließende Flüssigkeit reagiert stark sauer; Calcium-Ionen sind nicht mehr nachweisbar.
b) Die unten austretende Flüssigkeit reagiert stark alkalisch; Sulfat- und Chlorid-Ionen sind nicht mehr nachweisbar.

Erklärung
a) Gleichung des Ionenaustauschs:

$$2\,(H^+R^-) + Ca^{2+} \underset{\text{Regenerierung}}{\overset{\text{Ionenaustausch}}{\rightleftarrows}} Ca^{2+}(R^-)_2 + 2\,H^+$$

KIA, mit H^+-Ionen beladen — KIA, mit Ca2+-Ionen beladen — saure Reaktion

b) Gleichung des Ionenaustauschs:

$$R^+OH^- + Cl^- \underset{\text{Regenerierung}}{\overset{\text{Ionenaustausch}}{\rightleftarrows}} R^+Cl^- + OH^-$$

AIA, mit OH^--Ionen beladen — AIA, mit Cl^--Ionen beladen — alkalische Reaktion

Entsorgung
Ansätze gegebenenfalls neutralisieren und in das Abwasser.

Quellen
Daecke, H.: Ionenaustauscher. Otto Salle Verlag, Frankfurt 1963. Pfeifer, P., Pfeifer, G.: Wasser. Unterricht Chemie. Band 2. Aulis Verlag, Köln 2003, S. 12, 65, 88.

4.1.4 Selbstbau eines Ringtensiometers zur Messung der Oberflächenspannung von Wasser

Geräte: Papierstreifen (3–4 cm x etwa 21 cm), Heftklammern, Glasschale
Chemikalien: Wasser

Durchführung
Ein Papierstreifen (3–4 cm x etwa 21 cm) wird der Länge nach gefaltet und an einem Ende mit ca. 2 cm Länge rechtwinklig abgeknickt (Abb. 16).

Zwei Heftklammern 1 und 2 werden gebogen wie in Abb. 17 dargestellt.

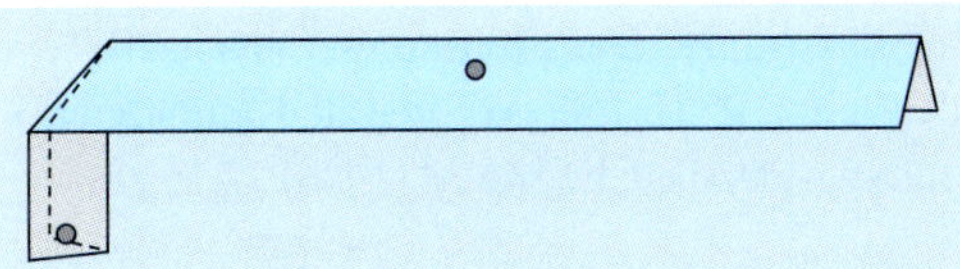

Abb. 16: Falten des Papierstreifens

Klammer 1 wird durch die Mitte des Papierstreifens, Klammer 2 durch das Ende des abgeknickten Teils gestochen. Eine Klammer 3 wird als Reiter verwendet, um den Papierstreifen ins Gleichgewicht zu bringen und das Gewicht von Klammer 2 auszugleichen. Abbildung 18 zeigt das fertige Tensiometer.

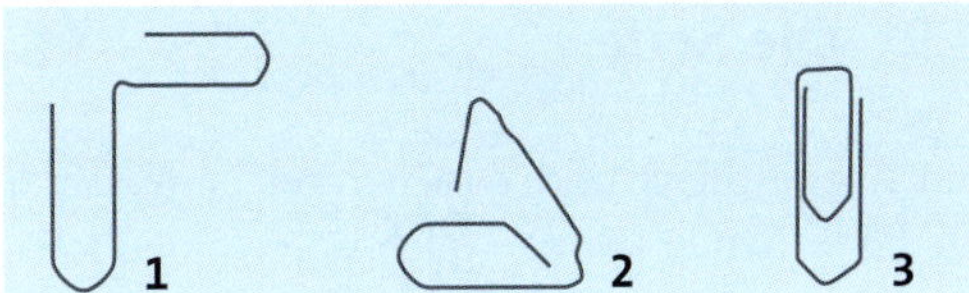

Abb. 17: Biegen der Büroklammern

Man hält das Tensiometer an Klammer 1 derart über eine Wasseroberfläche, dass Klammer 2 eintaucht. Das Gegengewicht 3 geht nach unten. Befindet sich diese Klammer unter Wasser, stellt sich das Gleichgewicht wieder ein. Zieht man jetzt den Ring von Klammer 2 aus dem Wasser, löst er sich nur schwer von der Wasseroberfläche, was dazu führt, dass der Waagebalken steil nach oben zeigt. Die Kraft, mit der man auf dieses Balkenende drücken muss, bis der Balken waagerecht steht, entspricht der Oberflächenspannung des Wassers.
Mit dem Tensiometer kann man die Oberflächenspannung von Wasser ohne und mit Zusatz eines Tensids bestimmen.

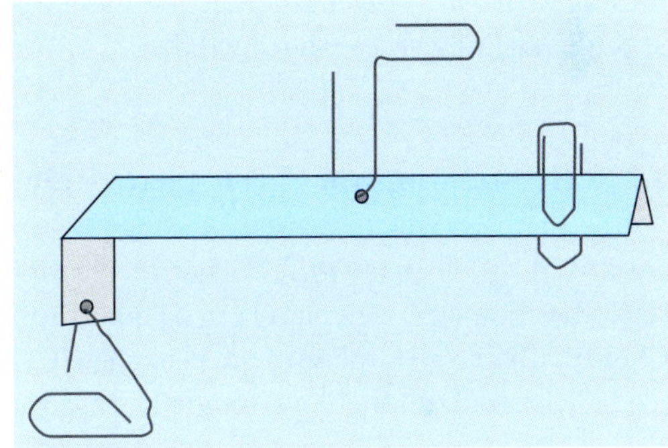

Abb. 18: Das selbst gebaute Tensiometer

Alternative: Ring-Abreiß-Methode mit Aluminiumring (in Verbindung mit Newtonmeter, Abb. 19).

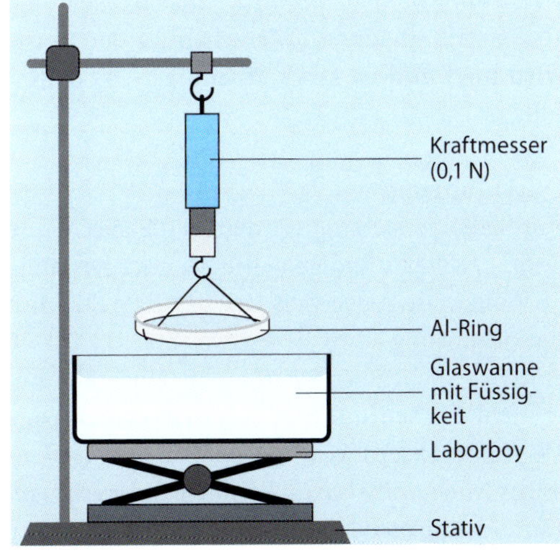

Abb. 19: Tensiometer mit Aluminiumring und Kraftmesser

Beobachtung/Erklärung
Tenside vermindern deutlich die Oberflächenspannung von Wasser. Man kann diese Spannung quantitativ messen, indem man an einer Balkenwaage anstelle einer Waagschale einen Drahtring befestigt und die zweite Schale so lange mit Gewichten und Bleikörnchen beschwert, bis der Ring aus dem Wasser gezogen wird.

Entsorgung
Über den Hausmüll.

Quellen
Großmann, H.: Das Phänomen Oberflächenspannung. In: NiU-Physik/Chemie 30 (1982) 2, S. 44–47. Pfeifer, P.; Hafner, W.: Stabile Emulsionen – Probleme bei der Herstellung kosmetischer Mittel. In: NiU-Physik/Chemie 34 (1986) 17, S. 21 ff.

4.2 Die Seife

Für Körperpflege und Waschen reicht Wasser allein nicht aus. Klassischer Partner des Wassers ist die Seife. Seifen können nach unterschiedlichen Kriterien eingeteilt werden. Es lassen sich unterscheiden: feste Seifen – flüssige Seifen; Waschseifen – Pflegeseifen – medizinische Seifen; Kern- und Schmierseifen. Die Verwendung von Seife liefert Anknüpfungsmöglichkeiten für die Leitlinie „Stoff – Struktur – Eigenschaften". In diesem Zusammenhang kann auch auf die Geschichte der Seifenherstellung eingegangen werden.

4.2.1 Herstellung von (Kern-)Seife – ein Modellversuch

Geräte: Messkolben (50 mL), Waage, Messzylinder (50 mL), Bechergläser (400 und 1000 mL), Glasstab, Thermometer, Heizplatte mit Magnetrührer, Spatel
Chemikalien: Natriumhydroxid-Plätzchen (**C**, ätzend), dest. Wasser, Speiseöl oder Speisefett, Spiritus (**F**, leicht entzündlich), gesättigte Kochsalz-Lösung

Probenvorbereitung
Herstellung der Natriumhydroxid-Lösung
16 g Natriumhydroxid-Plätzchen werden in ca. 30 mL dest. Wasser gelöst **(Vorsicht, die Lösung wird heiß und ist stark ätzend!)**. Nach dem Abkühlen wird mit dest. Wasser auf 50 mL aufgefüllt.

Durchführung
Zur Seifenherstellung werden 50 g Speiseöl oder -fett in einem Becherglas (400 mL) auf ca. 90 °C erhitzt. Unter ständigem Rühren werden nun 25 mL der vorbereiten Natriumhydroxid-Lösung portionsweise zugegeben. Zur besseren Durchmischung von geschmolzenem Fett und Natriumhydroxid-Lösung kann auch etwas Spiritus (ca. 10 mL) zugesetzt werden. Unter Rühren wird weiter erhitzt – nicht über 90 °C –, bis eine zähe Emulsion entstanden ist. Dies ist nach etwa 30 min erreicht. **Unbedingt Siedeverzug vermeiden, denn das Gemisch wirkt stark ätzend!** *(Hinweis: Wird der Ansatz während der Verseifung fest, so entsteht durch zugesetztes heißes Wasser oder etwas Natriumhydroxid-Lösung wieder eine rührfähige Masse.)*
Zum Aussalzen der Seife wird das Rohprodukt mit 50 mL heißem dest. Wasser (90 °C) versetzt und gerührt, bis sich die Seifenmasse ganz aufgelöst hat. Nun werden unter weiterem Rühren 100 bis 150 mL gesättigte Kochsalz-Lösung hinzugegeben. Es bilden sich zwei Phasen.

Über Nacht hat sich auf der Flüssigkeitsoberfläche eine feste Seifenschicht gebildet, die sich mit einem Spatel leicht abheben lässt. Nachdem man mit einem Spatel die äußeren Schichten abgeschabt hat, liegt ein Stück Rohseife für weitere Untersuchungen vor. Zur Herstellung reiner Seife sollte man das Aussalzen wiederholen.

Beobachtung
Man erhält ein halbfestes Produkt, das nach Schütteln mit dest. Wasser Schaum ergibt.

Erklärung
Die zunächst erhaltene zähe Emulsion enthält noch das durch die Verseifung freigesetzte Glycerin. Dieses Rohprodukt wird als Seifenleim bezeichnet. Die ablaufenden chemischen Prozesse lassen sich folgendermaßen beschreiben:

$$R'-\overset{\overset{O}{\|}}{C}-O-CH\begin{cases}H_2C-O-\overset{\overset{O}{\|}}{C}-R''' \\ H_2C-O-\underset{\underset{O}{\|}}{C}-R''\end{cases} + 3\,Na^+OH^- \longrightarrow \begin{matrix} & H & \\ H- & C & -OH \\ H- & C & -OH \\ H- & C & -OH \\ & H & \end{matrix} + 3\,R-COO^-Na^+$$

Fett — Glycerin — Natriumsalze von Fettsäuren = Seife

Hinweis
Bei der industriellen Seifenproduktion wird Glycerin durch Aussalzen von der Seife abgetrennt. Nach einer anschließenden Reifezeit erhält man Kernseife.

Entsorgung
Stark alkalisches Reaktionsgemisch in den Sammelbehälter 1.

Quellen
Botsch, W.: Was ist eigentlich Seife? In: Kosmos 5 (1981) 77, S. 67–73. Wagner, G.: Seifen und Waschmittel (Arbeitsheft). Klett Schulbuchverlag, Stuttgart 1993, S. 42–43.

4.2.2 Herstellung von Schmierseife

Geräte: Becherglas, Topf, Glasstab
Chemikalien: Palmin®, dest. Wasser, Kaliumhydroxid (**C**, ätzend), Glycerin

Durchführung
Aus 5 g Palmin® und 5 g dest. Wasser stellt man in einem Becherglas im Wasserbad eine Schmelze her. Hierzu gibt man eine heiße Lösung von 1 g Kaliumhydroxid in 5 mL Glycerin und erhitzt für weitere 5 min. **Vorsicht! Spritzgefahr!**

Beobachtung
Es entsteht eine gelblichbraune, dünnflüssige Masse, die Schmierseife. Beim Schütteln mit dest. Wasser entsteht Schaum (Tensidnachweis).

Erklärung
Schmierseifen sind Kaliseifen, d. h., das Seifen-Anion besitzt ein Kalium-Ion als Gegenion. *Natronseifen* (vgl. Versuch 4.2.1.) sind demgegenüber harte Kernseifen.

Entsorgung
Stark alkalisches Reaktionsgemisch in den Sammelbehälter 1.

Quelle
Raaf, H.: Organische Chemie im Probierglas. Franckh'sche Verlagshandlung, Stuttgart 1982.

4.2.3. Wirkungsweise von Seifen als oberflächenaktive Substanzen

Die meisten der im Handel erhältlichen Seifen sind keine reinen Seifen, sondern enthalten verschiedene Zusatzstoffe. Deshalb empfiehlt es sich bei den folgenden Versuchen, mit reiner Kernseife oder Schmierseife bzw. deren Lösungen zu arbeiten. Angesetzt werden wässrige und alkoholische Seifen-Lösungen.

Teil 1: Seifen setzen die Oberflächenspannung von Wasser herab
Geräte: Flasche (50 mL) mit durchbohrtem Stopfen samt Glasrohr mit verengter Spitze, 2 Enghalsrollflaschen (100 mL), 2 Bechergläser (400 mL), Tropfpipette, Glaswanne, Büroklammern, Trichter, Filtrierpapier, Reagenzgläser, Reagenzglasständer
Chemikalien: dest. Wasser, Seifen-Lösung, Textilstücke aus Synthesefaser und Naturfaser, Holzkohlepulver, Schwefelpulver, Bärlappsporen, Kernseife im Stück, Speiseöl (angefärbt mit Paprikapulver)

Durchführung
1. Eine kleine Flasche wird randvoll mit Leitungswasser gefüllt und mit einem Stopfen verschlossen, in dem ein Glasrohr mit verengter Spitze steckt. Die Flasche wird gekippt. Danach fügt man etwas Seifen-Lösung in dest. Wasser zu und kippt wieder.
2. Ein Reagenzglas wird bis zum Rand mit Wasser, ein anderes mit Seifen-Lösung gefüllt. Nun wird vorsichtig weiter Wasser zugetropft.
3. Auf ein Tuch aus Synthesefaser (ohne Beimischungen von Naturfasern) werden nebeneinander einige Tropfen Leitungswasser und einige Tropfen einer Seifen-Lösung in dest. Wasser gesetzt.
4. Ein Becherglas wird bis 1 cm unter dem Rand mit Wasser gefüllt. Auf die Wasseroberfläche wird vorsichtig eine Büroklammer gelegt. Erleichtert wird dies durch ein Stückchen Filterpapier, auf das die Büroklammer gelegt wird. Das Papier sinkt zu Boden und die Klammer schwimmt. Nun gibt man einige Tropfen Seifen-Lösung hinzu.
5. Eine Petrischale wird zur Hälfte mit Leitungswasser gefüllt Mit einem kleinen Löffel wird unter leichtem Schütteln ein feines Pulver (Kohle-, Schwefelpulver oder Bärlappsporen) möglichst gleich-

mäßig auf die Wasseroberfläche gestreut. Anschließend wird ein Stück Kernseife mit einer Kante leicht in das Wasser eingetaucht.

Beobachtung

1. Leitungswasser läuft aus Flasche und Glasrohr nicht aus. Deutlich ist der Wasserspiegel an der Mündung des Rohres zu erkennen. Nach Zufügung der Seifen-Lösung tropft das Wasser aus der Flasche.
2. Das mit Wasser gefüllte Glas nimmt noch Wasser über den Rand hinaus auf, es bildet sich ein Wasserhügel.
3. Die Leitungswassertropfen bleiben in halbkugeliger Form auf dem Tuch sitzen, während die Seifen-Lösung rasch in das Gewebe einzieht.
4. Sobald man einige Tropfen Seifen-Lösung in das Wasser gibt, sinkt auch die Büroklammer.
5. Von der Eintauchstelle der Seife aus wird das Pulver sehr schnell gegen den Schalenrand gedrängt.

Teil 2: Seifen setzen die Grenzflächenspannung Öl/Wasser herab
Geräte: Bechergläser, Flasche mit engem Hals
Chemikalien: gefärbtes Speiseöl, dest. Wasser, Tensid-Lösung

Durchführung

Man füllt ein Becherglas mit dest. Wasser, ein zweites mit einer Tensid-Lösung (z. B. Seifen-Lösung). In beide Bechergläser stellt man je eine Flasche mit engem Hals, die mit gefärbtem Speiseöl gefüllt ist (Färbemittel: Paprikapulver). Die Flaschenöffnung befindet sich einige cm unter dem Wasserspiegel.
Variante: wie vorher, Enghalsflasche mit Öl in ein Becherglas mit dest. Wasser stellen, dann Seifen-Lösung oberhalb der Flaschenöffnung langsam zutropfen.

Beobachtung

Während das Öl im Wasser infolge der hohen Grenzflächenspannung die Flasche nicht verlassen kann, steigt es im Zylinder mit der Tensid-Lösung (infolge der Herabsetzung der Grenzflächenspannung) schlierenartig an die Oberfläche.

Teil 3: Seifen wirken benetzend, dispergierend und emulgierend
Geräte: Bechergläser, Glasstab, Trichter, Rundfilter, Reagenzgläser
Chemikalien: Seifen-Lösung in dest. Wasser, Leitungswasser, Holzkohlepulver oder Indigopulver, Speiseöl

Durchführung

1. In je ein Becherglas gibt man Leitungswasser bzw. Seifen-Lösung in dest. Wasser. Sodann streut man auf die Oberfläche jeder Flüssigkeit feines Holzkohlepulver oder Indigopulver und rührt mit einem Glasstab um.
2. Man legt einen Rundfilter in einen Trichter, feuchtet ihn an und streut feines Holzkohle- oder Indigopulver darauf. Sodann lässt man Leitungswasser durchlaufen. Nachdem man das Aussehen von Rückstand und Filtrat verglichen hat, lässt man Seifen-Lösung (in dest. Wasser) durchlaufen und hält das Ergebnis wiederum fest.

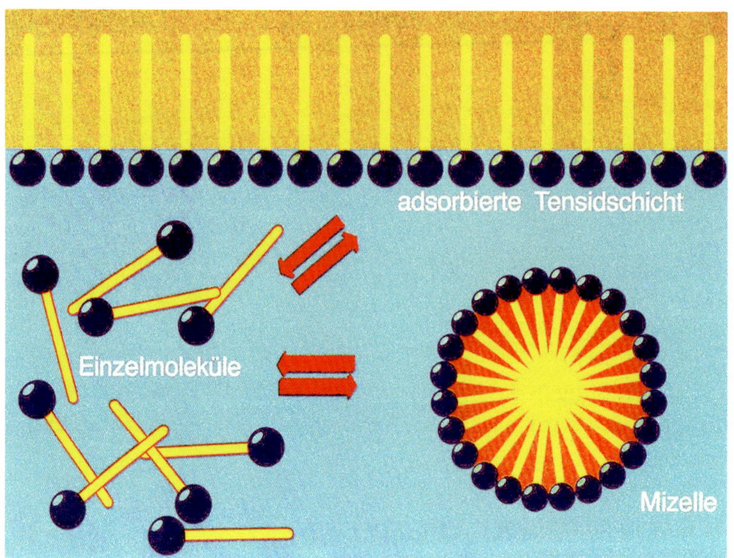

Abb. 20: Tensidmoleküle – monomolekulare Schicht und Micellen im Gleichgewicht [Informationsserie Nr. 14 Tenside vom Fonds der Chemischen Industrie.]

3. Ein Reagenzglas wird zur Hälfte mit Leitungswasser, ein anderes zur Hälfte mit Seifen-Lösung (in dest. Wasser) gefüllt. Anschließend werden beide Flüssigkeiten mit etwas Speiseöl überschichtet. Nun wird kräftig geschüttelt und der Inhalt beider Reagenzgläser nach einigen Minuten verglichen.

Beobachtung

1. Das Holzkohle- bzw. das Indigopulver verbleibt auf der Oberfläche des Leitungswassers, kann hingegen in die Seifen-Lösung eingerührt werden.
2. Hat man Leitungswasser durch den Filter laufen lassen, ist das Filtrat klar und das Pulver auf dem Filter zurückgeblieben. Demgegenüber ist das Seifen-Lösungsfiltrat grau-trübe bzw. blau gefärbt, während der Filter heller geworden ist.
3. Leitungswasser und Speiseöl bilden nach Schütteln eine Emulsion, die sich nach einigen Minuten wieder in zwei Phasen auftrennt. Die Emulsion von Seifen-Lösung mit dem Speiseöl ist hingegen deutlich länger haltbar.

Erklärungen

Teil 1

Im Wasser wirken zwischen den einzelnen Molekülen Wasserstoffbrückenbindungen, die einen Zusammenhalt *(Assoziation)* zur Folge haben. Die Bindungskräfte sind besonders ausgeprägt an Grenzflächen (z. B. Wasser – Luft), da hier die Wassermoleküle einseitig nach innen gezogen werden. Die Grenzfläche ist somit gespannt; es entsteht die *Oberflächenspannung des Wassers.* Seifen sind Alkalimetallsalze höherer Monocarbonsäuren. Die eigentlich waschaktiven Bestandteile sind die Seifen-Anionen R—COO-, die aus einer hydrophilen Carboxylatgruppe und einem hydrophoben Alkylrest bestehen. Gibt man Seifen-Anionen in das Wasser, werden die geladenen Carboxylatgruppen hydratisiert und in das Wasser hineingezogen, während die hydrophoben Alkylreste aus dem Wasser gedrängt werden. Die Seifen-Anionen reichern sich daher an der Grenzfläche Wasser – Luft besonders stark an und bilden dort eine „monomolekulare“ Schicht (Abb. 20). Die gleich-

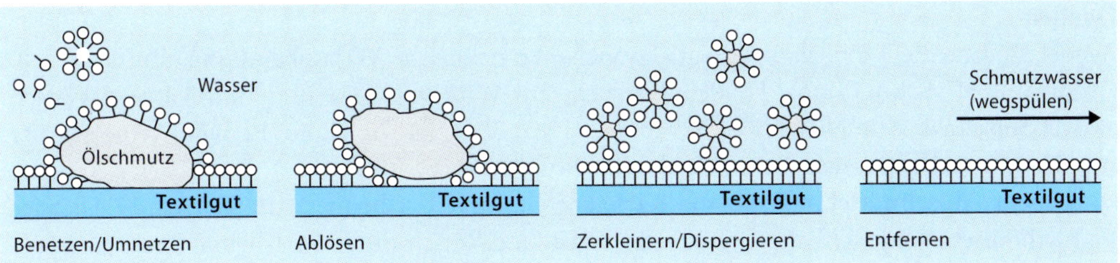

Abb. 21: Benetzung und Ablösung eines Schmutzteilchens von der Faser

sinnig negative Ladung der Carboxylatgruppen führt zu einer Abstoßung der Seifen-Anionen und diese wiederum zu einer Verminderung der Oberflächenspannung des Wassers. Es wird dadurch „flüssiger" und kann aus engen Röhrchen fließen (1.) oder in den Kapillarräumen von Textilien versickern (3.). Das rasche Verdrängen von Schwefelpulver auf Wasser (5.) ist auf die Bildung der „monomolekularen" Schicht von Tensid-Anionen an der Grenzfläche Wasser – Luft zurückzuführen. Sie stehen im Gleichgewicht mit den einzelnen Tensid-Anionen in der Lösung. Oberhalb einer bestimmten Tensidkonzentration bilden sich in der Lösung kugelförmige Micellen. Die Konzentration der monomolekularen Tensid-Anionen in der Lösung bleibt konstant.

Teil 2
Infolge der amphiphilen Natur der Tensidmoleküle bzw. der Fettsäure-Anionen (Seifen-Anionen) wird nicht nur die Oberflächenspannung, sondern die Grenzflächenspannung generell herabgesetzt. Folglich kann das Öl aufgrund seiner geringen Dichte aus der Flasche fließen und nach oben steigen (Auftrieb).

Teil 3
1. Fetthaltige Schmutzteilchen werden von Seifen-Anionen umnetzt, indem deren hydrophobe Enden in das ebenfalls hydrophobe Fett eindringen, während die hydrophilen Enden nach außen stehen und in Wechselwirkung mit den Molekülen des umgebenden Wassers treten (Abb. 21). Holzkohlenpulver wird nicht durch Wasser benetzt, da es eine sehr große hydrophobe Oberfläche besitzt. Durch Zugabe von Seifen-Anionen werden die Partikel benetzt, in Wechselwirkung mit den Micellen solubilisiert und können somit auch ins Innere der Seifenlösung gezogen werden.
2. Die gleichgeladenen Carboxylatgruppen stoßen sich gegenseitig ab; so kommt es zu einer Zerteilung (Dispergierung) größerer Schmutzpartikel (Abb. 21). Im beschriebenen Versuch werden die Kohleteilchen so stark weiter zerkleinert, dass sie die Poren des Filterpapiers passieren und in das Filtrat gelangen.
3. Die durch die Seifen-Anionen bewirkte, allseits negative Ladung der Oberfläche der Fettpartikel führt zu einer gegenseitigen Abstoßung der Teilchen. Somit wird ein Zusammenfließen zu größeren Tröpfchen verhindert; die Emulsion wird dadurch haltbar (Abb. 21).

Entsorgung
Feste Rückstände in den Hausmüll; Flüssigkeiten in das Abwasser.

Quellen

Bendel, E.: Chemie – eine ganz alltägliche Sache. Franckh'sche Verlagshandlung, Stuttgart, 1987. Großmann, H., Schmidkunz, H.: Schulversuche zur Wirkungsweise und zum Nachweis waschaktiver Substanzen. In: NiU-Physik/Chemie 2 (1982) 30, S. 64–70. Huhn, P.: Seife – eine der ältesten Haushaltschemikalien. In: PdN-Chemie 44 (1995) 1, S. 19–22. Lutz, B., Plaß, C.: Versuche zum Thema Waschmittel in Form von Karteikarten. In: NiU-Chemie 5 (1994) 21, S. 27. Dietrich, V.: Methodische und fachliche Aspekte der Seifen und Waschmittel. In: Chemie in der Schule 41 (1994) 7, S. 273 ff. Hoffmann, H., Ulbricht, W.: Faszinierende Phänomene in Tensidlösungen. In: Chemie in unserer Zeit 29 (1995) 2, S. 76–86. Fonds der chemischen Industrie: Folienserie 14 – Tenside. Frankfurt 1990.

4.3 Das Vollwaschmittel – Nachweis und Wirkungsweise der Hauptbestandteile

4.3.1 Tenside – Nachweise und Herstellung

Teil 1: Nachweis von anionischen Tensiden

Geräte: Reagenzgläser, Reagenzglasständer, Messpipetten, Tropfpipetten

Chemikalien: Anionisches Tensid (LAS, FAS), Methylenblau (kationischer Farbstoff), Essigsäureethylester (**F**, leicht entzündlich), Waschmittelproben, dest. Wasser, Schwefelsäure ($c = 0{,}1$ mol/L)

Vorbereitung

Herstellen des Testindikators

In einem Becherglas werden 50 mg Methylenblau in 30 mL dest. Wasser gelöst. Man gibt 5 mL Schwefelsäure hinzu und füllt mit dest. Wasser auf 100 mL auf.

Herstellen der Waschmittel-Probelösungen und der Vergleichslösungen

Jeweils ca. 250 mg Waschmittel werden in 10 mL dest. Wasser gelöst und mit ca. 1 mL Schwefelsäure angesäuert. 2 Tropfen anionisches Tensid (z. B. LAS-Lösung) werden in 10 mL dest. Wasser gegeben.

Durchführung

Im Reagenzglas werden zu 1 mL Testindikator 1-2 Tropfen der sauren Tensidprobelösung gegeben und mit 2 mL Essigsäureethylester überschichtet. Danach wird vorsichtig umgeschwenkt bzw. leicht geschüttelt.

Beobachtung

Tab. 10: Experimentelle Untersuchungsergebnisse des Nachweises von anionischen Tensiden

Probe	Färbung der organischen Phase
dest. Wasser (Blindprobe)	farblos
anionisches Tensid (Vergleichsprobe)	blau
Waschmittel	blau

Erklärung
Das Methylenblau-Kation tritt mit dem Tensid-Anion zu einem elektrisch neutralen Ionenpaar zusammen. Dieses zeigt im Lösungsmittel Wasser ein Verhalten, das dem Methylenblau-Kation und dem des anionischen Tensids entgegengesetzt ist (Tab. 10). Es lässt sich daher in die organische Phase (Essigsäureethylesther) überführen. Man sagt: Anionische Tenside sind methylenblauak-tive Substanzen. Methylenblau kann nach diesem Verfahren als Reagenz für anionische Tenside dienen.

Entsorgung
Reste von Essigsäureethylester in den Sammelbehälter 3; wässrige Lösungen in das Abwasser.

Quelle
Angermeier, T., Wagner, G.: Die Inhaltsstoffe der Waschmittel, ein Zirkel. In: NiU-Chemie 12 (2001) 63, S. 23–27.

Teil 2: Nachweis von kationischen Tensiden
Geräte: Gewebe, Becherglas
Chemikalien: kationisches Tensid (z. B. Weichspüler), alkoholisch-wässrige Bromphenolblau-Lösung (w = 0,04 %)

Durchführung
Ein Gewebe wird mit der Lösung eines kationischen Tensids (z. B. Weichspüler) gewaschen und in eine alkoholisch-wässrige Lösung von Bromphenolblau gelegt. Nach 10 min wird gründlich mit Leitungswasser gespült, bis der überschüssige Farbstoff herausgewaschen ist. Anschließend wird das Gewebe getrocknet.

Beobachtung
Das Gewebe ist blau gefärbt. Eine mit reinem Wasser behandelte Kontrolle bleibt ungefärbt.

Erklärung
Zwischen Bromphenolblau und den Tensid-Kationen entsteht eine gefärbte Verbindung, wobei das Tensid-Kation das Natrium-Ion im Bromphenolblau verdrängt.

Entsorgung
Über das Abwasser.

Quelle
Raaf, H.: Chemie des Alltags. Franckh'sche Verlagshandlung, Stuttgart 1985.

Teil 3: Herstellung eines Fettalkoholsulfates (Tensid)
Geräte: Messzylinder (5 mL), Reagenzglas, Reagenzglasständer, Becherglas, Reagenzglaszange, Brenner, pH-Papier, Standzylinder mit Stopfen
Chemikalien: industrieller Alkohol, Schwefelsäure (w = 96–98 %; **C**, ätzend), dest. Wasser, Natriumhydroxid-Lösung (c = 1 mol/L; **C**, ätzend)

Durchführung
1–2 mL eines industriellen Gemisches von C_{12}-Alkoholen oder Dodecanol als Reinstoff wird mit 1 mL konzentrierter Schwefelsäure versetzt und durch schwaches Erwärmen geschmolzen (die Schmelztemperatur des Alkoholgemisches liegt bei 23 °C). Es darf nicht zu stark erwärmt werden, da sonst die konzentrierte Schwefelsäure verkohlend wirkt, was an einer zunehmenden Dunkelfärbung erkennbar wird. Nach wenigen Minuten ist die Esterausbeute in der leicht gelben Reaktionsmischung ausreichend, so dass jetzt neutralisiert werden kann.
Hierzu gießt man den Inhalt des Reagenzglases in ein Becherglas zu 250 mL Wasser und fügt so lange verdünnte Natriumhydroxid-Lösung zu, bis ein pH-Indikator eine schwach alkalische Reaktion zeigt. Anschließend gibt man den Inhalt des Becherglases in einen Standzylinder, verschließt ihn und schüttelt kräftig.

Beobachtung
Es entsteht ein starker, haltbarer Schaum als Hinweis für die Anwesenheit eines Tensids.

Erklärung
Das Reaktionsprodukt gehört zu den Fettalkoholsulfaten, einer wichtigen Gruppe der synthetischen Tenside. Konkret entsteht Schwefelsäure-dodecylester. Die Fettalkohole können aus nachwachsenden Rohstoffen (Fette, Öle) hergestellt werden.

a) Veresterung:

$$H_3C-(CH_2)_{10}-CH_2OH + H_2SO_4 \longrightarrow H_3C-(CH_2)_{10}-CH_2-O-\overset{\overset{\displaystyle O}{\|}}{\underset{\underset{\displaystyle O}{\|}}{S}}-OH + H_2O$$

b) Neutralisation:

$$H_3C-(CH_2)_{10}-CH_2-O-\overset{\overset{\displaystyle O}{\|}}{\underset{\underset{\displaystyle O}{\|}}{S}}-OH + Na^+ + OH^-$$

$$\longrightarrow H_3C-(CH_2)_{10}-CH_2-O-\overset{\overset{\displaystyle O}{\|}}{\underset{\underset{\displaystyle O}{\|}}{S}}-O^- + Na^+ + H_2O$$

Hinweise: Für die Tensidwirkung ist das Alkylsulfat-Anion verantwortlich. In saurer Lösung tritt die Tensidwirkung kaum zu Tage. Eine präparativ orientierte Vorschrift zur Herstellung eines Fettalkoholsulfates (FAS) wird durch B. Lutz beschrieben.

Entsorgung
Über das Abwasser.

Quelle
Lutz, B.: Herstellung eines Anion-Tensides. In: NiU-Chemie 5 (1994) 21, S. 27–28.

4.3.2 Tenside auf der Basis nachwachsender Rohstoffe: Alkylpolyglycoside

Teil 1: Vollständige Spaltung von Alkylpolyglycosiden
Geräte: Magnetrührer, Heizpilz, Rundkolben (200 mL), Rückflusskühler, Stativmaterial, Spatel, pH-Papier, Scheidetrichter, Rotationsverdampfer oder Destillationsapparatur, Exsikkator
Chemikalien: Alkylpolyglycosid, Salzsäure (c = 0,5 mol/L), Natriumhydrogencarbonat, n-Pentan (**F**, leicht entzündlich), Natriumsulfat (wasserfrei)

Durchführung
In einem Rundkolben (200 mL) werden 10 mL Alkylpolyglycosid mit 30 mL verdünnter Salzsäure unter Rückflusskühlung über Nacht am Sieden gehalten. Man lässt das Hydrolysat auskühlen, neutralisiert portionsweise mit Natriumhydrogencarbonat und überführt das Gemisch in einen Scheidetrichter. Der Fettalkohol wird durch das Ausschütteln mit n-Pentan in die organische Phase überführt, der Zuckeranteil befindet sich in der wässrigen Lösung. Nach der Phasentrennung können mit der wässrigen Phase alle Nachweisreaktionen für Zucker (siehe Teile 2 und 3) durchgeführt werden, während die organische Phase noch durch Trocknung über Natriumsulfat sowie anschließendes Entfernen des Lösungsmittels aufgearbeitet werden muss. Man erhält den Fettalkohol als bräunlichen, öligen Rückstand.

Beobachtung
Die farblose, schäumende Lösung verändert sich zu einer hellbraunen bis gelblichen Lösung. Je nach eingesetztem Material scheidet sich an der Oberfläche eine wachsartige, weiche Feststoffschicht ab, die mit Pentan extrahiert werden kann.

Erklärung
Durch die saure Hydrolyse wird die glycosidische Bindung zwischen Zucker und Fettalkohol aufgebrochen. Ist die eingesetzte Tensidmenge nicht vollständig gespalten, so lässt sich keine Phasentrennung durchführen (Emulsion).

Entsorgung
Pentan in den Sammelbehälter 3 (oder nach Destillation erneut verwenden); wässrige Phase in das Abwasser.

Teil 2: Nachweis der Glucose
Geräte: Reagenzglasständer, Reagenzgläser, Pipette, pH-Papier, Messzylinder (10 mL)
Chemikalien: neutralisiertes Hydrolysat des Alkylpolyglycosid von Teil 1, dest. Wasser, Glucose-Teststäbchen

Durchführung
1 mL des sorgfältig neutralisierten (mit pH-Papier testen) Hydrolysates wird mit dest. Wasser auf 10 mL aufgefüllt. Mit dieser Probelösung verfährt man nach der Vorschrift des Herstellers der Glucose-Teststäbchen.

Beobachtung
Der Glucose-Teststreifen verfärbt sich grün.

Erklärung
Die Verfärbung beruht auf einer Oxidation von Redox-Indikatoren durch Wasserstoffperoxid, das bei der Reaktion von Glucose mit Sauerstoff in Gegenwart von Glucoseoxidase/Peroxidase entsteht.

Weiterführung
Neben dem spezifischen qualitativen Glucose-Nachweis können die Glucose-Teststäbchen auch zu halbquantitativen Untersuchungen dienen.

Entsorgung
Reaktionsgemisch in das Abwasser; Teststreifen in den Hausmüll.

Teil 3: Quantitativer Nachweis der Zuckerkomponente durch Gärung
Geräte: Gärröhrchen (auf Glucose geeicht), Pipette (1 mL), pH-Papier, Messzylinder (10 mL), Porzellanschale
Chemikalien: neutralisiertes Hydrolysat des Alkylpolyglycosid von Teil 1, dest. Wasser, Presshefe

Durchführung
1 mL des sorgfältig neutralisierten (mit pH-Papier testen) Hydrolysates wird mit dest. Wasser auf 10 mL aufgefüllt. Diese Lösung wird in ein Gärröhrchen gegeben. Ein erbsengroßes Stück Presshefe wird auf einer Porzellanschale mit der doppelten Menge an Wasser verrieben. Von diesem Hefebrei gibt man ca. 3–4 Tropfen zu der Lösung und lässt das Röhrchen 24 h stehen. Die Reaktion ist abgeschlossen, wenn die bei der Hefezugabe trübe Lösung klar geworden ist und sich die Hefe am Boden abgesetzt hat.

Beobachtung
Beispiel: Das Gärröhrchen zeigte eine 0,15%ige Lösung an.

Erklärung
Im neutralisierten Hydrolysat liegt D-Glucose frei vor und kann zu Ethanol vergoren werden. Das bedeutet, es sind 0,15 g Glucose in 100 g Lösung bzw. 0,015 g in 10 g Lösung enthalten. Berücksichtigt man die vorher durchgeführte Verdünnung, so kommt man näherungsweise auf die Konzentration von $w = 1{,}5\ g/100\ mL$.

Quelle
Bär, A., Pfeifer, P., Barth, U., Röder, Th.: Alkylpolyglycoside. In: Chemkon 5 (1998) 3, S. 135–141.

4.3.3 Bleichsysteme – Nachweis und Wirkungsweise

Teil 1: Perborat-Nachweis in Waschmitteln durch Flammenfärbung
Geräte: 3 Porzellanschalen (Durchmesser 60 mm), Brenner, Dreifuß mit Tondreieck
Chemikalien: verschiedene Waschmittelproben (mit und ohne Perborat), Natriumperborat (**Xn**, gesundheitsschädlich; **O**, brandfördernd), Schwefelsäure ($w = 96–98\,\%$; **C**, ätzend), Methanol (**T**, giftig; **F**, leicht entzündlich), Natriumchlorid

Durchführung ***(Abzug!)***
Man übergießt in einer kleinen Porzellanschale etwa 0,5 g Waschmittel mit etwa 4 mL Methanol und fügt 1–2 mL konzentrierte Schwefelsäure hinzu. Nach kurzem Erwärmen mit dem Brenner auf einem Dreifuß mit Tondreieck werden die entweichenden Dämpfe mit dem Brenner vorsichtig entzündet.
Als Kontrolle werden ebenso eine Vergleichsuntersuchung mit 0,2 g Natriumperborat und eine Blindprobe mit einer perboratfreien Substanz (z. B. Kochsalz) durchgeführt.
Hinweis: Nach V. Obendrauf ist der Zusatz von konzentrierter Schwefelsäure nicht erforderlich. Dadurch wird das Gefahrstoffpotenzial des Versuchs vermindert. (Lit. Chem. Sch. (Salzburg))

Beobachtung
Über der Schale mit dem Vollwaschmittel hat die Flamme einen grünen Saum, während die Flamme über dem Feinwaschmittel blau ist. Nach kurzer Zeit sind beide Flammen gelb gefärbt.

Erklärung
Vollwaschmittel enthalten Natriumperborat als Bleichmittel. Es reagiert unter dem Einfluss der Schwefelsäure mit Methanol zu Borsäuremethylester. Der Borsäuremethylester verbrennt mit charakteristischer grüner Farbe.

$$B(OH)_3 + 3\ CH_3OH \longrightarrow B(OCH_3)_3 + 3\ H_2O$$

Feinwaschmittel enthalten kein Perborat und zeigen daher im Versuch nur die blaue Flammenfärbung von Methanol. Die nach kurzer Zeit auftretende gelbe Flammenfärbung weist auf die Anwesenheit von Natriumverbindungen in Waschmitteln hin.

Entsorgung
Reaktionsgemische in den Sammelbehälter 1.

Teil 2: Perborat-Nachweis in Waschmitteln mit Kaliumpermanganat
Geräte: 3 Erlenmeyerkolben (150 mL), Spatel, Reagenzgläser, Tropfpipetten, Messzylinder (10 mL), Bunsenbrenner
Chemikalien: verschiedene Waschmittelproben, Kaliumpermanganat (**Xn**, gesundheitsschädlich; **O**, brandfördernd, **N**, umweltgefährlich), Schwefelsäure (w = 96–98 %; **C**, ätzend), dest. Wasser, Natriumperborat

Durchführung
Die Waschmittelproben und Natriumperborat werden in je einem Erlenmeyerkolben in Wasser gelöst und die Lösungen mit 1, 2 und 3 usw. gekennzeichnet. In ein Reagenzglas gibt man einige mL stark verdünnte, mit 2–3 Tropfen Schwefelsäure angesäuerte Kaliumpermanganat-Lösung, zu der jeweils etwa 5 mL der Waschmittellösung gegeben werden. Der Versuch ist nach 2 bis 3 min zu beenden. Das Gleiche passiert mit der Natriumperborat-Lösung. Falls notwendig, kann die Reaktion durch Erwärmen beschleunigt werden.

Beobachtung
Die Kaliumpermanganat-Lösung wird entfärbt. Es kann leichte Gasentwicklung beobachtet werden.

Erklärung

Als Bleichmittel wird häufig Natriumperborat $Na_2[B_2(O_2)_2(OH)_4] \cdot 6\ H_2O$ verwendet. In Wasser setzt diese Verbindung Wasserstoffperoxid frei, das von Kaliumpermanganat zu Sauerstoff oxidiert wird. Die $[B(OH)_4]^-$-Anionen stehen im Gleichgewicht mit freien Borsäuremolekülen, $B(OH)_3$.

$$2\ Na^+ + \left[\begin{array}{ccccc} HO & & O-O & & OH \\ & B & & B & \\ HO & & O-O & & OH \end{array} \right]^{2-} + 4\ H_2O \longrightarrow 2\ Na^+ + 2\ [B(OH)_4]^- + 2\ H_2O_2$$

$$2\ MnO_4^- + 5\ H_2O_2 + 6\ H^+ \longrightarrow 2\ Mn^{2+} + 8\ H_2O + 5\ O_2$$

Entsorgung

Entfärbte Reaktionsgemische in den Sammelbehälter 1.

Teil 3: Perborat-Nachweis in Waschmitteln mit Indigocarmin-Lösung

Geräte: Pipette, Spatel, Becherglas (150 mL)

Chemikalien: Indigosulfonat (Indigocarmin), Natriumdithionit-Lösung (**Xn**, gesundheitsschädlich), Vollwaschmittel

Durchführung

Mit einer Spatelspitze Indigosulfonat (Indigocarmin) stellt man eine kornblumenblaue wässrige Lösung her. Dann tropft man mit einer Pipette so viel wässrige Natriumdithionit-Lösung zu, dass sich die blaue Indigo-Lösung gerade entfärbt. Zu dieser entfärbten Lösung wird ohne Umschütteln eine Spatelspitze Vollwaschmittel gegeben.

Beobachtung

Die intensiv blaue Farbe von Indigocarmin tritt wieder auf.

Erklärung

Natriumperborat (Bleich- und Oxidationsmittel) wird hydrolysiert. Das freigesetzte Wasserstoffperoxid ist für die Redoxreaktion von entfärbtem Indigosulfonat verantwortlich.

Entsorgung

Reaktionsgemische mit viel Wasser in das Abwasser.

Quelle

Pfeifer, P., Raab, L.: „Powerstoff Sauerstoff". In: UC 17 (2006) 94/95, S. 74–79.

Teil 4: Perborat-Nachweis in Waschmitteln mit Kaliumiodid-Stärkepapier
Geräte: Reagenzgläser, Pipette, Trichter, Filterpapier
Chemikalien: Vollwaschmittel, Feinwaschmittel, Wasserstoffperoxid-Lösung (w = 3 %), Kaliumiodid/Stärke-Papier, Natriumperborat, Schwefelsäure (c = 1 mol/L; **Xi**, reizend)

Durchführung
Auf Kaliumiodid/Stärke-Papier wird jeweils ein Tropfen der folgenden Lösungen gegeben:
- Wasserstoffperoxid-Lösung
- Natriumperborat-Lösung:
  In einem Reagenzglas wird eine Spatelspitze Natriumperborat in einer Daumenbreite verdünnter Schwefelsäure gelöst und dabei leicht erhitzt.
- Vollwaschmittel-Lösung:
  Eine Spatelspitze eines Vollwaschmittels wird in einer Daumenbreite verdünnter Schwefelsäure unter leichtem Erwärmen gelöst. **Abkühlen lassen!**
- Feinwaschmittel-Lösung:
  Eine Spatelspitze eines Feinwaschmittels wird in einer Daumenbreite verdünnter Schwefelsäure unter leichtem Erwärmen gelöst. **Abkühlen lassen!**

Beobachtung
Mit Wasserstoffperoxid-, Natriumperborat- und Vollwaschmittel-Lösung tritt eine Blaufärbung auf; nicht aber mit dem Feinwaschmittel.

Erklärung
Es wird Wasserstoffperoxid freigesetzt, welches die Kaliumiodid-Lösung zu Iod oxidiert.

Entsorgung
Reaktionsgemische mit viel Wasser in das Abwasser; Papierstreifen in den Hausmüll.

Teil 5: Bleichwirkung – Entfärben einer Bromphenolblau-Lösung (oder Tinte)
Geräte: Reagenzglas, Reagenzglasständer, Spatel, Tropfpipette, Reagenzglashalter, 2 Bechergläser (100 mL), 2 Bechergläser (25 mL)
Chemikalien: Bromphenolblau-Lösung oder verdünnte Tinte, Natriumperborat oder perborathaltiges Vollwaschmittel

Durchführung
Man füllt ein Reagenzglas mit einigen mL Bromphenolblau-Lösung (oder Tintenlösung), gibt etwas Natriumperborat oder Vollwaschmittel zu und erwärmt unter leichtem Schütteln.

Beobachtung/Erklärung
Die Behandlung mit Vollwaschmittel- und mit Natriumperborat-Lösung führt zu einer fast vollständigen Entfärbung der Tinte, während Wasser und Feinwaschmittel die Proben unverändert lassen. Es handelt sich um eine oxidative Bleiche der Farbstoffe.

Entsorgung
Über das Abwasser.

Teil 6: Bleichwirkung – Entfärben eines verschmutzten Stoffes (Tinte, Rote Beete, Heidelbeeren usw.)
Geräte: Thermometer, Heizplatten, 3 Bechergläser (250 mL), Spatel, Tiegelzangen, Glasstäbe, verfärbte Baumwollstücke (Rote Beete, Heidelbeeren), Reagenzglas, Reagenzglashalter, Tropfpipette, Brenner
Chemikalien: Vollwaschmittel (bleichmittelhaltig), Colorwaschmittel (bleichmittelfrei), Natriumperborat, dest. Wasser, Kirschsaft, Rote-Beete-Saft

Durchführung
In einem Reagenzglas wird ein Spatel Waschpulver oder Natriumperborat mit 2 mL dest. Wasser versetzt. Zu dieser Lösung gibt man 3–4 Tropfen Kirschsaft oder Rote-Beete-Saft und erhitzt vorsichtig über der Sparflamme des Brenners. In beiden Fällen kommt es zu einer Entfärbung der Lösung infolge der oxidierenden Wirkung der Lösungen.
Ein Abschnitt Baumwollgewebe wird mit Rote-Beete-Saft oder Kirschsaft eingefärbt. Der Fleck sollte mindestens 24 h auf das Gewebe einwirken, um die Faserhaftung des Farbstoffes zu erhöhen. 3 Bechergläser werden etwa zur Hälfte mit dest. Wasser gefüllt und nach Zugabe von etwa 2 g der folgenden Substanzen auf ca. 70–80 °C erhitzt.

Becherglas 1	+	Natriumperborat
Becherglas 2	+	Vollwaschmittel (Pulver)
Becherglas 3	+	Colorwaschmittel

Nach Erreichen der Temperatur wird das verunreinigte Gewebe in 3 gleichgroße Teile geteilt, kurz abgespült und je ein Stück mit Hilfe des Glasstabes in die Lösungen getaucht. Die Stoffstücke werden jeweils 5 min gekocht. Anschließend sind die Flecken der Stoffstücke zu kontrollieren (vorher Stoffstücke spülen!).

Beobachtung/Erklärung
Im Gegensatz zum Ansatz mit Colorwaschmitteln werden die gefärbten Gewebe in den beiden anderen Ansätzen gebleicht. Verantwortlich ist wiederum deren oxidierende Wirkung, welche auf freigesetztes Wasserstoffperoxid zurückzuführen ist (vgl. Teil 2).

Entsorgung
Perboratlösungen in den Sammelbehälter 1; Stoffstücke in den Hausmüll; Waschmittellösungen in das Abwasser.

Teil 7: Die Freisetzung von Sauerstoff aus Natriumperborat
Geräte: 2 Reagenzgläser, Reagenzglasständer, Spatel, Reagenzglaszange, Tropfpipetten, Brenner, Glimmspan
Chemikalien: Natriumperborat, Braunstein (Mangandioxid), dest. Wasser

Durchführung
In einem Reagenzglas wird ein Spatel Natriumperborat (ca. 500 mg) mit 2 mL dest. Wasser versetzt und die Lösung kräftig erhitzt. Anschließend führt man die Glimmspanprobe durch.
Alternative: Eine Spatelspitze Natriumperborat wird in ein Reagenzglas gegeben, mit einer Daumenbreite dest. Wasser gelöst und leicht erhitzt (**nicht kochen!**). Danach gibt man eine Spatelspitze

Braunstein (MnO_2) in die Lösung. Es entsteht ein Gas, welches einen glimmenden Holzspan entflammt.

Beobachtung/Erklärung
Durch die positiv verlaufende Glimmspanprobe wird das Gas als Sauerstoff identifiziert. Sauerstoff entsteht durch den katalytischen Zerfall von Wasserstoffperoxid (heterogene Katalyse an MnO_2).

Entsorgung
Reaktionsgemische in den Sammelbehälter 1.

Quellen
Bendel, E.: Chemie – eine ganz alltägliche Sache. Franckh'sche Verlagshandlung, Stuttgart 1987. Häusler, K.: Einfache Schulexperimente zur Waschmittelchemie. In: NiU-Physik/Chemie (1982) 30, S. 73–75. Dietrich, V.: Zur Behandlung des Themas „Seife und Waschmittel" im Chemieunterricht der gymnasialen Oberstufe. In: PdN-Chemie 45 (1996) 1, S. 17–25. Wagner, G.: Seifen und Waschmittel – Arbeitsheft. Klett Schulbuchverlag, Stuttgart 1993, S. 62–70, Wagner, G.: Waschmittel. In: NiU-Chemie 12 (2001) 63.

4.3.4 Komplexbildner

Geräte: Reagenzglas, Reagenzglasständer
Chemikalien: Eisen(III)-chlorid, Kalium- oder Ammoniumthiocyanat, dest. Wasser, Vollwaschmittel, Pentanatriumtriphosphat

Durchführung
Im Reagenzglas gießt man stark verdünnte Lösungen von Eisen(III)-chlorid und Kalium- oder Ammoniumthiocyanat zusammen und fügt eine wässrige Lösung eines Vollwaschmittels zu. Der gleiche Versuch wird anstelle eines Vollwaschmittels mit einer Pentanatriumtriphosphat-Lösung durchgeführt.

Beobachtung
Die zunächst dunkelrote Farbe verschwindet sowohl in dem Versuch mit dem Vollwaschmittel als auch mit der Phosphat-Lösung.

Erklärung
Pentanatriumtriphosphat war der am häufigsten verwendete Komplexbildner in phosphathaltigen Waschmitteln. Seit den 1990er Jahren wird diese Verbindung in deutschen Waschmitteln nicht mehr eingesetzt. Sie wurde durch Zeolithe als Wasserenthärter (Ionenaustauscher!) ersetzt.
Im vorliegenden Versuch binden vorwiegend vorhandene Pentanatriumtriphosphat-Anionen die Eisen(III)-Ionen komplex, so dass sie für den roten Eisen(III)-thiocyanat-Komplex nicht mehr zur Verfügung stehen. Zeolithe entziehen der Lösung die Eisen(III)-Ionen auf Ionenaustauschbasis. Auch andere Komplexbildner als Pentanatriumtriphosphat sind in Betracht zu ziehen.

Entsorgung
Alle Reaktionsgemische in das Abwasser.

Quelle
vgl. 4.3.3

4.3.5 Optische Aufheller

Geräte: Becherglas (100 mL), UV-Lampe
Chemikalien: nicht fluoreszierendes Gewebe, Vollwaschmittel-Lösung

Durchführung
Im abgedunkelten Raum wird unter dem UV-Licht ein nicht fluoreszierendes Gewebe (vorher prüfen!) in eine Vollwaschmittel-Lösung getaucht.

Beobachtung
Das Gewebe zeigt nun eine strahlend helle, blaue Fluoreszenz, die durch Waschen in Wasser nicht zu entfernen ist.

Erklärung
Optische Aufheller (Weißtöner) sind in der Lage, den nicht sichtbaren UV-Anteil des Tageslichtes in sichtbares Licht umzuwandeln. Sie absorbieren im Wellenlängenbereich um 350 nm und emittieren meist blaue Fluoreszenzstrahlung um 440 nm. Die Strahlung der auf der Faser fixierten „Weißtöner" addiert sich zum reflektierten sichtbaren Licht („Gelbstich"), so dass ein „strahlendes Weiß" wahrgenommen wird. Die Weißtöner „verbessern" – dem Kundenwunsch entsprechend – das Aussehen der Wäschestücke, bewirken aber keine intensive Reinigung oder gar Desinfektion.

Entsorgung
Über das Abwasser bzw. den Hausmüll.

Quelle
vgl. 4.3.3 sowie: Hauthal, H. G.: Waschmittel heute und morgen. In: NiU-Ch 5 (1994) 21, S. 4–9.

4.3.6 Enzyme

Teil 1: Stärkespaltung durch Waschmittel
Geräte: 2 Deckel von Marmeladengläsern, Topf, Esslöffel, Heizplatte
Chemikalien: Puddingpulver, dest. Wasser, Biozym SE

Durchführung
Die Hälfte des Puddingpulvers in 4–5 Esslöffel dest. Wasser anrühren und in 250 mL kochendes Wasser eingießen, unter Rühren kurz aufkochen lassen und in die bereitgestellten Marmeladen-

glasdeckel füllen. Die beiden Deckel werden leicht schräg gestellt, so dass der obere Teil des Deckelbodens nicht vom Pudding bedeckt ist. Zum Inhalt von Deckel 2 sofort 3 Tropfen von Biozym SE geben und kurz umrühren.

Beobachtung
Nach ca. 20 min ist der Pudding in Deckel 1 fest geworden, während er in Deckel 2 noch immer flüssig ist.

Erklärung
Das im Biozym SE enthaltene Enzym Amylase katalysiert den Abbau des Makromoleküls Stärke, so dass die Voraussetzung zum Erstarren des Puddings nicht mehr gegeben ist. Übertragen auf den Waschprozess bedeutet dies, dass die niedermolekularen Abbauprodukte von Stärkeanschmutzungen auf Wäsche von der Waschlauge gelöst und weggeführt werden.

Anmerkung
An den Versuch kann sich eine ganze Versuchsreihe anschließen, in der verschiedene Waschmittel auf Amylasewirkung untersucht werden.

Entsorgung
Über den Hausmüll.

Teil 2: Celluloseabbau durch Waschmittelinhaltsstoffe (Cellulasen)
Geräte: 4 kleine Marmeladengläser, Gefäß zum Abmessen (z. B. Einwegspritzen, Esslöffel, Schnapsglas), Teelöffel
Chemikalien: Zwiebelschalen (farbig), dest. Wasser, Vollwaschmittel, Dr. Beckmanns Fleckensalz (Cellulase enthaltend), Biozym SE

Durchführung
In 4 Marmeladengläser gibt man je eine Zwiebelschale von etwa 5 cm und bedeckt sie mit ca. 10 mL dest. Wasser. Während Glas 1 unverändert bleibt (Blindversuch), setzt man dem Ansatz in Glas 2 4 Tropfen Biozym SE, in Glas 3 einen halben Teelöffel Vollwaschmittel und in Glas 4 einen halben Teelöffel Beckmanns Fleckensalz zu. Die vier Ansätze bleiben über Nacht stehen.

Beobachtung
Glas 1 (Wasser): keine Veränderung
Glas 2 (Biozym SE): keine Veränderung
Glas 3 (Vollwaschmittel): leichte Entfärbung der Zwiebelschale, Wasser leicht gefärbt
Glas 4 (Dr. Beckmanns Fleckensalz): Wasser ist gefärbt, Zwiebelschale nahezu farblos

Erklärung
Die rötliche Färbung der Zwiebelschalen resultiert aus der Einlagerung von Farbstoffen in die Vakuole der Zelle. Jede pflanzliche Zelle wird durch Zellwände begrenzt, die u. a. aus Cellulose bestehen. Wird diese Cellulose durch Cellulasen (Cellulose spaltende Enzyme) abgebaut, können die Farbstoffe in das umgebende Wasser austreten.

Wie die Beobachtungen zeigen, ist in dem Fleckensalz (Glas 4) eine hohe Konzentration von Cellulasen enthalten, so dass die Folge die nahezu vollständige Zerstörung der Cellulose und das Austreten der Farbstoffe aus den Zellen ist. Zum Teil sind in Vollwaschmitteln ebenfalls Cellulasen enthalten, so dass dieser Effekt – wenn auch abgeschwächt – auftritt.
Wasser allein und Wasser mit nicht relevanten Enzymen (Biozym SE enthält Amylasen und Proteasen) bewirken keine Veränderungen an den aus Cellulose bestehenden Zellwänden. Die in der Vakuole vorhandenen Pflanzenfarbstoffe können somit nicht nach außen gelangen.

Anmerkung
Dieses Experiment setzt Grundkenntnisse über den Aufbau einer normalen Pflanzenzelle voraus. Wenn dies berücksichtigt wird, ist eine empfehlenswerte Verknüpfung chemischen und biologischen Grundwissens mit dem Alltagsbezug gegeben. Hinzu kommt, dass der Modellversuchscharakter verdeutlicht werden muss, denn der Zusammenhang mit der Wirkungsweise von Cellulasen in Waschmitteln ist noch nicht evident. Letztlich muss chemisches und biologisches Grundwissen mit eigenen Erfahrungen (kratzig gewordener Pullover und nachlassende Leuchtkraft der Farben) und den „Versprechungen" der Werbung (Vergrauungsinhibitoren und Antipilling) unter dem Schlagwort „Faserkosmetik" verknüpft werden.

Entsorgung
Über den Hausmüll.

Teil 3: Fettspaltung durch Waschmittel
Geräte: 2 Marmeladen- oder Teegläser, Wasserbad (ca. 60 °C), Thermometer
Chemikalien: Olivenöl, dest. Wasser, Biozym FHT (käufliches Enzympräparat)

Durchführung
Das dest. Wasser wird auf 60 °C erwärmt und die beiden Gläser ca. zur Hälfte damit gefüllt. Dann fügt man 3–4 Tropfen Olivenöl zu. Während Glas 1 zur Kontrolle dient, werden Glas 2 3–4 Tropfen Biozym FHT zugesetzt. Beide Gläser werden in das Wasserbad gestellt.

Beobachtung
In Glas 1 fließen die Öltropfen zusammen und verändern sich nicht weiter. In Glas 2 werden die Öltropfen in viele kleine Tröpfchen emulgiert, die sich z.T. randlich anlagern. Nach 15 min lassen sich die Öltröpfchen ohne optische Hilfsmittel nicht mehr erkennen.

Erklärung
Das käufliche Enzymprärarat Biozym FHT enthält das Enzym Lipase, welche die hydrolytische Spaltung des Öls in Fettsäuren und Glycerin katalysiert. Während das Glycerin wasserlöslich ist, bleiben die Fettsäuren feinstverteilt in der Lösung.

Entsorgung
Über den Hausmüll.

Teil 4: Eiweißspaltung durch Waschmittel
Geräte: Waage, Spatel, Becherglas, Messzylinder (100 mL), Reagenzgläser, Reagenzglasständer, Wasserbad (ca. 40 °C), Thermometer, Eisbad
Chemikalien: Speisegelatine, dest. Wasser, enzymhaltiges Waschmittel (z. B. Burti), enzymfreies Waschmittel

Durchführung
5 g Speisegelatine werden in 100 mL destilliertem Wasser auf 40 °C erwärmt, bis sich das Eiweiß kolloidal gelöst hat. 3 Reagenzgläser werden etwa 10 cm hoch mit der warmen Gelatine-Lösung gefüllt. Nach dem Erstarren fügt man zum Reagenzglas 1 und 2 je eine Spatelspitze eines enzymhaltigen Waschmittels (z. B. Burti), in das Reagenzglas 3 die gleiche Menge enzymfreies Waschmittel. Die Reagenzgläser 1 und 3 werden im Wasserbad erhitzt, bis sich die Gelatine wieder verflüssigt; der Inhalt des 2. Reagenzglases wird aufgekocht. Dann lässt man etwa 10 min lang stehen und kühlt die Gläser im Eisbad ab.

Beobachtung
Der Inhalt von Reagenzglas 1 mit Zusatz eines proteolytischen Enzyms verfestigt sich nicht mehr, der Inhalt der Gläser 2 und 3 erstarrt.

Erklärung
Der Zusatz von Proteasen (proteinspaltende Enzyme) zu Vollwaschmitteln erhöht deren Reinigungskraft, da viele Flecken Eiweiß enthalten. Bei 50–60 °C zeigen die Proteasen, die aus Bakterien gewonnen werden, ihr Aktivitätsoptimum. Sie zerstören den Eiweißstoff Gelatine durch Hydrolyse, weshalb der Inhalt des Reagenzglases 2 nach Abkühlung nicht mehr erstarrt.
Als Proteine werden die Proteasen durch höhere Temperaturen denaturiert. Die Gelatine wird daher von einer aufgekochten Waschmittel-Lösung nicht angegriffen.

Entsorgung
Über den Hausmüll.

Teil 5: Waschversuche – Entfernung hartnäckiger Fleckentypen
Geräte: 8 Schälchen (temperaturbeständig), Wärmeplatte, wasserfester Stift
Chemikalien: 8 Leinenstückchen, Eiklar, Gras, Kakao, Lippenstift, enzymhaltige Waschmittel (Biozym SE, Dr. Beckmanns Fleckensalz® (Cellulase), Biozym (FHT)), Feinwaschmittel

Durchführung
Die 8 Leinenstückchen werden wie folgt verunreinigt und nummeriert:
- je zwei mit Eiklar (1 / 2)
- je zwei mit Gras (3 / 4)
- je zwei mit Kakao (5 / 6)
- je zwei mit Lippenstift (7 / 8)

Zu den Leinenstückchen werden leicht verdünnte, handwarme (40 °C) Lösungen der folgenden Waschmittel gegeben:
- zu (1) Eiweiß – Biozym SE (Protease)
- zu (3) Gras – Dr. Beckmanns Fleckensalz® (Cellulase)

- zu (5) Kakao – Biozym SE , Biozym FHT (Amylase, Protease, Lipase)
- zu (7) Lippenstift – Biozym FHT (Lipase)

Die Schälchen werden bei 35–60 °C auf eine Wärmeplatte gestellt; in diesem Bereich liegt das Wirkungsoptimum der Enzyme Als Kontrollversuch wird eine Feinwaschmittel-Lösung zu den Leinenstückchen (2, 4, 6, 8) gegeben.

Beobachtung

Bereits nach 20 min ist zu erkennen, dass sich die Anschmutzungen bei den Proben (1, 3, 5, 7) lösen und das Waschwasser deren Farbe annimmt.

Zum Waschversuch 5 ist anzumerken, dass der positive Effekt nur eintritt, wenn die drei Enzymtypen Amylase, Protease und Lipase zusammenwirken. Weiterführend lässt sich dieser Experimentalbefund mit den Inhaltsstoffen von Kakao in Beziehung bringen.

Erklärung

Die Verwendung von Spezialwaschmitteln führt dann zum Erfolg, wenn die darin enthaltenen Enzyme in den Anschmutzungen das entsprechende Substrat finden.

Das Untersuchungsdesign kann erweitert werden, wenn z. B. noch ein Vollwaschmittel einbezogen wird. Das kann beispielsweise zu der Frage führen, inwiefern die darin enthaltenen Proteasen für Feinwäsche aus Wolle und Seide nicht geeignet sind.

Hinweis

Über die Handelskette „Spinnrad“ sind die Spezialwaschmittel Biozym SE und Biozym FHT erhältlich: Biozym SE enthält Amylasen und Proteasen, was aus den Buchstaben S (für Stärke) und E (für Eiweiß) ersichtlich ist. In Biozym FHT steht F für Fett, das wirksame Enzym ist Lipase. Dr. Beckmanns Fleckensalz enthält Cellulasen und Proteasen als Wirkstoffe. Es ist in Drogerien und Drogeriemärkten erhältlich.

Entsorgung

Über den Hausmüll bzw. das Abwasser.

Quellen

Rubner, K., Pfeifer, P.: Voll- oder Feinwaschmittel? In: NiU-Chemie 17 (2006) 92, S. 19–21. Wagner, G.: Kleine Helfer enttarnt. In: NiU-Chemie 12 (2001) 63, S. 20–23.

4.4 Spezielle Wasch- und Reinigungsmittel

4.4.1 Fébrèze® – Untersuchung eines Textilerfrischers

Sachinformationen

Bei den Cyclodextrinen handelt es sich um eine Stoffklasse, deren Moleküle aus mehreren zu einem Ring verknüpften Glucose-Bausteinen aufgebaut sind. Ein Cyclodextrin-Molekül erinnert von seiner Form her an eine Eiswaffel, deren spitzes Ende etwa auf halber Höhe abgeschnitten wurde. Die Innenseite eines Cyclodextrin-Moleküls ist hydrophob (wasserabstoßend), seine Außenseite hydrophil (wasserfreundlich). Der hydrophobe Hohlraum ist von zwei Seiten zugänglich. Er kann ein anderes hydrophobes Molekül aufnehmen – vorausgesetzt, es passt von der Größe her in den Hohlraum. Es entsteht ein Wirt-/Gast-Komplex bzw. eine Einschlussverbindung. Cyclodextrine sind gesundheitlich vollkommen unbedenklich. Sie werden auf biotechnologischem Weg aus Stärke hergestellt (WACKER).

Teil 1: Cyclodextrine bestehen aus Glucosebausteinen. Wie lassen sich die Glucosebausteine nachweisen?
Geräte: Messpipette (10 mL), Reagenzgläser, Reagenzglasständer, Wasserbad, Spatel, pH-Papier
Chemikalien: α-Cyclodextrin-Lösung (w = 1 %), Fébrèze®-Lösung, Fehling I/II (**C**, ätzend), Salzsäure (w = 36 %; **C**, ätzend), Glucose-Teststäbchen, Natriumcarbonat (**Xi**, reizend)

Durchführung
1. Fehling'sche Probe mit α-Cyclodextrin-Lösung
3 mL α-Cyclodextrin-Lösung werden zu gleichen Teilen mit Fehling-Lösung I und Fehling-Lösung II versetzt und für 10 min im siedenden Wasserbad erhitzt.
2. Glucose-Nachweis mit hydrolysierter α-Cyclodextrin-Lösung
3 mL α-Cyclodextrin-Lösung werden mit 3 mL konzentrierter Salzsäure **(Lehrerversuch!)** versetzt und 10 min lang im siedenden Wasserbad erwärmt. Anschließend wird die Lösung portionsweise mit festem Natriumcarbonat auf pH = 7 neutralisiert. Mit dem Hydrolysat führt man den Glucose-Test mittels Glucose-Teststäbchen und die Fehling'sche Probe durch.
3. Glucose-Nachweis mit hydrolysierter Fébrèze®-Lösung
3 mL Fébrèze®-Lösung werden mit 3 mL konzentrierter Salzsäure (Lehrerversuch!) versetzt und 10 min lang im siedenden Wasserbad erwärmt. Anschließend wird die Lösung mit festem Natriumcarbonat auf pH = 7 neutralisiert. Mit dem Hydrolysat führt man den Glucose-Test mittels Glucose-Teststäbchen und die Fehling'sche Probe durch.

Beobachtung
1. Es kann keine Ausfällung von rotem Kupferoxid beobachtet werden. Würde der Versuch wird mit β- und γ-Cyclodextrin durchgeführt werden, so wäre das Ergebnis jeweils identisch.
2. Der Glucose-Nachweis ist negativ, denn die Glucoseteststäbchen färben sich nicht von gelb nach grün. Die Reaktion mit Fehling I/II verläuft positiv, ebenso bei β- und γ-Cyclodextrin.
3. Der Glucose-Nachweis ist negativ, denn die Glucoseteststäbchen färben sich nicht von gelb nach grün. Bei Zugabe von Fehling I/II entsteht ein geringer Niederschlag von rotem Kupferoxid.

Erklärung
Reduzierend wirkende Bausteine (auf Glucosebasis) sind bei Cyclodextrinen und bei Fébrèze® durch die Fehling-Probe nachzuweisen.
Die reduzierenden Eigenschaften von Hydrolysebruchstücken können auch durch die Silberspiegelprobe demonstriert werden.
Spezifische Glucosetests gelingen nicht, da der vollständige Abbau zu Glucose-Bausteinen nicht gelungen ist.

Entsorgung
Reaktionsgemische mit Fehling I/II in den Sammelbehälter 1; Teststäbchen in den Hausmüll.

Teil 2: Fébrèze®-Präparat „selbst gemischt", Cyclodextrin-Entschlüsselung – Ursache für Geruchslöschung
Geräte: 2 Bechergläser (100 mL), Waage, Präparateglas mit Schliffdeckel, scharfes Messer
Chemikalien: Glucose, dest. Wasser, 2 Knoblauchzehen in feinen Scheiben, Gemisch aus α-, β- und γ-Cyclodextrin

Durchführung
In 2 Bechergläsern werden Lösungen aus je 0,25 g Glucose und je 20 mL Wasser hergestellt. In jede der beiden Lösungen wird eine in feine Scheiben geschnittene Knoblauchzehe gegeben. An beiden Proben wird vorsichtig gerochen und die Geruchsintensität wird mit einer Ziffer zwischen 0 und 10 notiert. Zu Probe 2 gibt man ein Gemisch aus jeweils 0,2 g α-, β- und γ-Cyclodextrin. (Der Unterschied zwischen α-, β- und γ-Cyclodextrin liegt in der Anzahl der Glucosemoleküle, die den Cyclodextrin-Ring bilden.) Es wird wieder vorsichtig an dem Gemisch gerochen und die Geruchsintensität (0–10) notiert.

Beobachtung
Die Lösung aus Glucose und Wasser riecht stark nach Knoblauch, während die Lösung, die das Cyclodextrin enthält, keinen Knoblauchgeruch mehr aufweist.

Erklärung
Die unangenehm riechende Komponente des Knoblauchs wird in Cyclodextrin eingeschlossen und so der Geruch maskiert.

Entsorgung
Über das Abwasser bzw. den Hausmüll.

Quellen
Lutz, B.: Textilerfrischer eliminiert Geruch. In: NiU-Chemie 12 (2001) 63, S. 31–36. Regiert, M.: Moleküle gut verpackt. In: Wacker World Wide 2.6 (2006), S. 22–27.

4.4.2 Oxi-Reiniger

Teil 1: Erhitzen von Hoffmanns Vanish Oxi action®
Sachinformation
In letzter Zeit werden im Handel in verstärktem Maße so genannte Oxi-Produkte angeboten, wie Hoffmanns Vanish Oxi action®, Dalli Fleck Weg Oxi-Power®, Heitmanns O_2 Energy®, Dr. Beckmann Oxy Magic® oder Orange Glo Oxi Clean®. Sie werden als „Multi-Entferner gegen hartnäckige Flecken", „Mehrzweck-Fleckenentferner", „Vielzweckreiniger" oder „Waschkraft-Booster" angepriesen. Mit ihrer Hilfe sollen hartnäckige Flecken durch „Aktiv-Sauerstoff" entfernt werden

können. Auf den Verpackungen ist in den meisten Fällen angegeben, dass die Reiniger mindestens 30 % Bleichmittel auf Sauerstoffbasis enthalten. Bei diesem Bleichmittel handelt es sich in der Regel um Natriumcarbonat-Wasserstoffperoxid-Anlagerungsverbindungen, die korrekt als Natriumcarbonat-Peroxohydrat bezeichnet werden müssten. Aus historischen Gründen wird in unspezifischer Weise häufig der Name Natriumpercarbonat verwendet.

Geräte: Reagenzglas (Halbmikro-Reagenzglas), Brenner, Reagenzglaszange, Holzspan
Chemikalien: Oxi-Reiniger (z. B. Hoffmanns Vanish Oxi action®)

Durchführung
Man gibt etwa 1 g Oxi-Reiniger in ein Reagenzglas, erhitzt mit einem Brenner und hält nach kurzer Zeit einen glühenden Holzspan hinein. Bei Verwendung eines Halbmikro-Reagenzglases reicht schon das Erhitzen mit einer Kerze.

Beobachtung/Erklärung
An dem spontanen Aufflammen des Holzspans ist zu erkennen, dass beim Erhitzen Sauerstoff frei wird. Der Oxi-Reiniger kann bei Oxidationsversuchen also als Sauerstoffquelle eingesetzt werden.

Entsorgung
Inhalt des erkalteten Reagenzglases in Wasser aufnehmen und in das Abwasser.

Teil 2: Verbrennung von Holzkohle ohne und mit Zufuhr von Sauerstoff aus Oxi-Reinigern
Geräte: Reagenzglas, Stativ mit Muffe und Klemme, Glaswolle, Brenner
Chemikalien: Oxi-Reiniger (z. B. Hoffmanns Vanish Oxi action®), Holzkohle

Durchführung
In ein schräg eingespanntes Reagenzglas gibt man etwa 1 cm hoch Oxi-Reiniger, mit einem Abstand von etwa 6 cm darüber einen lockeren Bausch Glaswolle und darauf ein Stückchen Holzkohle. Zunächst wird nur die Holzkohle mit einem Brenner kräftig erhitzt, dann schwenkt man mit der Flamme auf den Oxi-Reiniger.

Beobachtung
Die Holzkohle beginnt zunächst schwach zu glühen; eine nennenswerte Reaktion ist aber nicht zu beobachten. Erhitzt man den Oxi-Reiniger, leuchtet die Kohle hell auf und verbrennt mit leuchtender Flamme.

Erklärung
Der Sauerstoff im Reagenzglas ist schnell verbraucht und reicht für die Verbrennung der Kohle nicht aus. Setzt man Sauerstoff aus dem Oxi-Reiniger frei, erfolgt die Verbrennung je nach Qualität der Holzkohle fast rückstandsfrei.

Entsorgung
Über den Hausmüll.

Quelle

Flint, A. et al.: Chemie fürs Leben – Sauerstoff aus Oxi-Reinigern. In: Chemkon 11 (2004) 3, S. 131–136.

4.4.3 Haushaltsreiniger

Teil 1: Prüfen von Haushaltsreinigern mit Indikatoren
Geräte: 8–12 Reagenzgläser, Reagenzglasständer, Spatel, Messzylinder
Chemikalien: Haushaltsreiniger (z. B. Rohrfrei, WC-Reiniger), dest. Wasser, ethanolische Thymolphthalein-Lösung (w = 1 %), Universalindikator-Lösung

Durchführung
Man stellt jeweils verdünnte Lösungen von Haushaltsreinigern in Wasser her, indem bei festen Produkten ca. 1 g und bei flüssigen Produkten ca. 1 mL in ein Reagenzglas gegeben und bis zur Hälfte mit dest. Wasser aufgefüllt wird. Dann fügt man tropfenweise die ausgewählte Indikator-Lösung hinzu.

Beobachtung

Tab. 11: Experimentelle Untersuchungsergebnisse der Prüfung von Haushaltsreinigern mit Indikatoren

	Universalindikator-Lösung	Thymolphthalein-Lösung
Rohrfrei	blau	blau
WC-Reiniger	rot	farblos

Erklärung
Rohrfrei enthält Substanzen, die stark alkalisch reagieren (Tab. 11). Beim Lösevorgang kommt es zu starker Wärmeentwicklung. Dafür ist Natriumhydroxid (Ätznatron; vgl. Etikett und Gefahrensymbol) verantwortlich.
WC-Reiniger enthält Substanzen, die sauer reagieren. Eingesetzt werden Natriumhydrogensulfat ($NaHSO_4$), Ameisen- und Citronensäure. Zu beachten ist, dass es auch alkalische Sanitätsreiniger (auf der Basis von Hypochlorit oder Peroxid) mit starker oxidierender Wirkung gibt. Sie dürfen niemals zusammen mit stark sauren Reinigern eingesetzt werden – Gefahr der Chlorentwicklung (vgl. Versuch 4.4.5).

Weiterführung
Man überprüft mehrere Haushaltsreiniger mit Rotkohlsaft, Malventee oder anderen Lösungen mit Anthocyanen als Inhaltsstoffe in der oben beschriebenen Weise. Nach welchen Gesichtspunkten lassen sich die erhaltenen farbigen Lösungen ordnen?
Ergebnis: Mit im Haushalt verfügbaren Indikatoren lassen sich saure und alkalische Reiniger unterscheiden. Je nach der sauren bzw. alkalischen Wirkung der verschiedenen Produkte und deren Lösungen erhält man eine „Farborgel" von rot über rot-orange, violett, blau, blaugrün, grün bis gelb.

Entsorgung
Beide Reaktionslösungen vereinigen und in das Abwasser.

Teil 2: Wirkungsweise von alkalischen Haushaltsreinigern
Geräte: Becherglas (100 mL), Löffel, Thermometer (bis 120 °C);
Chemikalien: Haushaltsreiniger (z. B. „Abflussfrei"), ethanolische Thymolphthalein-Lösung (w = 1 %)

Durchführung
Das Becherglas wird zu einem Drittel mit Wasser gefüllt. Man gibt einen Löffel Haushaltsreiniger hinzu **(Schutzbrille!)**, rührt um und misst die Temperatur.

Beobachtung
Es kommt zu einer deutlichen Temperaturerhöhung und zur Entwicklung eines farblosen Gases mit schwachem Geruch nach Salmiakgeist.

Erklärung
Der Haushaltsreiniger „Abflussfrei" ist ein Mehrkomponentensystem aus Natriumhydroxid, Aluminium und Natriumnitrat. Es löst sich in Wasser unter starker Wärmeentwicklung mit alkalischer Reaktion. Außerdem entsteht ein farbloses Gas bzw. Gasgemisch mit Salmiakgeist (Ammoniak) als Bestandteil.

Entsorgung
Alkalische Lösungen mit Salzsäure neutralisieren und in das Abwasser.

Quellen
Hirsch, U., Horlacher, B.: Saure und alkalische Haushaltsreiniger im Unterricht. In: NiU-Physik/Chemie 35 (1987) 25, S. 25–28. Korhammer, H., Pfeifer, P.: Experimente mit Anthocyanen – eine Grundlage für Schülerübungen. In: NiU-Chemie 10 (1999) 52, S. 18–22.

4.4.4 Rohrreiniger – Analyse und Synthese

Teil 1: Die Analyse eines Rohrreinigers
Geräte: Petrischale, Waage, Plastiklöffel, 3 Bechergläser (25 mL), Pinzette, Messzylinder (10 mL), pH-Papier
Chemikalien: Rohrreiniger (z. B. AS Abflussreiniger®), dest. Wasser

Durchführung
Man wiegt 3–4 g Rohrreiniger ab und gibt ihn in eine Petrischale. Mit einer Pinzette sortiert man die jeweils gleich aussehenden Teilchen des Rohrreinigers und sammelt sie in je einem Becherglas. Die Farbe wird notiert (Beobachtung I).
In jedes Becherglas gibt man 5 mL dest. Wasser und versucht, die Stoffe zu lösen (Beobachtung II). Mittels pH-Papier wird der pH-Wert der wässrigen Lösungen bestimmt (Beobachtung III).

Beobachtung

Tab. 12: Experimentelle Untersuchungsergebnisse der Analyse eines Rohrreinigers

	Beobachtung I	Beobachtung II	Beobachtung III
Becherglas 1	weiße, kleine Kugeln	löst sich in Wasser	pH-Papier färbt sich blau
Becherglas 2	silberglänzende Kugeln	löst sich nicht in Wasser	–
Becherglas 3	weiße, große Kugeln	löst sich in Wasser	pH-Papier färbt sich grün

Erklärung

Unter Zuhilfenahme des Etiketts können folgende Bestandteile identifiziert werden: Im Becherglas 1 befindet sich Natriumhydroxid und im Becherglas 2 wurden Aluminiumkugeln gesammelt. Der Stoff im Becherglas 3 wird laut Etikett manchmal nur als „Stellmittel/Gerüststoff" bezeichnet (Tab. 12).

Mit einer kleinen Versuchsreihe kann man auch diesen Stoff benennen: Es handelt sich um eine wasserlösliche Substanz, deren Lösung neutral ist. Mittels Nitrat-Teststäbchen lassen sich Nitrat-Ionen nachweisen, während sich Chlorid- und Sulfat-Ionen nicht nachweisen lassen. Das Kation lässt sich mittels Flammenprobe ermitteln – die intensive gelb-orange Farbe weist auf Natrium-Ionen hin.

Abflussreinigungsmittel enthalten meist große Mengen an Ätznatron oder Ätzkali (oft mehr als 50 %), die zusammen mit Wasser starke Laugen bilden. Der beigemischte Aluminiumgrieß löst sich in dieser Lauge unter Wasserstoffentwicklung vollständig auf und unterstützt somit die mechanische Wirkung der Alkalilauge (siehe Teil 2). Damit der explosionsgefährliche Wasserstoff in den Rohrleitungen keinen Schaden anrichtet, sind Nitrate bzw. Nitrite beigemischt, die sich mit dem Wasserstoff zu Ammoniak umsetzen.

Entsorgung

Entweder: für Teil 2 nutzen

oder: Reaktionslösungen der 3 Bechergläser zusammengießen, abreagieren lassen und mit viel Wasser in das Abwasser.

Teil 2: Die Synthese eines Rohrreinigers

Geräte: 3 Reagenzgläser, Reagenzglasständer

Chemikalien: Bestandteile des Rohrreinigers (in Bechergläser getrennt und, wenn möglich, in Wasser gelöst (siehe Teil 1)

Durchführung

Die Bestandteile des Rohrreinigers werden wie folgt kombiniert:

Becherglas 1 + Becherglas 2
Becherglas 1 + Becherglas 3
Becherglas 2 + Becherglas 3

Dazu gibt man die Hälfte des Inhalts des Becherglases 1 in ein Reagenzglas und fügt die Hälfte des Inhalts des Becherglases 2 in das Reagenzglas hinzu. Genauso verfährt man mit den übrigen Kombinationen.

Beobachtung

Tab. 13: Experimentelle Untersuchungsergebnisse der Synthese eines Rohrreinigers

Kombination	Beobachtung
Becherglas 1 + Becherglas 2	Gasentwicklung
Becherglas 1 + Becherglas 3	keine Gasentwicklung
Becherglas 2 + Becherglas 3	keine Gasentwicklung

Erklärung

Bei der Kombination des Inhaltes der Bechergläser 1 und 2 (Tab. 13) kommt es zur Gasentwicklung (1).
Das Gas kann identifiziert werden, indem die Stoffe Aluminium und Natriumhydroxid unter Zusatz von dest. Wasser zur Reaktion gebracht werden. Es wird pneumatisch aufgefangen und anschließend entzündet. Es zeigt sich, dass es brennbar ist; es handelt sich um Wasserstoff.
In dem Rohrreiniger liegen die Substanzen in fester Form vor. Erst durch das Zufügen von Wasser wird die Reaktion ausgelöst. Deshalb sollen die Reiniger stets trocken gelagert werden.

$$2Al + 6\,Na^+ + 6\,OH^- + 6\,H_2O \longrightarrow 2\,Na_3[Al(OH)_6] + 3\,H_2 \qquad (1)$$

Entsorgung

Reaktionslösungen der 3 Bechergläser zusammengießen, abreagieren lassen und mit viel Wasser in das Abwasser.

Quelle

Hirsch, U., Horlacher, B.: Saure und alkalische Haushaltsreiniger im Unterricht. In: NiU-Physik/Chemie 35 (1987) 25, S. 25–28.

4.4.5 Bildung von Chlor bei der Verwendung von WC-Reinigern und chlorhaltigen Sanitärreinigern

Geräte: Erlenmeyerkolben (200 mL) mit Gasableitungsrohr und Stopfen, 2 Standzylinder (250 mL) mit Abdeckscheibe
Chemikalien: WC-Reiniger mit Natriumhydrogensulfat ($NaHSO_4$), Sanitärreiniger mit Hypochlorit, Natriumhydroxid-Lösung (c = 2 mol/L; **C**, ätzend)

Durchführung *(Abzug!)*

LV

Eine Probe eines festen WC-Reinigers (3–4 g) wird in einem Erlenmeyerkolben mit einem Haushaltsreinigungsmittel übergossen, das Natriumhypochlorit enthält. Der Stopfen mit dem Gasableitungsrohr wird aufgesetzt und das sich entwickelnde Gas in einen Standzylinder geleitet. Der zweite Standzylinder wird zur Absorption von überschüssigem Chlor zu einem Drittel mit Natriumhydroxid-Lösung beschickt (Gasableitungsrohr nicht in die Natriumhydroxid-Lösung tauchen!).

Beobachtung
Es setzt sofort die Entwicklung eines grünlichen Gases ein, das an seinem Geruch als Chlor identifiziert wird.

Erklärung
WC-Reiniger enthalten neben waschaktiven Substanzen, Riechstoffen und Scheuerpulver als saure Reinigungskomponenten die Feststoffe Natriumhydrogensulfat, Citronensäure und Amidosulfonsäure, bei Flüssigreinigern Salzsäure, Ameisensäure etc. Stark saure WC-Reiniger (pH-Wert etwa 1) reagieren mit dem Natriumhypochlorit des Reinigungsmittels unter Freisetzung von Chlorgas. Da hypochlorithaltige Sanitärreiniger stets Chlorid-Ionen enthalten, spielt sich folgende Reaktion ab:

$$Cl^- + OCl^- + 2\,H_3O^+ \longrightarrow 3\,H_2O + Cl_2$$

Chlor (**T, N**) ist beim Einatmen giftig. Es reizt bereits bei einer Konzentration von 3–6 ppm die Schleimhäute, die Augen, die Atmungsorgane und die Haut und ruft ein brennendes Gefühl in Augen, Nase und Rachen hervor. Durch Reaktion mit dem Feuchtigkeitsfilm auf den Schleimhäuten entsteht außerdem Salzsäure. Längerfristiges Einatmen von Chlorgas kann zu Lungenödemen führen.

Entsorgung
Reaktionsgemisch des Erlenmeyerkolbens und des Standzylinders 1 mit Natriumthiosulfat-Lösung versetzen und mit viel Wasser in das Abwasser; Ansatz des Standzylinders 2 in Sammelbehälter 1.

Quelle
Heitland, H. J. u. a.: Zusammensetzung und Wirkung von Reinigungsmitteln für den Haushalt. In: NiU-Physik/Chemie (1987) 25, S. 35.

4.5 Reinigungsmittel für alle Fälle – selbst gemacht

4.5.1 Fleckenpaste – selbst gemacht

Geräte: Schälchen, Glasstab, Pergamentpapier
Chemikalien: Magnesiumoxid oder Magnesiumcarbonat, Benzin (**F**, leicht entzündlich), Speisefett

Durchführung
In einem Schälchen werden Magnesiumoxid oder Magnesiumcarbonat mit Benzin angerührt, bis eine streichfähige Paste entsteht. Auf Pergamentpapier wird ein Fettfleck angebracht (es ist

auch jede andere Papierart geeignet; allerdings ist ein Fettfleck auf Pergamentpapier besonders gut erkennbar) und die Paste darauf ausgestrichen. Da das Lösungsmittel rasch verdampft, muss zügig gearbeitet werden. Nach etwa 5 min werden die Magnesiumoxid- oder Magnesiumcarbonat-Krümel entfernt.

Beobachtung
Der Fettfleck ist praktisch völlig verschwunden.

Erklärung
Das Fett wird vom Benzin gelöst und anschließend von der gewählten Magnesiumverbindung adsorbiert. Nach Verdampfung des Lösungsmittels kann das Fett nicht wieder in das Papier eindringen, sondern wird mit den Krümeln der Magnesiumverbindung entfernt.

Entsorgung
Benzin aus der Fleckenpaste vollständig verdunsten lassen (Abzug), Feststoff in den Hausmüll.

Quellen
Feldmann, W. et al.: Hausmittel Lexikon, Ecomed Verlagsgesellschaft, Landsberg/Lech 1982. Falbe, J., Regitz, M. (Hsrg.): Römpp Chemielexikon. 9. Auflage. Thieme Verlag, Stuttgart 1995.

4.5.2 Handreinigungspaste – selbst gemacht

Geräte: Waage, Bechergläser, Rührstab, Messzylinder (50 mL), Pipette
Chemikalien: Natriumlaurylsulfat (= Natriumdodecylsulfat), Glycerin, dest. Wasser, Natriumalginat, Holzmehl, Parfumöl (z. B. Lavendelöl aus der Apotheke)

Durchführung
30 g Natriumlaurylsulfat und 3 g Glycerin werden in 42 mL dest. Wasser gelöst. In einem zweiten Becherglas vermischt man 5 g Natriumalginat, 20 g Holzmehl und einige Tropfen Parfumöl. Diese Mischung wird in die Natriumlaurylsulfat-Glycerin-Lösung eingerührt.

Beobachtung/Erklärung
Nach einigen Stunden ist die Masse zu einer Paste gequollen. Glycerin dient als Feuchthaltemittel, Natriumalginat als Quellstoff und Holzmehl als Scheuermittel (kann durch sehr feinen Sand ersetzt werden).

Entsorgung
Produkt verwenden oder über den Hausmüll.

Quellen
Brackmann, B., Felletschin G.: Arbeitsbuch „Fettchemie“. Pädagogischer Verlag Schwann-Bagel GmbH, Düsseldorf 1986. Vollmer, G., Franz, M.: Chemische Produkte im Alltag. Thieme Verlag, Stuttgart 1985.

4.5.3 Geschirrspülmittel – selbst gemacht

Geräte: Waage, Becherglas, Rührstab, Messzylinder (100 mL)
Chemikalien: Natriumlaurylethersulfat, Natriumlaurylsulfat, Diethanolamid, Kochsalz, Parfumöl, dest. Wasser

Durchführung
15 g Natriumlaurylethersulfat, 5 g Natriumlaurylsulfat, 3 g Diethanolamid, 2 g Kochsalz und 0,3 g Parfumöl werden gründlich vermischt. Unter leichtem Rühren werden in einzelnen Portionen 73 mL dest. Wasser zugegeben.

Beobachtung
Es entsteht ein Geschirrspülmittel, wobei Natriumlaurylsulfat und Natriumlaurylethersulfat als Tenside wirken und das Natriumlaurylethersulfat die Hautverträglichkeit verbessert.

Entsorgung
Produkt im Haushalt verwenden oder in das Abwasser.

Quelle
Brackmann, B.; Felletschin G.: Arbeitsbuch „Fettchemie". Pädagogischer Verlag Schwann-Bagel GmbH, Düsseldorf 1986.

4.5.4 Allzweckreiniger auf der Basis von Zuckertensiden – selbst gemacht

Geräte: Waage, Becherglas (2 L), Glasstab oder Rührfisch mit Rührwerk, Messzylinder (1000 mL), Porzellanschälchen
Chemikalien: Alkylpolyglucosid (APG, C_8-C_{10}, w = 60 %; Handelsname: Glucopon 2, 5 CSUP), Natriumlaurylsulfat (FAS, C_{12}-C_{14}, w = 35 %; Handelsname: Texapon LS 23), Fettalkoholethoxylat (FAE, C_8 + EO, w = 99–100 %; Handelsname: Dehydol 04 DEO), deionisiertes Wasser, Citronensäure, Natriumhydroxid-Lösung (c = 0,1 mol/L; **Xi**, reizend), Ethanol oder 2-Propanol (**F**, leicht entzündlich)

Durchführung
40 g Alkohol (Ethanol oder 2-Propanol) und die drei Tenside APG (23 g), FAS (15 g), FAE (30 g) werden im großen Becherglas homogen vermischt. Dann wird mit deionisiertem Wasser auf 1000 mL aufgefüllt und langsam gerührt, bis eine homogene Lösung vorliegt. Danach wird mit Citronensäure und Natriumhydroxid-Lösung ein pH-Wert von 6,5–7,0 eingestellt.

Beobachtung/Erklärung
Es entsteht ein Allzweckreiniger für Fußböden, Fliesen und andere abwaschbare Flächen in der Wohnung.

Entsorgung
Produkt im Haushalt verwenden oder in das Abwasser.

Quelle
Wagner, G.: Das Reiningungsmittelprojekt. In: NiU-Chemie 12 (2001) 63, S. 41–44.

4.5.5 Glasreiniger – selbst gemacht

Geräte: Becherglas, Rührstab, Waage, Messzylinder (100 mL)
Chemikalien: Alkylpolyglycosid (APG, C_8-C_{10}, w = 60 %), Natriumlaurylsulfat (FAS, C_{12}-C_{14}, w = 35 %), deionisiertes Wasser, 2-Propanol (**F**, leicht entzündlich), Ammoniak-Lösung (w = 25 %; **C**, ätzend)

Durchführung
In einem Becherglas werden unter ständigem Rühren ca. 830 mL deionisiertes Wasser nacheinander mit 12 g FAS, 50 g 2-Propanol, 9 g APG und 2 g Ammoniak-Lösung versetzt. Anschließend wird bis zur homogenen Durchmischung gerührt.

Beobachtung/Erklärung
Es entsteht ein Reinigungsmittel für verschmutzte Glasscheiben. Man reinigt mit einer etwas verdünnten Lösung und poliert dann die Scheibe mit einem trockenen Tuch nach.

Entsorgung
Produkt im Haushalt verwenden oder in das Abwasser.

Quellen
Brackmann, B., Felletschin G.: Arbeitsbuch „Fettchemie". Pädagogischer Verlag Schwann-Bagel GmbH, Düsseldorf 1986. Wagner, G.: Das Reiningungsmittelprojekt. In: NiU-Chemie 12 (2001) 63, S. 41–44.

5 Fasern, Farbe und Färben

5.1 Faser ist nicht gleich Faser

5.1.1 Unterscheidung von verschiedenen Fasertypen

Teil 1: Die Brennprobe
Geräte: Schere, Pinzette, Brenner, Porzellanschale
Chemikalien: Faserproben

Durchführung *(Abzug!)*
Einzelne Faserproben werden mit der Pinzette in die Flamme gehalten und sofort nach ihrer Entflammung daraus entfernt. Bei diesem Verfahren wird beobachtet, wie sich die Faser beim Einbringen in die Flamme verhält (Entflammung), wie sie verbrennt, wie der entstandene Geruch zu charakterisieren ist und in welcher Form und Farbe der Verbrennungsrückstand vorliegt.

Beobachtung/Erklärung
Mit diesem Verfahren lassen sich Cellulose-, Eiweiß- und Synthesefasern unterscheiden.

- Cellulosefasern (z. B. Baumwolle, Flachs und Viskose)
  Die Fasern entflammen sehr leicht und verbrennen schnell mit heller, leuchtender Flamme. Es entsteht dabei ein Geruch nach verbranntem Papier. Als Rückstand bleibt eine hellgraue, leichte Flugasche.
- Eiweißfasern (z. B. Schafwolle)
  Die Wollfaser lässt sich nur schwer entflammen; sie weicht bei Annäherung an die Flamme zurück. Ist die Faser entflammt, so verbrennt sie nur sehr langsam mit einer kleinen Flamme, die sehr leicht erlischt. Beim Verbrennen ist ein Zischlaut zu vernehmen und es riecht dabei nach verbrannten Haaren (Horn). Als Rückstand bleibt eine schwarze, kohlige Masse.
- Synthesefasern (z. B. Polyester, Polyamid, Polyarcyl)
  Die Polyesterfaser weicht schmelzend vor der Flamme zurück und bildet dabei eine Schmelzperle. Wird die Faser nochmals in die Flamme gehalten, so entzündet sie sich und verbrennt zu einer hellen, glasigen Masse, die sich beim Abkühlen verhärtet und nicht zu zerreiben ist. Beim Verbrennen entwickelt sich ein süßlich-aromatischer und stechender Geruch.
  Polyamid verhält sich beim Entflammen und Verbrennen wie Polyester. Als Rückstand bleibt eine Schmelze, aus der sich im warmen Zustand Fäden ziehen lassen. Sobald die Schmelze erkaltet, wird sie hart, dunkel und glasig. Sie lässt sich nicht zerreiben. Der beim Verbrennen entstehende Geruch ist als süßlich zu beschreiben.
  Polyacryl zieht sich beim Entflammen schmelzend zusammen und verbrennt zu einer dunklen, schnell erhärtenden Schmelze. Beim Verbrennen entsteht ein stechender Geruch. **Vorsicht**, es können gesundheitsgefährdende Dämpfe entstehen, die Blausäure enthalten. Das Gesundheitsrisiko lässt sich durch das Verbrennen nur weniger Fasern eindämmen. Es ist außerdem darauf zu achten, dass die Dämpfe nicht eingeatmet werden.

Entsorgung
Über den Hausmüll.

Teil 2: Die Schwelprobe (trockene Destillation)
Geräte: Schere, Brenner, Reagenzgläser, Reagenzglasständer, Reagenzglaszange, pH-Papier
Chemikalien: Faserproben

Durchführung *(Abzug!)*
Die Schwelprobe ist eine Erweiterung der Brennprobe (vgl. Teil 1). In den aufsteigenden Dampf der verbrennenden Faserprobe wird ein angefeuchtetes Indikatorpapier gehalten, das sich hierbei charakteristisch verfärbt. Die entstehenden Schweldämpfe können giftige und gesundheitsgefährdende Gase enthalten.

Beobachtung
Bei der Untersuchung wurden folgende pH-Werte ermittelt:

Baumwolle	3	(sauer)
Flachs	3	(sauer)
Schafwolle	9,5	(alkalisch)
Viskose	3	(sauer)
Polyester	3,5	(sauer)
Polyamid	10	(alkalisch)
Polyacryl	10	(alkalisch)

Erklärung
Die alkalische Reaktion von Wolle (Eiweiß!), Polyamid und Polyacryl ist v. a. auf die Abspaltung von Ammoniak zurückzuführen. Die saure Reaktion wird durch Spuren von Essigsäure verursacht – analog zum Verschwelen von Holz („Holzessig").

Entsorgung
Rückstände in den Sammelbehälter 2.

Teil 3: Die Laugenprobe
Geräte: Schere, Glasstab, Reagenzgläser, Reagenzglasständer, Reagenzglaszange, Pipette, Brenner
Chemikalien: Faserproben, Natriumhydroxid-Lösung (w = 10 %; **C**, ätzend)

Durchführung
Verschiedene Faserproben (einige 1–2 cm lange Faserteile) werden mit einem Glasstab in ein Reagenzglas geschoben, mit einigen mL Natriumhydroxid-Lösung beträufelt und über der Brennerflamme erhitzt.

Beobachtung
Wolle und Seide lösen sich auf; andere Fasern sind beständig.

Erklärung
Die Laugenprobe ist ein Nachweisverfahren für tierische Fasern (Wolle und Seide). Da es sich um Proteine handelt, liegt eine alkalische Verseifung vor, die zu löslichen Abbauprodukten (z. B. Aminosäuren) führt.

Entsorgung
Alkalische Lösungen in den Sammelbehälter 1; Faserreste in den Hausmüll.

Teil 4: Die Säureprobe
Geräte: Schere, Glasstab, Reagenzgläser, Reagenzglasständer, Reagenzglaszange, Pipette, Brenner
Chemikalien: Faserproben, Essigsäure (w = 96 %; **C**, ätzend)

Durchführung
Man gibt jeweils eine Faserprobe in ein Reagenzglas, beträufelt sie mit einigen mL Essigsäure und erhitzt über der Brennerflamme.

Beobachtung
Das Polyamid löst sich auf; andere Fasern sind beständig.

Erklärung
Die Säureprobe dient zur Unterscheidung der verschiedenen Kunstseiden (Viskose, Polyamid u. a.) im Vergleich zu echter Seide. Polyamide werden von Essigsäure aufgelöst und sind auch gegenüber Mineralsäuren besonders empfindlich.

Entsorgung
Saure Lösungen in den Sammelbehälter 1; Faserreste in den Hausmüll.

Teil 5: Die Acetonprobe
Geräte: Reagenzgläser, Reagenzglaszange, Glasstab, Heizplatte, Becherglas (400 mL – dient als Wasserbad)
Chemikalien: Faserproben, Aceton (**F**, leicht entzündlich)

Durchführung
Man gibt jeweils eine Faserprobe in ein Reagenzglas, fügt einige mL Aceton hinzu und erhitzt im siedenden Wasserbad.

Beobachtung
Acetatseide (Futterstoffe) und Acetatspinnfaser lösen sich in Aceton. Auch alle synthetischen „Chemiefasern“ werden von Aceton angegriffen und lösen sich schließlich im warmen Lösungsmittel. Zellwolle und Kunstseide (Reyon) lösen sich dagegen nicht auf; ebenso sind natürliche Fasern (Wolle, Seide, Baumwolle) beständig.

Erklärung
Acetatseide bzw. Acetylcellulose sind Essigsäureester der Cellulose. Dadurch wird die Polarität der Makromoleküle so verringert, dass sich diese Fasern in organischen Lösungsmitteln, z. B. Aceton, sehr gut lösen.

Entsorgung
Acetonreste unter dem Abzug verbrennen; Faserreste in den Hausmüll.

Teil 6: Die Saugprobe
Geräte: Haushaltspapier, Pipette
Chemikalien: Faserproben, Tinte

Durchführung
Die zu untersuchende Faserprobe wird auf ein Stück Haushaltspapier gelegt. Nun wird mit einer Pipette ein großer Tropfen Tinte auf die Probe gegeben.

Beobachtung
Bei Baumwolle, Schafwolle und Naturseide sickert der Tintentropfen schnell ins Gewebe ein und verbreitet sich vollständig darin. Das darunter liegende Haushaltspapier wird nicht angefärbt. Bei Leinen bleibt der Tropfen auf der Gewebeoberfläche liegen, dringt dann in das Gewebe ein und verteilt sich. Das darunter liegende Haushaltspapier wird angefärbt.

Erklärung
Bei der Saugprobe nutzt man die unterschiedliche Benetzbarkeit der Textilfasern als Unterscheidungsmerkmal.

Entsorgung
Über den Hausmüll.

Quelle für die Teile 1–6
Pfeiffer, B., Schmidkunz, H.: Unterscheidung von Faserarten und Bestimmung von Fasern. In: NiU-Chemie 6 (1995) 26, S. 21–23.

5.1.2 Herstellung von Nylon

Geräte: Bechergläser, Waage, Messzylinder, Pipette, Peleusball, Pinzette, Glasstab
Chemikalien: Hexamethylendiamin (**C**, ätzend), Natriumhydroxid (**C**, ätzend), dest. Wasser, Sebacinsäuredichlorid (**C**, ätzend), n-Heptan (**F**, leicht entzündlich)

Durchführung
In einem Becherglas werden 0,88 g Hexamethylendiamin und 0,4 g Natriumhydroxid in 20 mL Wasser gelöst (Lösung I). In einem zweiten Becherglas werden 0,6 mL Sebacinsäuredichlorid in 20 mL Heptan gelöst (Lösung II).
Die Lösung I wird mit der Lösung II vorsichtig überschichtet. Nun zieht man mit einer Pinzette einen Faden aus der Grenzfläche zwischen beiden Flüssigkeiten und wickelt ihn über dem Glasstab auf.

Beobachtung/Erklärung
Dieses Experiment ist eine weniger gefährliche Alternative zum klassischen „Nylontrick“. Das toxische Lösungsmittel Tetrachlormethan (Tetrachlorkohlenstoff; **T**, giftig; **N**, umweltgefährlich)

wird ersetzt durch n-Heptan. Vom Reaktionstyp her handelt es sich um eine Grenzflächenkondensation, welche zu einem Polyamid führt – nämlich zu Nylon-6,10.

$$H_2N{-}(CH_2)_6{-}NH_2 + \overset{O}{\underset{O}{>}}\!{-}(CH_2)_8{-}\!\overset{O}{\underset{O}{<}} \xrightarrow{-H_2O} *\!\!-\!\!\left[NH{-}CO{-}(CH_2)_8{-}CO{-}NH{-}(CH_2)_6\right]_n\!\!-\!\!*$$

Entsorgung

Beide Phasen kräftig verrühren, den gegebenenfalls entstehenden Nylonklumpen wässern und in den Hausmüll entsorgen; Heptanphase in den Sammelbehälter 3; restliche Lösung in den Sammelbehälter 1.

Quelle

Jäckel, M., Risch, K.T.: Chemie heute – Sekundarbereich II. Schroedel, Hannover 1991, S. 308.

5.1.3 Herstellung von Kunstseide

Geräte: Waage, Spatel, Uhrglasschälchen, Messzylinder (50 mL), Heizplatte, Becherglas (100 mL, 250 mL), Bürette, Filterpapier oder Watte, Plastikfolie, große Kristallisierschale, Plastikspritze ohne Kanüle (Einmalspritze, medizinischer Bedarfsartikel)
Chemikalien: Kupfer(II)-sulfat-pentahydrat (**Xn**, gesundheitsschädlich; **N**, umweltgefährlich), dest. Wasser, Ammoniumhydroxid-Lösung (w = 25 %; **C**, ätzend), Natriumhydroxid-Lösung (w = 32 %; **C**, ätzend), Schwefelsäure (w = 10 %; **Xi**, reizend)

Vorbereitung

Herstellung von Schweizers Reagenz (ammoniakalische Kupferhydroxid-Lösung)
13 g Kupfer(II)-sulfat-pentahydrat werden in 40 mL warmem dest. Wasser gelöst. Nach dem Abkühlen unter fließendem Wasser fügt man etwa 40 mL Ammoniumhydroxid-Lösung und genau 8,6 mL Natriumhydroxid-Lösung dazu (Bürette!). Es entsteht eine tiefblaue, klare Lösung von Kupfertetramminhydroxid, *Schweizers Reagenz:*

$$Cu^{2+}\,(OH^-)_2 + 4\,NH_3 \longrightarrow [Cu(NH_3)_4]^{2+}\,(OH^-)_2$$

Durchführung LV

1. Auflösen von Cellulose
In *Schweizers Reagenz* werden 2–2,4 g weiches, möglichst fein zerfasertes Filterpapier oder die gleiche Menge Watte eingebracht. Unter Verschluss (Plastikfolie) lässt man die Mischung einen Tag lang reifen. Hierbei löst sich der größte Teil des Papiers bzw. der Watte auf.
2. Rückbildung der Cellulose
Die entstandene zähe Masse wird tropfenweise in ein Fällbad aus Schwefelsäure gegeben.

3. Bildung eines Fadens aus Kupferkunstseide
Die entstandene zähe Masse wird in eine Plastikspritze ohne Kanüle gesaugt und durch eine feine Kanüle in ein Fällbad (nochmals aus 10-%iger Schwefelsäure) gepresst.

Beobachtung
Bei Schritt 2 fällt die Cellulose aus den dunkelblauen Tropfen in Form von Flocken aus, die rasch farblos werden, während das Fällbad sich langsam hellblau färbt. Bei Schritt 3 entsteht ein mehr oder weniger dünner Faden aus zunächst blauer, dann weißer, regenerierter Cellulose. Der Faden ist jedoch so weich und unstabil, dass er nicht aufgerollt werden kann.

Erklärung
Schweizers Reagenz ist das einzige Lösungsmittel, in dem Cellulose gelöst werden kann. Die chemischen Prozesse, die sich dabei abspielen, sind noch weitgehend ungeklärt. Möglicherweise reagieren die vielen OH-Gruppen der Cellulose mit den Cu^{2+}-Ionen aus Schweizers Reagenz zu einem löslichen Cellulose-Kupfer-Komplex:

$$\begin{matrix} \text{H—C—OH} \\ | \\ \text{H—C—OH} \end{matrix} + [Cu(NH_3)_4]^{2+} \longrightarrow \begin{matrix} \text{H—C—O} \\ | \\ \text{H—C—O} \end{matrix} \text{Cu} \begin{matrix} \leftarrow NH_3 \\ \leftarrow NH_3 \end{matrix} + 2\, NH_4^+$$

Ausschnitt aus dem Celluose-Molekül

löslicher Komplex

Das saure Fällbad zerstört das alkalische *Schweizers Reagenz*, sodass sich wieder Cellulose bildet.

Entsorgung
Reaktionsgemische in den Sammelbehälter 1.

Quellen
Bukatsch, F., Glöckner, W. (Hrsg.): Nahrungsmittelchemie für Jedermann. Franckh'sche Verlagshandlung, Stuttgart 1976. Kappeler, H., Koch, H.: Chemische Experimente zur Organischen Chemie. Diesterweg Verlag, Frankfurt a. M. 1981, S. 68–69. Keune, H., Just, M.: Chemische Schulexperimente. Band 2. Volk und Wissen Verlag, Berlin 1999, S. 219.

5.1.4 Herstellung von Cellulosetriacetat

Geräte: Waage, Messzylinder (25 mL), Becherglas, Pipette, Glasstab, Glaswolle, Trichter, Glasplatte, Pinsel
Chemikalien: Watte, Eisessig (w = 98 %; **C**, ätzend), Schwefelsäure (w = 96–98 %; **C**, ätzend), Essigsäureanhydrid (**C**, ätzend), Natriumacetat-Lösung (c = 1 mol/L), Chloroform (**Xn**, gesundheitsschädlich)

Durchführung *(Abzug!)* LV

2 g Watte werden in einer Mischung aus 25 mL Eisessig und 2 Tropfen konzentrierter Schwefelsäure verrieben. Dann werden portionsweise 15 mL Essigsäureanhydrid zugegeben. Nach 24 h ist eine schwach trübe, sirupartige Masse entstanden.

Verreibt man diese Substanz mit verdünnter Natriumacetat-Lösung, fällt Cellulosetriacetat (Celluloseessigsäureester) aus, das durch Glaswolle abfiltriert wird. Nach vollständiger Trocknung löst man den Ester in Chloroform und verstreicht die Lösung auf einer Glasplatte.

Beobachtung

Nachdem das Lösungsmittel verdampft ist, lässt sich eine dünne Folie aus Cellulosetriacetat von der Glasplatte abziehen.

Erklärung

Cellulose reagiert mit Essigsäureanhydrid zu Cellulosetriacetat. Dabei wirken die Schwefelsäure als Katalysator und die Essigsäure in erster Linie als Lösungsmittel.

Cellulose (Ausschnitt) + 3 Essigsäureanhydrid → Cellulosetriacetat (Ausschnitt) + CH_3COOH Essigsäure

Entsorgung

Gegebenenfalls Chloroform-Lösung in den Sammelbehälter 3; Reaktionsgemisch neutralisieren und mit viel Wasser in das Abwasser.

Quellen

Bukatsch, F., Glöckner, W. (Hrsg.): Experimentelle Schulchemie. Band 6/II. Aulis Verlag, Köln 1976. Kintoff, W., Wagner, A. (Hrsg.): Handbuch der Schulchemie. Band II. Aulis Verlag, Köln 1962. Schurz, J.: Kunststoffpraxis für Jedermann. Franckh'sche Verlagshandlung, Stuttgart 1964. Kappeler, H., Koch, H.: Chemische Experimente zur Organischen Chemie. Diesterweg Verlag, Frankfurt/M. 1981, S. 65.

5.2 Farbstoffe aus der Natur

5.2.1 Alizarin aus Krapp

Sachinformation

Die Droge Krapp ist eigentlich der Wurzelstock von *Rubia tinctoria* (Krapp, Färberröte), einer mehrjährigen, ca. 50–80 cm hohen Pflanze mit einem bis zu 30 cm langen roten Wurzelstock. Diese Pflanze ist in Süd- und Südosteuropa, in den Mittelmeergebieten, Kleinasien, Kaukasus, Japan und Südamerika heimisch und wurde früher in großen Mengen angebaut, um den roten Krappfarbstoff zu gewinnen. Dabei handelt es sich um Alizarin – ein Hydroxyanthrachinon. Allerdings liegt das Alizarin kaum frei, sondern glycosidisch (an das Disaccharid Primverose) gebunden vor.

Geräte: Waage, Spatel, Mörser mit Pistill, Erlenmeyerkolben (100 mL), Messzylinder (50 mL), Wasserbad, Scheidetrichter (100 mL)
Chemikalien: Krappwurzel, Salzsäure (w = 7 %; **Xi**, reizend), Diisopropylether (**F**, leicht entzündlich), Ammoniak-Lösung (w = 10 %; **C**, ätzend)

Durchführung ***(Abzug!)***

100 mg im Mörser zerkleinertes Wurzelmaterial werden in einem Erlenmeyerkolben mit 50 mL Salzsäure versetzt und 15 min im Wasserbad erhitzt. Nach dem Abkühlen wird die orangefarbene Lösung mit 20 mL Diisopropylether überschichtet und ausgeschüttelt. Die etherische Lösung wird im Scheidetrichter abgeschieden. 2 mL dieser Lösung werden abgetrennt und mit 1 mL Ammoniak-Lösung versetzt.

Beobachtung

Bereits während des Erhitzens erfolgt in der wässrigen Phase ein Farbumschlag von gelb nach orange. Beim Versetzen der etherischen Schicht mit Ammoniak-Lösung zeigt sich eine Rotfärbung.

Erklärung

Die Farbvertiefung zeigt das Fortschreiten der Hydrolyse und die Zunahme an Hydroxyanthrachinon-Konzentration an. Hydroxyanthrachinone lösen sich gut in Ether, weshalb man nach dem Abkühlen der Lösung die freigesetzten Aglykone mit Ether ausschüttelt. Die etherische Schicht färbt sich orangegelb.

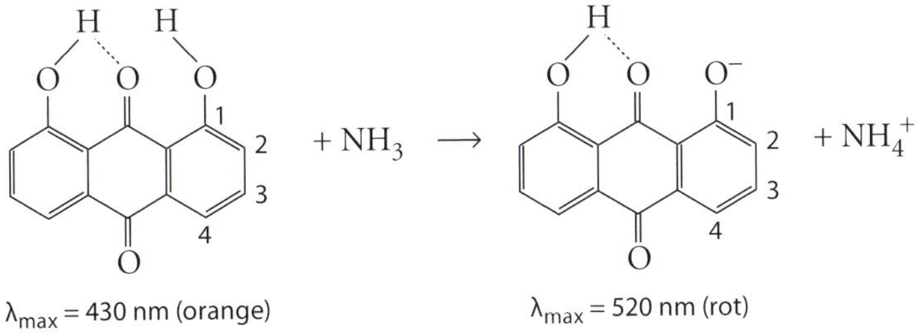

$+ NH_3 \longrightarrow$ $+ NH_4^+$

λ_{max} = 430 nm (orange) λ_{max} = 520 nm (rot)

Abb. 22: Farbwechsel bei der Reaktion eines Hydroxyanthrachinons (Alizarin selbst ist das 1,2-Dihydroxyanthrachinon) mit Ammoniak.

Der Farbwechsel nach der Zugabe von Ammoniak-Lösung (Abb. 22, S. 143) lässt sich darauf zurückführen, dass die Hydroxyanthrachinon-Moleküle mit Ammoniak unter Abgabe eines Protons reagieren. Das dabei entstehende mesomeriestabilisierte Anion färbt die ammoniakalische Phase rot. Durch die Rotfärbung der alkalischen Phase ist die Anwesenheit von Anthrachinonen nachgewiesen.

Entsorgung
Ether-Lösung unter dem Abzug verdunsten lassen.

Quelle
Koch, H., Pfeifer, P.: Naturfarbstoffe im Unterricht. In: NiU-Chemie 10 (1999) 52, S. 25–29.

5.2.2 Juglon aus Walnuss

Sachinformation
Juglon ist ein Bestandteil der Blätter und Schalen der unreifen Walnussfrüchte. Der Farbstoff der Walnuss findet sich in der „äußeren“ Schale – genauer im Mesokarp. Ältere Blätter sind juglonfrei, da Juglon unbeständig ist und leicht zu braunen Pigmenten polymerisiert. Als Vorläufersubstanz enthält die Pflanze 5-Hydroxy-Naphthohydrochinon-4-ß-D-glycosid, welches hydrolytisch in die Zuckerkomponente und Hydrojuglon gespalten wird. Hydrojuglon geht leicht in das Juglon über. Weitere wichtige Inhaltsstoffe sind Gerbstoffe (Gallussäure) und die Flavonoide Kämpferol und Quercetin. Um den nachfolgenden Versuch ganzjährig durchführen zu können, empfiehlt es sich, unreife Früchte zu sammeln, das Fruchtfleisch abzulösen und einzufrieren oder gleich ganze Früchte einzufrieren.

Teil 1: Extraktion und Nachweis
Geräte: Waage, Spatel, Uhrglasschale, Erlenmeyerkolben (100 mL), Messzylinder (50 mL, 10 mL), Wasserbad, Scheidetrichter (100 mL), 2 Demonstrationsreagenzgläser, Demo-Reagenzglasständer
Chemikalien: Walnussblätter, fleischige Fruchtschalen, Salzsäure (w = 7 %; **Xi**, reizend), Ether (für Schülerversuch: Diisopropylether (**F**, leicht entzündlich) oder für Lehrerversuch: Diethylether (**F+**, sehr leicht entzündlich)), Ammoniak-Lösung (w = 10 %; **C**, ätzend)

Durchführung ***(Abzug!)***
100–200 mg Blattprobe bzw. ca. 5 g unreife Schale werden in einem Erlenmeyerkolben mit 30 mL Salzsäure versetzt und 15 min im heißen Wasserbad erhitzt. Nach dem Abkühlen wird mit 15 mL Ether ausgeschüttelt, die Etherschicht abgetrennt und halbiert. Das eine Volumen wird mit 5 mL Ammoniak-Lösung versetzt und geschüttelt. Das andere Teilvolumen der etherischen Lösung wird durch Verdunsten im Abzug auf ca. 0,5–1 mL eingeengt (Uhrglasschale) und für den Teil 2 verwendet.

Beobachtung
Die salzsaure Lösung aus dem Blattmaterial färbt sich im Wasserbad grünbraun; das Schalenmaterial ergibt eine gelbbraune Lösung. Die Etherschicht ist nach dem Ausschütteln gelb gefärbt. Beim Versetzen mit Ammoniak färbt sich die wässrige, also alkalische Schicht purpurrot.

Erklärung
Durch das Erhitzen mit Salzsäure wird die glycosidische Bindung des ursprünglich vorhandenen Inhaltsstoffes Hydrojuglonglycosid gespalten; es entstehen Hydrojuglon und Glucose. Hydrojuglon ist instabil und geht in Juglon über. Das Juglon färbt die Etherphase gelb. Das in der Etherphase gelöste Juglon reagiert mit Ammoniak unter Abgabe eines Protons; das dabei entstehende Anion färbt die alkalische Phase purpurrot.

Entsorgung
Ether-Lösung unter dem Abzug verdunsten lassen; Salzsäure und Ammoniak-Lösung zusammengießen, neutralisieren und in das Abwasser.

Teil 2: Dünnschichtchromatographischer Nachweis von Juglon
Geräte: Waage, Spatel, Messzylinder (25 mL), DC-Platte (Kieselgel 60, 5 x 10 cm), Bleistift, Lineal, Kapillaren (5 µL), DC-Kammer, Föhn, Sprühvorrichtung
Chemikalien: etherische Lösungen der Blätter und der Fruchtschalen (vgl. Teil 1), Juglon (C. Roth, Best.-Nr. 58431), Toluol, Eisessig (w = 100 %; **C**, ätzend), Essigsäureethylester (**F**, leicht entzündlich), Kaliumhydroxid (**C**, ätzend), Ethanol (**F**, leicht entzündlich)

Vorbereitung
Herstellen der Lösungen
Die etherischen Lösungen der Blätter bzw. der Fruchtschalen (vgl. Teil 1) können direkt verwendet werden. Als Vergleichslösung wird 1 mg Juglon in 1 mL Ether (vgl. Chemikalien Teil 1) gelöst.
Laufmittel **(Abzug! Schutzhandschuhe)**
Man setzt das Laufmittel (Toluol : Eisessig : Essigsäureethylester = 8 : 1 : 1) an, füllt es ca. 0,5 cm hoch in die DC-Kammer ein und verschließt sie wieder.
Sprühreagenz
Für das Sprühreagenz stellt man eine 5 %ige ethanolische Kaliumhydroxid-Lösung her.

Durchführung
Auf einer entsprechend vorbereiteten DC-Platte (siehe 2.3.4) trägt man von links nach rechts je 5 µL der folgenden Untersuchungslösungen mit Kapillaren punktförmig auf: Juglon-Lösung, Schalenextrakt, Blätterextrakt; für jede Probe wird eine neue Kapillare verwendet.
Man lässt die DC-Platte an der Luft trocknen. Dann stellt man die Platte in die vorbereitete DC-Kammer und verschließt sie wieder mit dem Deckel. Nach ca. 25 min hat das Laufmittel eine Trennstrecke von 6,5 cm zurückgelegt.
Nach Entfernung der Laufmittelreste (Föhn, Warmluftstufe 2) wird die DC-Platte mit dem Sprühreagenz besprüht.

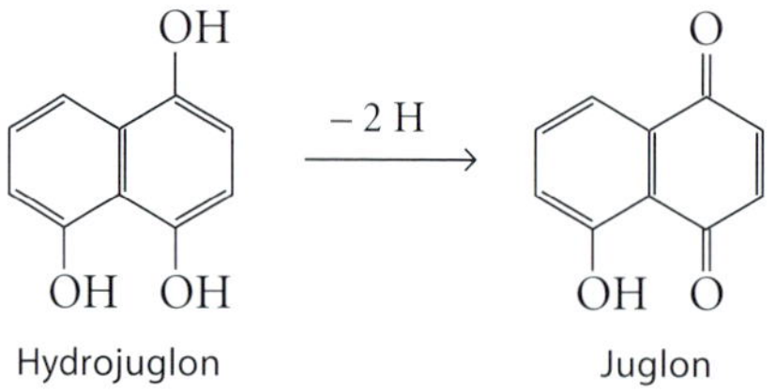

OH – 2 H O

OH OH OH O

Hydrojuglon Juglon

Abb. 23: Die Umsetzung von Hydrojuglon zu Juglon

Beobachtung

Nach dem Besprühen mit Sprühreagenz zeigt eine orangerote Bande Juglon an. In der angegebenen Konzentration ist Juglon auch direkt als gelber Fleck auf der DC-Platte zu erkennen.

Erklärung

Blätter und unreife Schalen des Walnussbaumes enthalten u. a. 5-Hydroxy-naphthohydrochinon-4-ß-D-glycosid, das leicht hydrolysiert werden kann. Das Hydrojuglon geht dann in das Juglon über (Abb. 23). Ältere Blätter sind juglonfrei, da Juglon zu braunen Pigmenten polymerisiert. Das Juglon ist nicht nur färbender Inhaltsstoff, sondern wirkt sich auch wachstumshemmend (allelopathisch) auf Pflanzen in unmittelbarer Nähe des Walnussbaumes aus.

Entsorgung

Ether-Lösungen unter dem Abzug verdunsten lassen; Laufmittel in den Sammelbehälter 3; Sprühreagenz in den Sammelbehälter 1; benutzte DC-Platte in den Hausmüll.

Quelle

Koch, H., Pfeifer, P.: Walnussbaum (Juglans regia) als Färbepflanze – Extraktion und Nachweis von Juglon. In: NiU-Chemie 10 (1999) 52, S. 51–52.

5.3 Fasern färben

5.3.1 Färben mit Juglon

Sachinformation

Um zu zeigen, dass Juglon nicht die einzige farbgebende Komponente des Pflanzenmaterials ist, wird eine Vergleichsfärbung mit Juglon durchgeführt.

Geräte: Kochtopf, Herdplatte, Kochlöffel

Chemikalien: getrocknete Schalen- und Blattdroge, ungebeizte oder gebeizte Wolle, eventuell Seide, Baumwolle als Vergleichsmaterialien

Durchführung

20 g getrocknete Schalen- und Blattdroge in 1,5 L Wasser über Nacht einweichen. Dieser Ansatz wird auf 50 °C erhitzt, das feuchte Fasermaterial (ungebeizte oder z. B. mit Alaun gebeizte Wolle) zugegeben. Nun erhitzt man langsam auf 80 °C und hält die Temperatur während des Färbevor-

gangs (ca. 30 min) konstant. Dabei kann man das Fasergut von Zeit zu Zeit in der Flotte bewegen. Danach lässt man das Farbbad auf 50 °C abkühlen, nimmt die Fasern aus der Flotte, drückt sie aus und spült sie gut in warmem Wasser (T = 50 °C). Abschließend hängt man die Fasern zum Trocknen auf.
Soll die Färbbarkeit von Wolle – Seide – Baumwolle geprüft werden, das Färbebad dreimal ansetzen.

Beobachtung
Die Wolle lässt sich gleichmäßig tiefbraun färben, die Seide glänzt zusätzlich, während der Farbton bei Baumwolle viel heller ist.

Erklärung
Chemischer Hintergrund der Färbung der Fasern mit Juglon ist die Reduktion zu Hydrojuglon (besser löslich; zieht auf Faser auf) und dessen Oxidation zu Juglon an der Luft.
Juglon ist ein Naphthochinonfarbstoff, ebenso wie das Lawson aus Hennablättern (*Folia Hennae*, Hennastrauch):

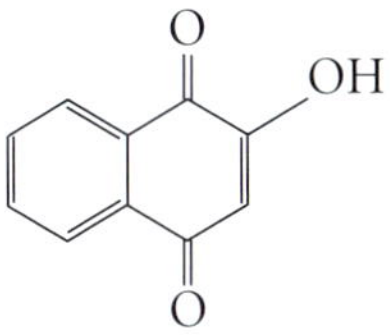

Lawson
(2-Hydroxy-1,4-naphthochinon)

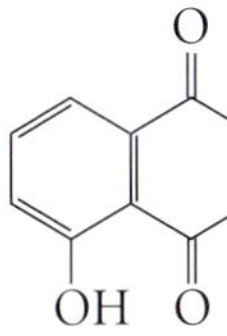

Juglon
(5-Hydroxy-1,4-naphthochinon)

Daher gibt es eine Färbevariante: Juglon wird im Färbebad mit Natriumdithionit zu Hydrojuglon reduziert; in diesem Fall wird erst an der Luft das braune Juglon gebildet (Reoxidation).

Entsorgung
Färbebad mit viel Wasser in das Abwasser.

Quellen
Pfeifer, P.: Naturfarbstoffe im Chemieunterricht. In: Materialien zur GDCh-Lehrerfortbildung der Universität Erlangen-Nürnberg, 2003. Koch, H., Wolfermann, E.: Färben wie in alten Zeiten. In: NiU-Chemie 10 (1999) Nr.52, S. 14–17.

5.3.2 Färben mit Indigo

Geräte: Waage, Thermometer, Messzylinder (100 mL), Messpipette, Erlenmeyerkolben (200 mL), Glasstab, Heizplatte, Spatel
Chemikalien: Indigo-Pulver, Wasser, Natriumhydroxid-Lösung (w = 25 %; **C**, ätzend), Natriumdithionit (**Xn**, gesundheitsschädlich), Baumwolle (und Schafwolle, Seide, Leinen …)

Durchführung
In dem Becherglas wird 1 g Indigo mit 20 mL Wasser versetzt. Dazu gibt man 5 mL Natriumhydroxid-Lösung und 1,5 g Natriumdithionit. Das Gemisch wird auf 45 °C erhitzt. Dies ist die Stammküpe.
Nun fügt man 350 mL Wasser, 0,75 mL Natriumhydroxid-Lösung und 0,5 g Natriumdithionit hinzu. Man füllt mit Wasser auf 500 mL Flüssigkeit auf und erhitzt auf 50 °C (max. 60 °C); die Temperatur wird konstant gehalten. Dies ergibt das Farbbad.
Die gewaschene Textilfaser gibt man in das Farbbad und färbt 30 min bei einer konstanten Temperatur von 50 °C. Die Textilfaser wird aus dem Farbbad genommen, ausgedrückt und zum Trocknen aufgehängt.

Beobachtung
Die Stammküpe ist gelb gefärbt und färbt auch das Baumwollmaterial zunächst gelb. Während des Trocknens an der Luft nimmt der Stoff eine blaue Färbung an.

Erklärung
An der Luft wird der Farbstoff Indigoweiß (Leukoform) zu Indigoblau oxidiert.

Entsorgung
Küpe neutralisieren und in das Abwasser.

Quelle
Koch, H., Wolfermann, E.: Färben wie in alten Zeiten. In: NiU-Chemie 10 (1999) 52, S. 14–17.

5.3.3 Beizenfärben

Geräte: Bechergläser (600 mL), Brenner, Vierfuß, Ceranfeld, Glasstab, Thermometer
Chemikalien: Schurwolle, Weinstein, Kaliumaluminiumsulfat-dodecahydrat, Eisen(II)-sulfat-heptahydrat (**Xn**, gesundheitsschädlich), Zinn-(II)-chlorid, Krappwurzel

Durchführung
Man löst jeweils 1 g des Salzes (Variante A: Kaliumaluminiumsulfat-dodecahydrat; Variante B: Eisen(II)-sulfat-heptahydrat; Variante C: Zinn-(II)-chlorid) und 0,5 g Weinstein in 500 mL Wasser. Diese Lösungen werden auf 40 °C erhitzt. Nun gibt man die gewaschene Wolle dazu und erhitzt langsam auf 75 °C. Das Beizen erfolgt für 10 min bei konst. Temperatur. Anschließend fügt man je 5 g Krappwurzel hinzu und färbt für 15 min bei 75 °C. Nachdem das Farbbad etwas abkühlt ist, nimmt man die Wolle heraus und spült sie in warmem Wasser aus.

Beobachtung

Variante A (Aluminium-Beize):	Die Wolle ist rot gefärbt.
Variante B (Eisen-Beize):	Die Wolle ist dunkelrot gefärbt.
Variante C (Zinn-Beize):	Die Wolle ist orange gefärbt.

Erklärung
Während des Beizens wird ein Metall-Kation auf die Faser aufgebracht, das mit der Faser eine Bindung eingeht. Während des Färbens bildet das in der Krappwurzel enthaltene Alizarin mit dem Metall-Kation auf der Faser einen Komplex. Durch Komplexbildung wird das Alizarin mit dem Metall-Kation fest auf der Faser verankert. Es bildet sich ein Alizarin-Metall-Faser-Komplex.

Entsorgung
Aluminium- und Eisen-Beizen mit viel Wasser in das Abwasser; Zinn-Beize in den Sammelbehälter 1.

Quelle
Koch, H., Pfeifer, P.: Naturfarbstoffe im Unterricht. In: NiU-Chemie 10 (1999) 52, S. 25–29.

5.3.4 Gleiche Färbetechniken mit verschiedenen Fasern

Geräte: Waage, Becherglas, Heizplatte, Kochtopf, Trichter, Filterpapier
Chemikalien: Pflanzenmaterial (z. B. Färberkamille, Goldrute, Zwiebel), verschiedene Faserarten (z. B. Baumwolle, Schafwolle, Polyester)

Durchführung
Zunächst wird ein wässriger Extrakt vom Pflanzenmaterial hergestellt, indem das eingewogene (Mengenangaben nach Rezept), zerkleinerte (getrocknete) Material in weichem Wasser eingeweicht (je nach Rezept eventuell über Nacht) und anschließend 2–3 h ausgekocht wird. Danach wird das Pflanzenmaterial durch Filtration vom Sud (= wässriger Extrakt) abgetrennt. Das feuchte, vorgebeizte Textilgut wird in den kalten Sud eingelegt und analog den Temperaturbedingungen des Vorbeizens erwärmt. Die Färbedauer beträgt je nach Rezept 1–2 h. Das gefärbte Textilgut wird unter fließendem Wasser ausgewaschen, bis keine Farbe mehr abgegeben wird.
Beispiel: Färberezept für Färberwau: 30 g fein zerkleinertes, getrocknetes Pflanzenmaterial auf 200–300 mL Wasser. Der Ansatz gilt für 10 g Textilgut.

Beobachtung
Das Pflanzenmaterial färbt die verschiedenen Fasern unterschiedlich stark oder gar nicht (Tabelle 14, S. 150). Es ist eine gute Färbbarkeit von tierischen Fasern und Polyamidfasern, z. B. Perlon, erkennbar. Die pflanzlichen Fasern ergeben hingegen eher sehr blasse, zarte Farbtöne. Chemiefasern, mit Ausnahme von Perlon, sind mit Flavonoidfarbstoffen kaum zu färben. Überraschend ist die gute Färbbarkeit aller Faserarten mit Zwiebel.

Erklärung
Die gute Färbbarkeit der tierischen Fasern und Polyamidfasern (Perlon) lässt sich auf die freien Carboxyl- und Aminogruppen der Wolle und Seide und auf die Säureamidgruppen des Perlons zurückführen. Mit diesen funktionellen Gruppen ergeben sich Bindungsbedingungen für die Beizstoffe, sodass sich die gebeizten Fasern infolge der Farblackbildung kräftig färben.

Tab. 14: Färbeergebnisse unter Berücksichtigung der Färbepflanzen und Faserarten

Pflanze	Faserart a) Baumwolle	b) Leinen	c) Maulbeerseide	d) Schafwolle, grob	e) Acetatseide	f) Perlon	g) Polyester
Färberwau	~	~	+	+	~	+	—
Färberkamille	+	++	+	++	~	++	~
Färberginster	~	~	+	++	~	++	~
Gemeine Schafgarbe	~	~	++	++	~	++	—
Rainfarn	+	+	++	++	~	++	~
Goldrute	+	+	++	++	~	++	+
Johanniskraut-Blüten	++	++	++	++	++	++	++
Zwiebel	+	+	++	++	—	++	~

Zeichenerklärung: —: nicht gefärbt; ~: schwach gefärbt; +: gefärbt; ++: kräftig gefärbt

Durch eine geringe Beizintensität ist die Farblackausbildung bei den pflanzlichen Fasern gering. Direktfärbung ist bei den eingesetzten Naturfarbstoffen nur selten möglich.
Die schlechte Färbbarkeit der Chemiefasern durch Flavonoidfarbstoffe liegt zumeist an der Oberflächenbeschaffenheit, bedingt durch die chemische Beschaffenheit der Fasern. Hier führt der Einsatz spezieller Färbemethoden und Farbstoffe (z.B. Dispersionsfarbstoffe) eher zum Färbeerfolg.

Entsorgung

Färbesud in das Abwasser; Fasern in den Hausmüll.

Quelle

Lehmann, D., Pfeifer, P.: Färben von Naturfasern und synthetischen Fasern mit Naturfarbstoffen. In: NiU-Chemie 6 (1995) 26, S. 26–29.

6 Körperpflegeprodukte und kosmetische Produkte

6.1 Die Zahnpasta

Auf den ersten Blick wirken die Angaben über die Zusammensetzung einer Zahnpasta verwirrend. Eine Vielzahl von Inhaltsstoffen, klein gedruckt auf der Tube, ist schwer zu durchschauen. Zahnpasten bestehen im Wesentlichen aus Putz- und Polierstoffen, oberflächenaktiven Stoffen, Feuchthaltemitteln und Wirkstoffen gegen Karies sowie leichten Desinfektionsmitteln (Tab. 15).

Tab. 15: Wichtige Inhaltsstoffe der Zahnpasta und deren Funktion

Inhaltsstoffe	Funktion
Kieselsäure (hochdispers)	Putzkörper
Calciumcarbonat	Putzkörper
Titandioxid	Weißpigment, Putzkörper
Glycerin	Feuchthaltemittel
Polyethylenglykol, z. B. PEG-6	Feuchthaltemittel
Sorbit o. Ä.	Zuckeraustauschstoff, Feuchthaltemittel
Saccharin-Natrium	Zuckerersatzstoff
Cellulose-Gummi	Konsistenz, Viskosität
Natrium-Laurylsulfat	Tensid (Nachweis: vgl. 4.3.1/ Teil 1)
Natriumfluorid (NaF)	Kariesprophylaxe
Natrium-Monofluorphosphat (Na_2PO_3F)	Kariesprophylaxe
Wasser	
(und Alkalien, z. B. Natriumhydroxid)	Viskosität, Stellmittel, Lösungsmittel
Geschmacks-, Aroma- und Farbstoffe	Sensorik und Unterstützung der Mundhygiene

6.1.1 Die Funktion des Putzkörpers

Geräte: Münzen (z. B. getrübte Ein-Cent-Münze ohne metallischen Glanz), weiches Tuch (z. B. Brillen-Putztuch)
Chemikalien: Zahnpasta, Spülmittel, Seife

Durchführung
Man reibt eine Münze kräftig mit einem Tuch, auf welches etwas Zahnpasta gebracht ist, zwischen Daumen und Zeigefinger.
Der gleiche Versuch wird jeweils mit etwas Seife und etwas Spülmittel durchgeführt.

Beobachtung
Nach kurzer Zeit tritt der metallische Glanz zu Tage, wie wir ihn von einer neuen Münze her kennen. Das Tuch verfärbt sich dunkel. Bei Seife bzw. Spülmittel ist dies nicht zu beobachten.

Erklärung
Zahnpasta enthält – im Gegensatz zu Seife und Spülmittel – feine, harte Körnchen (Kriställchen), eine wasserunlösliche Substanz. Sie sind für die schleifende Wirkung verantwortlich: die Putzkörper. Bei der Zahnpflege dienen sie zur mechanischen Reinigung und zum Polieren der Zähne.

Quelle
Lutz, B.; Kraheberger, U.: Zahnpasta. In: NiU-Physik/Chemie 34 (1986) 17, S. 17f.

6.1.2 Die chemische Natur der Putzkörper

Geräte: Bechergläser (100 mL), Messzylinder (50 mL), Magnetrührer mit Rührfisch, pH-Meter, Demonstrationsreagenzgläser, Demonstrationsreagenzglasständer, Gärröhrchen, durchbohrter Stopfen oder Stülpstopfen (mit Loch)
Chemikalien: Zahnpastaproben, dest. Wasser, pH-Indikator-Lösung, Salzsäure (w = 18 %; **C**, ätzend), Kalkwasser (gesättigte Calciumhydroxid-Lösung; **Xi**, reizend)

Durchführung
a) In ein Becherglas wird ein 1 cm langes Stück Zahnpasta gegeben und mit 50 mL Wasser auf einem Magnetrührer vorsichtig eingerührt. Der pH-Wert der Suspension wird sowohl mit dem pH-Meter als auch mit der pH-Indikator-Lösung bestimmt.
b) Von verschiedenen Zahnpastaproben werden je 2 g in ein Demonstrationsreagenzglas gefüllt, mit 50 mL Salzsäure versetzt und zügig ein Gärröhrchen aufgesetzt, welches mit Kalkwasser gefüllt ist.

Beobachtung
a) Die untersuchten Zahnpasten zeigen unterschiedliche pH-Werte.
b) Bei manchen Produkten kommt es zu einer Gasentwicklung. Es entsteht ein farb- und geruchloses Gas. Das vorgelegte Kalkwasser trübt sich.

Erklärung
a) Zahnpasten können als Putzkörper Calciumcarbonat enthalten. Sie weisen einen höheren pH-Wert (alkalisches Milieu) auf als Zahnpasten mit Kieselsäure als Putzkörper. Calciumcarbonathaltige Zahnpasten reagieren in Lösung alkalisch. Allerdings ist diese Reaktion aufgrund der geringen Löslichkeit von Calciumcarbonat nur schwach ausgeprägt.
b) Calciumcarbonat reagiert mit Salzsäure unter Bildung von Kohlenstoffdioxid:

$$CaCO_3 + 2\,H^+ + 2\,Cl^- \longrightarrow Ca^{2+} + 2\,Cl^- + H_2O + CO_2$$

Häufiger wird Siliciumdioxid in Form von Kieselsäure (z. B. hochdisperse Kieselsäure, HDK) als Putzkörper eingesetzt. Der Nachweis ist in der Schule schwierig, da erst ein Aufschluss durchgeführt werden muss.

Zahnpasta mit Calciumcarbonat als Putzkörper enthält nie Natriumfluorid allein als Mittel zur Kariesprophylaxe (vgl. 6.1.6).

Entsorgung
Zahnpasta-Suspensionen in das Abwasser; Reaktionsgemisch mit Kalkwasser und Inhalt der Gärröhrchen neutralisieren und in das Abwasser.

Quellen
Kraheberger, U.: Tensidhaltige Produkte im Alltag. Unveröffentlichte Staatsexamensarbeit, Universität Würzburg 1986. Deeg, H., Pfeifer, P.: Scheuer- und Putzwirkung einer Zahnpasta. In: NiU-Chemie 11 (2000) 56, S. 51 f.

6.1.3 Die quantitative Bestimmung des Calciumcarbonatanteils

Geräte: Waage, Saugflasche (250 mL), Magnetrührer mit Rührfisch, Kolbenprober (100 mL) mit Schlauchverbindungsstück, Messzylinder (100 mL), Becherglas (500 mL), Stativmaterial
Chemikalien: Calciumcarbonathaltige Zahnpasta, erwärmte Salzsäure (c = 1 mol/L; **Xi**, reizend), dest. Wasser

Durchführung
In eine Saugflasche wird 1 g Zahnpasta eingewogen, ein Rührfisch zugefügt und auf einem Magnetrührer platziert. Am Seitenausgang wird vorsichtig der Kolbenprober befestigt. Die Luft wird herausgedrückt und der Hahn verschlossen. Nun erfolgen mehrere Einzelschritte: Zu der Probe werden 100 mL erwärmte Salzsäure gegossen, die Öffnung der Saugflasche wird sofort mit einem Stopfen gut verschlossen, der Magnetrührer auf kleine Stufe eingeschaltet und der Hahn vom Kolbenprober schnell geöffnet. Der Höchststand des aufgefangenen Gasvolumens wird nun abgewartet und für die Auswertung abgelesen.

Beobachtung/Erklärung
Es gelten folgende Gesetze:
- Die Stoffmenge 1 mol eines Gases nimmt unter Normalbedingungen das Volumen von 22,4 L ein. Demnach entsprechen 1 mL Gas $4{,}46 \cdot 10^{-5}$ mol.
  In Anbetracht der Messgenauigkeit der Versuchsanordnung kann von der Normierung der Gasvolumina auf Normalbedingungen abgesehen werden.
- Bei der Berechnung der Massen gilt folgender Zusammenhang:

$$\mathbf{m = M \cdot n}$$

m = Masse [g]
M = molare Masse [g/mol]
n = Stoffmenge [mol]

z. B. Zahnpasta Odol-med 3®
Stoffmenge:
28 mL Kohlenstoffdioxid entsprechen $1{,}249 \cdot 10^{-3}$ mol Kohlenstoffdioxid bzw. Calciumcarbonat

Masse:

$m (CaCO_3) = M (CaCO_3) \cdot n (CaCO_3) = 100{,}09\ g/mol \cdot 1{,}249 \cdot 10^{-3}\ mol = 0{,}125\ g$

Prozentanteile:

1 g Einwaage entsprechen 100 %.

0,125 g $CaCO_3$ entsprechen 12,5 % $CaCO_3$.

Der ermittelte Calciumcarbonatgehalt der Zahnpasta Odol-med 3® beträgt 12,5 %.

Entsorgung

Reaktionsgemisch neutralisieren und in das Abwasser.

Quelle

Deeg, H.; Pfeifer, P.: Quantitative Bestimmung des Calciumcarbonatanteils einer Zahnpasta. In: NiU-Chemie 11 (2000) 56, S. 51 f.

6.1.4 Die Bestimmung des Wasseranteils in Zahnpasta

Geräte: Trockenschrank, Feinanalysenwaage, Filterpapier
Chemikalien: verschiedene Zahnpastaproben

Durchführung

Zu Beginn werden die Filterpapiere mit den Namen der Zahnpastaproben beschriftet und das Gewicht bestimmt. Anschließend werden 2 cm lange Zahnpastastreifen auf die jeweiligen Filter gedrückt und das Gewicht ermittelt. Die Ansätze werden über Nacht in einen Trockenschrank mit einer Temperatur von 100 °C gelegt. Am nächsten Morgen werden die Gewichte der einzelnen Filterpapiere erneut ermittelt.

Beobachtung

Tab. 16: Experimentelle Untersuchungsergebnisse der Bestimmung des Wassergehalts in Zahnpasta

	Blend-a-med®	Rot/Weiss®	Signal – weiße Zähne®
Gewicht des Filterpapiers [g]	0,779	0,7	0,75
Gewicht vor dem Trocknen [g]	1,955	1,89	3,6
Gewicht nach dem Trocknen [g]	1,895	1,298	3,028
Gewichtsverlust [g]	0,06	0,592	0,572
Wassergehalt [%]	3,07	31,21	15,89

Bei den Angaben ist das Gewicht des Filterpapieres abzuziehen.

Erklärung

Es fällt auf, dass, obwohl allen Zahnpastaproben ein verhältnismäßig hoher Gehalt an Wasser gemeinsam ist (Tab. 16), sie bei offener Tube an der Luft nicht austrocknen. Dies liegt an dem hygroskopischen Feuchthaltemittel „Glycerin“, das die Zahnpasta vor dem Eintrocknen schützt.

Entsorgung
Über den Hausmüll.

Quelle
Deeg, H.: Die chemische Zusammensetzung von Zahncremes – Beiträge zur experimentellen Schulchemie. Unveröffentlichte Staatsexamensarbeit, Universität Erlangen-Nürnberg 1997.

6.1.5 Der Nachweis von Anion-Tensiden in Zahnpasta

Geräte: Reagenzgläser mit passenden Stopfen, Reagenzglasständer, Messpipetten (5 mL), Tropfpipetten, Becherglas
Chemikalien: Zahnpastaprobe, anionisches Tensid (LAS, FAS; Spinnrad), Methylenblau (kationischer Farbstoff), Essigsäureethylester (**F**, leicht entzündlich), dest. Wasser, Schwefelsäure (c = 0,1 mol/L)

Vorbereitung
Herstellen des Testindikators
In einem Becherglas werden 50 mg Methylenblau in 30 mL dest. Wasser gelöst. Man gibt 5 mL Schwefelsäure hinzu und füllt mit dest. Wasser auf 100 mL auf.
Herstellen der Zahnpasta-Probelösung und der Vergleichslösung
3 g Zahnpasta werden in 10 mL dest. Wasser suspendiert und mit ca. 1 mL Schwefelsäure angesäuert. 2 Tropfen anionisches Tensid (z. B. LAS-Lösung) werden in 10 mL dest. Wasser gegeben.

Durchführung
Im Reagenzglas werden zu 1 mL Testindikator 1–2 Tropfen der sauren Tensidprobelösung gegeben und mit 2 mL Essigsäureethylester überschichtet. Danach wird vorsichtig umgeschwenkt bzw. leicht geschüttelt.

Beobachtung

Tab. 17: Experimentelle Untersuchungsergebnisse des Nachweises von anionischen Tensiden

Probe	Färbung der organischen Phase
dest. Wasser (Blindprobe)	farblos
anionisches Tensid (Vergleichsprobe)	blau
Zahnpasta	blau

Erklärung
Das Methylenblau-Kation tritt mit dem Tensid-Anion zu einem elektrisch neutralen Ionenpaar zusammen. Dieses zeigt im Lösungsmittel Wasser ein Verhalten, das dem Methylenblau-Kation und dem anionischen Tensid entgegengesetzt ist (Tab. 17). Es lässt sich daher in die organische Phase (Essigsäureethylesther) überführen. Man sagt: Anionische Tenside sind methylenblauaktive

Substanzen. Methylenblau kann nach diesem Verfahren als Reagenz für anionische Tenside dienen.

Entsorgung

Reste von Essigsäureethylester in den Sammelbehälter 3; wässrige Lösungen in das Abwasser.

Quelle

Angermeier, T., Wagner, G.: Die Inhaltsstoffe der Waschmittel, ein Zirkel. In: NiU-Chemie 12 (2001) 63, S. 23–27.

6.1.6 „Fluorhaltige Zahnpasta" – der Nachweis von Fluorid-Ionen

Sachinformation

Kariesprophylaktische Substanzen sind lösliche Fluoridverbindungen. Die Rezepturen der gängigsten Zahnpasten enthalten Konzentrationen von 0,1–0,15 % an Fluorid-Ionen, entsprechend 1000 bis 1500 ppm. Diese Angaben unterstreichen die Dosisabhängigkeit einer Giftwirkung; Fluoride wirken erst mit einem Massenanteil von > 15 % giftig. Im angegebenen Konzentrationsbereich sind keine toxikologischen Probleme zu befürchten.

Die wichtigsten Fluoridverbindungen in Zahnpasten sind: Natriummonofluorphosphat (NamFP, Na_2PO_3F), Natriumfluorid (NaF), Aminfluorid (Cetylaminhydrofluorid) und Kaliumfluorid (KF). Sie entfalten ihre Wirkung in der Mundhöhle einerseits durch chemische Reaktionen mit dem

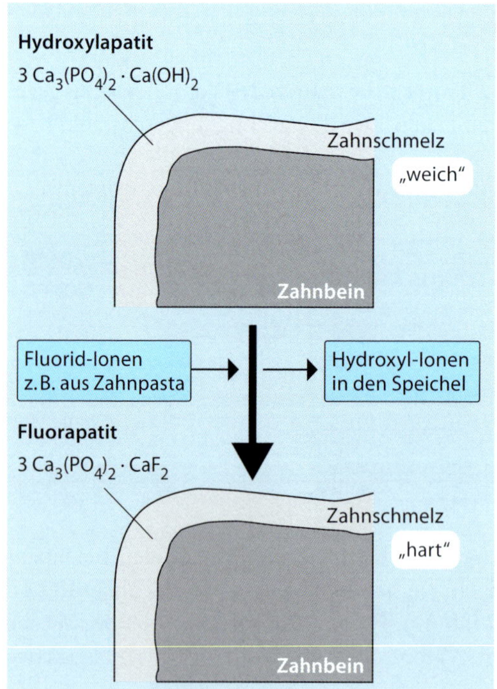

Abb. 24: Kariesprophylaxe durch Fluorid-Ionen (aus: Körperpflegemittel im Chemie- und Biologieunterricht.)

Zahnschmelz („Schmelzhärtung", Abb. 24) und andererseits durch Beeinflussung des Bakterienmetabolismus.
Die Fluorverbindungen wirken nur dann kariesprophylaktisch, wenn die Fluoride bei der Benetzung des Zahnes in Lösung vorliegen. So verbindet sich beispielsweise Natriumfluorid mit dem Putzkörper Calciumcarbonat zum schwerlöslichen und dann unwirksamen Calciumfluorid. Natriumfluorid allein wird deshalb nur in Verbindung mit Putzkörpern auf Kieselsäure-Basis eingesetzt. Natriummonofluorphosphat (NamFP) ist heute die meistgebrauchte kariesprophylaktische Wirkkomponente in fluoridhaltigen Zahnpasten. Rezepturen, die NamFP enthalten, können mit calciumhaltigen Putzkörpern angereichert sein, da NamFP trotz seiner Reaktion mit diesen Putzkörpern zu Calciummonofluorphosphat löslich bleibt.

Geräte: Pasteur-Pipette, 2 Bechergläser (25 mL), Messzylinder (10 mL)
Chemikalien: Zahnpastaproben (mit dem Inhaltsstoff Natriumfluorid und/oder Natriummonofluorphosphat), Eisen(III)-chlorid-Lösung (c = 0,01 mol/L), Ammoniumthiocyanat-Lösung (c = 0,1 mol/L), Salzsäure (c = 1 mol/L; **Xi**, reizend), dest. Wasser, Natriumfluorid-Lösung (c = 0,01 mol/L), Natriummonofluorphosphat-Lösung (c = 0,01 mol/L)

Vorbereitung
Herstellung einer Eisen(III)-thiocyanat-Lösung
Etwa 1 mL der Eisen(III)-chlorid-Lösung wird mit 4–5 mL der Ammoniumthiocyanat-Lösung versetzt. Die tiefrote Lösung wird mit 5–10 mL dest. Wasser verdünnt, jedoch nur so weit, dass die tiefrote Farbe erhalten bleibt.

Durchführung
Versuch mit authentischen Substanzen
Zu 3 mL der tiefroten Eisen(III)-thiocyanat-Lösung gibt man tropfenweise Natriumfluorid- bzw. Natriummonofluorphosphat-Lösung hinzu, bis die rote Farbe verschwunden ist.
Versuch mit Zahnpastaproben
Ein etwa 2 cm langer Zahnpasta-Strang wird in 10 mL Wasser fein verteilt. Es wird mit verdünnter Salzsäure angesäuert. Nun fügt man in die vorgelegte Eisen(III)-thiocyanat-Lösung tropfenweise Zahnpasta-Suspension bis zur Entfärbung zu.
Hinweis: Der Versuch kann auch umgekehrt durchgeführt werden, indem die Zahnpasta-Suspension vorgelegt und tropfenweise Eisen(III)-thiocyanat-Lösung zugesetzt wird.

Beobachtung
Die tiefrote Eisen(III)-thiocyanat-Lösung wird sowohl durch die Natriumfluorid- und Natriummonofluorphosphat-Lösung als auch durch die Zahnpasta-Suspension entfärbt. Je nach Konzentration entsteht eine farblose bis gelbliche Lösung; mit Natriumfluorphosphat verläuft die Reaktion eher verzögert.

Erklärung
Die Entfärbung der roten Lösung beruht auf der Bildung sehr stabiler, farbloser Fluorokomplexe:

$$Fe^{3+} + 6\,F^- \rightleftarrows \underset{\text{Hexafluoroferrat(III)-Anion}}{[Fe(F)_6]^{3-}}$$

Die Konzentration an Eisen(III)-Ionen wird durch die Bildung des Hexafluoro-Komplexes so gering, dass eine Reaktion mit Thiocyanat nicht mehr möglich ist. Die Verhinderung einer Reaktion von Kationen durch Komplexierung bezeichnet man als „Maskierung". Nicht nur Natriumfluorid, sondern auch Natriummonofluorphosphat (Verzögerung durch erforderliche Hydrolyse) bewirkt in wässriger Lösung eine Maskierung der Eisen(III)-Ionen. Im Falle des NamFP werden die Fluorid-Ionen durch saure Hydrolyse freigesetzt. Unter physiologischen Bedingungen im Mundraum handelt es sich um eine enzymatische Hydrolyse des NamFP – Fluorid-Ionen werden frei.

Entsorgung
Reaktionsgemische neutralisieren und in das Abwasser.

Quellen
Deeg, H.: Die chemische Zusammensetzung von Zahncremes – Beiträge zur experimentellen Schulchemie. Unveröffentlichte Staatsexamensarbeit, Universität Erlangen-Nürnberg 1997. Körperpflegemittel im Chemie- und Biologieunterricht. Industrieverband Körperpflege und Waschmittel (Hrsg.), Frankfurt 1996, S. 6.

6.1.7 Zahnpasta – selbst gemacht

Geräte: Becherglas, Waage, Spatel, Glasstab, Messzylinder (5 mL)
Chemikalien: Schlämmkreide (Calciumcarbonat, Apotheke), weiße Schmierseife (Apotheke), Glycerin, Pfefferminzöl (Apotheke), Wasser

Durchführung
4 g Schlämmkreide und 1 g weiße Schmierseife werden im Becherglas gründlich vermischt. Zur entstandenen Paste werden 1 g Glycerin und 0,1 g Pfefferminzöl eingerührt; gegebenenfalls sind noch einige Tropfen Wasser nötig, um die Paste cremig zu machen.

Beobachtung/Erklärung
Eine verwendbare Zahnpasta ist entstanden. Dabei dient die Schlämmkreide als Polierstoff, die Seife wegen ihrer oberflächenaktiven Wirkung als Reinigungsmittel, das Glycerin erleichtert die Suspension der Schlämmkreide in Wasser und wirkt als Feuchthaltemittel. Das Pfefferminzöl schließlich verbessert den Geschmack und wirkt antiseptisch.

Entsorgung
Über den Hausmüll.

Quellen
Bendel, E.: Chemie – eine ganz alltägliche Sache. Franckh'sche Verlagshandlung, Stuttgart 1987.
Vollmer, G., Franz, M.: Chemische Produkte im Alltag. Thieme Verlag, Stuttgart 1985.

6.2 Erst das Duschmittel, dann das Deodorant

6.2.1 Die Bestimmung des Natriumchlorid-Anteils in Duschmitteln

Sachinformationen
Die quantitative Bestimmung von Kochsalz in Duschmitteln erfolgt mit Hilfe von Silbernitrat-Lösung, wobei Kaliumchromat als Indikator hinzugefügt wird (Methode nach Mohr). Die Chlorid-Ionen des Kochsalzes (Natriumchlorid) und die Silber-Ionen bilden einen schwer löslichen Niederschlag (Silberchlorid). Sind sämtliche Chlorid-Ionen „gebunden", verbinden sich die Chromat-Ionen mit den Silber-Ionen. Das dabei ausfallende Silberchromat ist orange bis rotbraun.
Hinweis: Alternative Methoden zur Chlorid-Bestimmung sind die Methode nach Volhard und die Methode nach Fajans (vgl. Proske 2008).

Geräte: Erlenmeyerkolben (200 mL), Spatel, Waage, Magnetheizrührer mit Rührfisch, Becherglas (250 mL), Messzylinder (100 mL), Bürette (50 mL), Trichter, Stativmaterial
Chemikalien: verschiedene Duschmittel-Proben, dest. Wasser, Calciumcarbonat, Kaliumchromat-Lösung (w = 5 %; **Xn,** gesundheitsschädlich), Silbernitrat-Lösung (c = 0,1 mol/L; **Vorsicht! Silbernitrat färbt bei Hautkontakt dunkel, Handschuhe tragen**)

Durchführung ***(Abzug! Schutzhandschuhe)***
Ca. 1 g der Duschmittel-Probe wird in einen Erlenmeyerkolben eingewogen und die genaue Masse notiert (= Einwaage, E). 100 mL siedendes dest. Wasser werden dazugeben, dann wird die Probe unter Rühren mit Hilfe des Rührfischs aufgelöst. Nach 8–10-minütigem Stehenlassen werden 0,1 g Calciumcarbonat und 2 mL Kaliumchromat-Lösung (färbt die Lösung zitronengelb) hinzugefügt; nun titriert man die Probe.
Für die Berechnung wird ein Blindversuch benötigt, den man wie folgt durchführt: 100 mL siedendes dest. Wasser lässt man ca. 10 min stehen, fügt 0,1 g Calciumcarbonat und 2 mL Kaliumchromat-Lösung hinzu und titriert diesen Ansatz.

Beobachtung
Siehe Tab. 18, S. 160.

Erklärung
Der Titrationsendpunkt ist erreicht, wenn die zitronengelb gefärbte Suspension nach deutlich orange-braun umschlägt. Die Erklärung wird durch die unterschiedlichen Löslichkeiten von Silberchlorid und Silberchromat geliefert. Das Silberchlorid ist wesentlich schlechter löslich und fällt somit als Erstes aus. Erst wenn auf diese Weise die Chlorid-Ionen praktisch aus der Lösung entfernt sind, kann sich der rotbraune Niederschlag von Silberchromat bilden.
Der Massenanteil von Natriumchlorid in Tensidlösungen (Tab. 18, S. 160) ist von besonderem Interesse, weil sich so deren Viskosität einstellen lässt (vgl. 6.2.2).

Entsorgung
Reaktionsgemische vereinen, Chromat-Ionen mit Natriumhydrogensulfit-Lösung bei pH = 2 zu Chrom(III)-Salz reduzieren und in den Sammelbehälter 1.

Tab. 18: Experimentelle Untersuchungsergebnisse der Bestimmung des Natriumchlorid-Anteils in Duschmitteln

Proben-Typ	Dusch-Das®	HIPP®	Jil Sander®
A = Verbrauch an Silbernitrat-Lösung bei der Probe	1) 3,7 mL 2) 4,0 mL	1) 3,3 mL 2) 3,6 mL	1) 1,4 mL 2) 1,3 mL
B = Verbrauch an Silbernitrat-Lösung bei der Blindprobe	0,01 mL	0,01 mL	0,01 mL
C = Verbrauch an Silbernitrat-Lösung, der auf Probe zurückzuführen ist	1) 3,69 mL 2) 3,9 mL	1) 3,29 mL 2) 3,59 mL	1) 1,39 mL 2) 1,29 mL
E = Einwaage	1) 1,3 g 2) 1,4 g	1) 1,1 g 2) 1,2 g	1) 1,1 g 2) 1,1 g
m(NaCl) = 0,00585 g/mL x C	1) 0,0216 g 2) 0,0228 g	1) 0,0192 g 2) 0,0210 g	1) 0,0081 g 2) 0,0075 g
Gehalt = (m(NaCl) : E) • 100	1) 1,7 % 2) 1,63 %	1) 1,7 % 2) 1,8 %	1) 0,74 % 2) 0,68 %
Durchschnittlicher Anteil an Natriumchlorid in den Proben	1,66 %	1,78 %	0,71 %

Die Zahlen 1) und 2) signalisieren, dass von allen 3 Produkten 2 Messungen durchgeführt wurden.

Quellen

Sommer, K.: Eigene Arbeiten, unveröffentlicht. Proske, W.: Fällungstitrationen und Gefahrstoffverordnung. In: MNU 61 (2008) 4, S. 229–233.

6.2.2 Der Einfluss von Natriumchlorid auf die Viskosität (Modellversuch)

Geräte: Demonstrationsreagenzgläser, Reagenzglasständer, Wägeschiffchen, Waage, Magnetrührer mit Mini-Rührfisch, Spatel, Stoppuhr, Stativmaterial
Chemikalien: Natriumchlorid, Waschlösung (z. B. Palmolive-Aquarium®)

Durchführung

In vier Demonstrationsreagenzgläser werden verschiedene Mengen an Kochsalz (0,001 g, 0,02 g, 0,05 g bzw. 0,1 g) eingewogen. Anschließend werden in das erste Reagenzglas 10 g Waschlösung und ein kleiner Rührfisch gegeben. Das Gemisch wird kurz über dem Magnetrührer durchgemischt. Nun hält man das Reagenzglas in der Hand, dreht es auf den Kopf und startet die Stoppuhr. Es wird die Zeit ermittelt, welche die Flüssigkeit braucht, um an den unteren Rand zu laufen. Am unteren Rand wird die Zeitmessung beendet und das Reagenzglas wieder umgedreht. So verfährt man mit den übrigen Proben sowie zum Vergleich mit der reinen Waschlösung.

Beobachtung

Siehe Tab. 19, S. 161.

Tab. 19: Untersuchungsergebnisse zum Einfluss von Natriumchlorid auf die Viskosität von Tensidlösungen

Zugabe von ... g Natriumchlorid	Zeit [sec]
0,01 g	23 sec
0,02 g	34 sec
0,05 g	64 sec
0,1 g	75 sec
0 g (zum Vergleich)	18 sec

Erklärung
In der Waschlotion wurde durch Versuch 6.2.1 ein durchschnittlicher Natriumchlorid-Anteil von 1,12 % ermittelt. Das Produkt ist nur leicht viskos. Durch die Zugabe von weiterem Natriumchlorid kann man die Viskosität deutlich erhöhen. Dies äußert sich in der verlangsamten Fließgeschwindigkeit. Ein Produkt mit hoher Viskosität ist besser dosierbar; zudem vermittelt es dem Verbraucher den Eindruck einer hohen Tensidkonzentration.

Entsorgung
Ansätze mit viel Wasser in das Abwasser.

Quelle
Sommer, K.: Eigene Arbeiten, unveröffentlicht.

6.2.3 Duschmittel – selbst gemacht

Geräte: Becherglas (400 mL), Waage, Spatel, Glasstab, Messzylinder (100 mL), Heizrührer
Chemikalien: Natriumlaurylethersulfat, Diethanolamin, Natriumchlorid, Parfumöl, dest. Wasser, Bromthymolblau-Lösung, Citronensäure-Lösung (c = 1 mol/L)

Durchführung
Man verrührt in einem Becherglas 20 g Natriumlaurylethersulfat, 2 g Diethanolamin, 3 g Natriumchlorid und 0,3 g Parfumöl gründlich. Dann fügt man unter leichtem Rühren 75 mL Wasser mit einigen Tropfen Bromthymolblau-Lösung (pH-Indikator) zu und gibt dann so viel verdünnte Citronensäure-Lösung in das Wasser, bis ein Farbumschlag eintritt.

Beobachtung/Erklärung
Es entsteht ein cremeartiges Produkt, das zum Duschen verwendet werden kann. Der Zusatz von Citronensäure führt zu einem pH-Wert um 6,5, der dem der Haut entspricht. Duschbäder besitzen einen geringeren Tensid- und Parfümölgehalt als Schaumbäder, weil sie unverdünnt direkt auf die Haut gelangen.

Entsorgung
Ansatz mit viel Wasser in das Abwasser.

Quelle
Brackmann, B., Felletschin, G.: Arbeitsbuch „Fettchemie“. Pädagogischer Verlag Schwann-Bagel, Düsseldorf 1986.

6.2.4 Der Nachweis von Aluminium-Ionen in Deodorant

Geräte: Demonstrationsreagenzglas, Spatel, Waage, Reagenzglaszange, Brenner, Trichter, Filterpapier, Reagenzglas (alternativ: Tüpfelplatte), Reagenzglasständer, Messzylinder (5 mL, 30 mL)
Chemikalien: Krappwurzel, Salzsäure (c = 1 mol/L; **Xi**, reizend), Deodorant (mit einem Aluminiumsalz), Ammoniak-Lösung (c = 1 mol/L; **C**, ätzend)

Vorbereitung
Herstellung des hydrolysierten Krapp-Extraktes
In einem Demo-Reagenzglas werden ca. 1 g des zerkleinerten Krappwurzelmaterials mit 30 mL Salzsäure versetzt und über dem Brenner etwa 5 min zum Sieden erhitzt. Anschließend wird filtriert.

Durchführung
In einem Reagenzglas werden ca. 2 mL Deodorant mit dem gleichen Volumen des Krapp-Extraktes (vgl. Vorbereitung) gemischt. Dann setzt man 3–5 mL Ammoniak-Lösung zu.
Alternative: Zur besseren Sichtbarkeit kann der Versuch auch auf einer Tüpfelplatte durchgeführt werden.

Beobachtung
Es bildet sich ein intensiv rosafarbener Niederschlag.

Erklärung
In der ammoniakalischen Lösung werden die Aluminium(III)-Ionen als Aluminiumhydroxid gefällt. Es bildet mit Alizarin eine rote Komplexverbindung, die auch als Farblack bezeichnet wird. Der Farblack löst sich nicht in verdünnter Essigsäure. Alizarin dient somit als Nachweisreagenz für Aluminium(III)-Ionen; diese Reaktion liegt auch dem Färben auf Wolle (vgl. 5.3.3) zugrunde.

Entsorgung
Ansatz mit viel Wasser in das Abwasser.

Quelle
Sommer, K.; Aufdemkamp, G.: Rund ums Aluminium – Schülerlabor und Tandemfortbildung. In: Chemie in unserer Zeit 43 (2009) 6, S. 408–416.

6.3 Creme – für jede Tageszeit und jede Gelegenheit

6.3.1 Die Bestimmung des Emulsionstyps einer Creme

Sachinformation

Ohne Emulsionen bliebe ein Großteil der Regale mit Körperpflegemitteln leer. Cremes, Lotionen und Make-up-Mischungen sind nämlich allesamt Emulsionen. Sie alle haben eines gemeinsam: Sie bestehen aus einer Mischung nicht ineinander löslicher Flüssigkeiten, meist Wasser und Öl, in der Wissenschaftssprache als „Wasser- und Ölphase" bezeichnet. Es sind zu unterscheiden: Emulsionen, bei denen Öltröpfchen in Wasser vorliegen (Öl-in-Wasser-Emulsionen = O/W-Emulsionen), und Emulsionen, bei denen Wassertröpfchen in Öl vorliegen (Wasser-in-Öl-Emulsionen = W/O-Emulsionen). Die Ölphase kann aus Stoffen unterschiedlicher Substanzklassen bestehen, z. B. Paraffinöle, fette Öle, Siliconöle. Sie alle lösen sich nicht in Wasser. Auch wenn die Öl- und die Wasserphase innigst vermischt werden, trennen sie sich über kurz oder lang wieder. Es werden Tröpfchengrößen in der Größenordnung von Mikrometern ($1\ \mu m = 10^{-6}$ m) und darunter erreicht. Damit sich kosmetische Präparate auf Emulsionsbasis nach internationaler Kosmetikverordnung mindestens 30 Monate halten, müssen Emulgatoren zugesetzt werden, welche die Tröpfchen am Zusammenfließen hindern. Dennoch bleiben nach den Gesetzen der physikalischen Chemie Emulsionen prinzipiell thermodynamisch instabil, sie sind also lediglich metastabil. Emulgatoren überziehen die Tröpfchen mit einem zähen, dünnen Film. Sie lagern sich also in die Grenzflächen von Wasser gegenüber Öl und umgekehrt ein und verändern damit die Grenzflächeneigenschaften der Tröpfchen gegenüber der homogenen Phase; konkret verringern sie die Grenzflächenspannung. Die Ursache hierfür liegt in ihrer Molekülstruktur begründet.

Emulgatoren sind „amphiphile" Substanzen, deren Moleküle einerseits aus hydrophilen (wasserfreundlichen) und andererseits aus hydrophoben, lipophilen (wasserfeindlichen, fettfreundlichen) Strukturelementen bestehen. Überwiegt der hydrophile Teil, ist der Emulgator bevorzugt wasserlöslich; überwiegt der lipophile Teil, ist er vorzugsweise öllöslich. Ob sich in einer Emulsion Öltröpfchen in Wasser verteilen (Öl-in-Wasser-Emulsion) oder umgekehrt (Wasser-in-Öl-Emulsion), hängt u. a. vom Emulgator ab. Überwiegen die lipophilen Gruppen im Emulgator, erhält man eine Wasser-in-Öl-Emulsion. Überwiegen die hydrophilen Gruppen im Emulgator, so erhält man eine Öl-in-Wasser-Emulsion.

Um zu bestimmen, ob eine Creme eine Wasser-in-Öl- oder eine Öl-in-Wasser-Emulsion ist, können folgende Nachweismethoden angewandt werden: Verdünnungsmethode (Variante 1), Filterpapiermethode (Variante 2), Farbstoffmethode (Variante 3) und Leitfähigkeitsmethode (Variante 4).

Variante 1: Verdünnungsmethode

Sachinformation

Öl-in-Wasser-Emulsionen lassen sich mit Wasser verdünnen, nicht aber mit Öl; umgekehrt lassen sich Wasser-in-Öl-Emulsionen mit Öl verdünnen und nicht mit Wasser. Der Verdünnungseffekt tritt also immer dann ein, wenn das Verdünnungsmittel der äußeren Phase entspricht.

Geräte: 2 Uhrgläser, Glasstäbe
Chemikalien: verschiedene Emulsionen (z. B. Nivea®, Atrix® Hydro-Gel), dest. Wasser, Öl

Durchführung
Man gibt je einen Klecks derselben Emulsion auf zwei Uhrgläser, versetzt die eine Probe mit etwas Wasser, die andere mit etwas Öl und rührt beide mit dem Glasstab um.

Beobachtung

Tab. 20: Experimentelle Untersuchungsergebnisse der Verdünnungsmethode

	Wasser	Öl	Emulsionstyp
Nivea®	löst sich nicht	löst sich	W/O
Atrix® Hydro-Gel	löst sich	löst sich nicht	O/W

Erklärung
Nivea® ist eine W/O-Emulsion und löst sich folglich besser in Öl. Da Atrix® Hydro-Gel eine O/W-Emulsion ist, löst es sich besser in Wasser.

Entsorgung
Mit Haushaltstuch aufnehmen und in den Hausmüll.

Variante 2: Filterpapiermethode

Sachinformation
O/W-Emulsionen färben entwässertes blaues Cobaltchloridpapier rosa, während eine W/O-Emulsion nur einen Fettfleck verursacht. Zur Klärung des Phänomens kommt entweder die einfachere Vorstellung „Kristallwasseraufnahme“ oder die Ligandenaustauschreaktion zwischen Chlorid-Ionen und Wassermolekülen in Betracht:

$$[CoCl_4]^{2-} + 6\,H_2O \longrightarrow [Co(H_2O)_6]^{2+} + 4\,Cl^-$$

blau, Tetrachloro-Cobaltat-Anion → rosa, Hexaaqua-Cobalt(II)-Kation

Geräte: Plastikschalen, Glasstab, Filterpapier, Trockenschrank, Exsikkator
Chemikalien: verschiedene Emulsionen (z. B. Nivea®, Atrix® Hydro-Gel), Cobaltchlorid-Lösung (w = 1 %)

Vorbereitung ***(Abzug! Schutzhandschuhe)***
Herstellung des Cobaltchlorid-Papiers
Man tränkt den Rundfilter mit der Cobaltchlorid-Lösung und trocknet ihn im Trockenschrank bei ca. 120 °C. Die Papiere werden im Exsikkator aufbewahrt.

Durchführung
Eine Probe der jeweiligen Emulsion wird auf das blaue Cobaltchlorid-Papier gegeben und es wird einige Zeit gewartet.

Beobachtung/Erklärung

Tab. 21: Experimentelle Untersuchungsergebnisse der Filterpapiermethode

	Cobaltchlorid-Papier	Emulsionstyp
Nivea®	Fettfleck	W/O
Atrix® Hydro-Gel	rosa Färbung	O/W

Hinweis: Falls auf der Vorderseite des Papiers nichts zu sehen ist, sollte es mit einer Pinzette auf die Rückseite gedreht werden (rosa, hellrosa Fleck oder Fettfleck).

Entsorgung
Ansätze in den Sammelbehälter 2.

Variante 3: Farbstoffmethode

Sachinformation
O/W-Emulsionen lassen sich mit wasserlöslichen Farbstoffen, z. B. Methylenblau, anfärben, da die äußere Phase Wasser ist. W/O-Emulsionen lassen sich dagegen mit öllöslichen Farbstoffen, z. B. Sudan(III), nachweisen.

Geräte: Spatel, Plastikschalen, Objektträger mit Deckglas, Mikroskop (100-fache Vergrößerung)
Chemikalien: verschiedene Emulsionen (z.B. Nivea®, Atrix® Hydro-Gel), Methylenblau-Kristalle, Sudan(III)-Kristalle (rot)

Durchführung
Für Methylenblau und Sudan(III) werden verschiedene Spatel benutzt. Beide Substanzen stauben sehr, also sollte darauf geachtet werden, dass die Versuche mit etwas räumlichem Abstand durchgeführt werden.
Der Spatel wird in die Kristalle getaucht und wieder herausgezogen. Am Rand der jeweiligen Probe klopft man den Spatel ab. Nach einer kurzen Wartezeit wird etwas Creme auf einen Objektträger gegeben und ein Deckglas darübergelegt. Zur eindeutigen Zuordnung des Emulsionstyps betrachtet man den Versuch unter dem Mikroskop (100-fache Vergrößerung).

Beobachtung/Erklärung

Tab. 22: Experimentelle Untersuchungsergebnisse der Farbstoffmethode

	Methylenblau	Sudan(III)	Emulsionstyp
Nivea®	löst sich nicht	löst sich	W/O
Atrix® Hydro-Gel	löst sich	löst sich nicht	O/W

Entsorgung
Mit Haushaltstuch aufnehmen und in den Hausmüll.

Variante 4: Leitfähigkeitsmethode

Sachinformation
Eine O/W-Emulsion zeigt elektrische Leitfähigkeit, da Wasser als kontinuierliche Phase (Elektrolyt) vorliegt; eine W/O-Emulsion hingegen nicht; hier liegt Öl als kontinuierliche Phase vor. In der Praxis dienen Untersuchungen zur elektrischen Leitfähigkeit nicht nur zur Unterscheidung von O/W gegenüber W/O-Emulsionen, sondern auch zur Beurteilung ihrer Stabilität. Instabile Emulsionen haben zur Folge, dass sich die Ölphase nach oben absetzt und die elektrische Leitfähigkeit hier deutlich abnimmt. Im Bereich der Wasserphase kommt es hingegen zum Anstieg der Leitfähigkeit.

Geräte: Plastikschalen, Glasstab, Spannungsquelle mit Kabeln, Ampèremeter, Kohleelektroden
Chemikalien: verschiedene Emulsionen (z. B. Nivea®, Atrix® Hydro-Gel)

Durchführung
In jedes Plastikschälchen wird ausreichend Emulsion gegeben. Das Ampèremeter sollte auf den Messbereich von 1 mA~ eingestellt werden. Man legt eine Wechselspannung von 10–15 V an. Die Kohleelektroden werden nun in die Emulsionen getaucht. Die Emulsionen werden etwas umgerührt und die Stromstärke wird, wenn möglich, direkt nach dem Anlegen der Spannung an die Elektroden abgelesen.

Beobachtung/Erklärung

Tab. 23: Experimentelle Untersuchungsergebnisse der Leitfähigkeitsmethode

	Ermittelte Stromstärke [mA]	Emulsionstyp
Nivea®	0	W/O
Atrix® Hydro-Gel	24,1	O/W

Entsorgung
Mit Haushaltstuch aufnehmen und in den Hausmüll.

Quelle
Zdzieblo, J.: Wasser & Öl. In: Wacker Werk + Wirken 2 (2001), S. 14–19.

6.3.2 Die Wirkungsweise eines Emulgators

Sachinformation
Die Bildung einer Emulsion wird erleichtert und stabilisiert durch den Einsatz von Emulgatoren. Sie bestehen aus einem hydrophilen und einem hydrophoben Molekülteil und können sich somit an Grenzflächen Wasser-Öl/Fett einlagern. Von der chemischen Industrie wird eine Fülle an Emulgatoren für die Herstellung von Pflegecremes angeboten. Will man Naturprodukte verwenden, dann sind zwei Emulgatoren besonders geeignet, die ursprünglich als Speiseemulgatoren für die Lebensmittelverarbeitung entwickelt worden sind (Bezugsquelle: Firma Spinnrad):

- Tegomuls 90 S: vorwiegend ein Monoglycerid, das relativ viel Wasser bindet; in erster Linie für Tagescremes geeignet.
- Lamecreme ZEM: Gemisch aus Mono- und Diglyceriden von Citronensäureestern und Speisefetten; für fetthaltigere Cremes geeignet.

Geräte: Reagenzgläser (∅ ca. 2 cm) mit Stopfen oder kleine, schmale Schraubdeckelgläser
Chemikalien: demineralisiertes Wasser, Pflanzenöl (z. B. Olivenöl), Tegomuls Präparat (z. B. Tegomuls, pflanzlich), Lecithinpräparat (z. B. Fluidlecithin CM), Spülmittel o. ä.

Durchführung
Wasser und Pflanzenöl werden im Volumenverhältnis 2 : 1 gemischt (also z. B. 20 mL Wasser/10 mL Öl), stark geschüttelt und abgestellt. Der gleiche Ansatz wird nun zusätzlich mit 5 mL (bzw. 5 g bei fester Konsistenz) Tegomuls, Lecithin oder einigen Tropfen Spülmittel geschüttelt und abgestellt. Hat man verschiedene Öle und/oder Emulgatoren zur Hand, so kann auch eine Versuchsreihe angesetzt werden.

Beobachtung
Aus Wasser/Pflanzenöl/Emulgatoren-Gemischen erhält man durch kräftiges Schütteln oder Rühren eine weiße Emulsion, die sich nicht mehr spontan entmischt.

Erklärung
Emulgatoren „vermitteln" gewissermaßen zwischen Wasser- und Fetttröpfchen. Die Wirkung lässt sich auf molekularer Ebene gut verstehen; entscheidend ist die chemische Struktur der Emulgator-Moleküle (vgl. Einführungsinformation). Bei O/W-Emulsionen lagern sie sich als monomolekularer Film um die Öltröpfchen, wobei sich die lipophilen Molekülabschnitte zu den Fetttröpfchen orientieren; die hydrophilen Abschnitte ragen in die umgebende Wasserphase. Die gegenseitige Abstoßung verhindert das Zusammenfließen der Tröpfchen und stabilisiert somit die O/W-Emulsion.

Entsorgung
Mit Haushaltstuch aufnehmen und in den Hausmüll.

Quelle
Pfeifer, P.: Eigene Arbeiten, unveröffentlicht.

6.3.3 Glycerin oder Propylenglykol als Feuchthaltemittel

Geräte: Erlenmeyerkolben (250 mL), Waage
Chemikalien: Glycerin

Durchführung
In den Erlenmeyerkolben wird eine definierte Menge Glycerin eingewogen. Das Gefäß lässt man unverschlossen mehrere Tage stehen und ermittelt täglich das Gewicht.

Beobachtung

Beispiel: Es wurden 45,3 g Glycerin (100 %) eingewogen. Nach 24 h betrug die Masse 45,5 g Glycerin, das heißt, das Gewicht nahm um 0,4 % zu. Nach 96 h wurden 46,2 g ermittelt, also ein Zuwachs um 2,0 %.

Erklärung

Glycerin (1,2,3-Trihydroxypropan) ist nicht nur sehr gut in Wasser löslich, sondern kann sogar Wasserdampf aus der Luft binden. Ist der Glycerinanteil in Hautpflegemitteln zu hoch, kann der Haut sogar Feuchtigkeit entzogen werden.

Entsorgung

Ansatz mit viel Wasser in das Abwasser.

Quelle

Pfeifer, P.: Eigene Arbeiten, unveröffentlicht.

6.3.4 Hautcremes für jede Tageszeit – selbst gemacht

Sachinformation

Hautpflegemittel sollen die Haut vor Austrocknung schützen und den durch den Einfluss von Umwelt- und Witterungsfaktoren sowie durch das Waschen bedingten Verlust an Feuchtigkeit und Fett ausgleichen. Eine große Rolle unter den Hautpflegemitteln spielen Emulsionen, fein verteilte Mischungen aus wasserunlöslichen Substanzen (Öle, Fette: *Ölphase*) und Wasser *(Wasserphase)*. Die Bildung einer Emulsion wird erleichtert und stabilisiert durch den Einsatz von Emulgatoren.

Geräte: verschiedene Bechergläser, Heizer, Spatel, Waage, Messzylinder (50 mL), Glasstab, Thermometer, Topf, verschließbares Glas
Chemikalien: Kakaobutter (Apotheke), weißes Bienenwachs (Apotheke), Lanolinanhydrid (wasserfreies Wollfett; Apotheke), Avocadoöl (Apotheke), dest. Wasser, Tegomuls S (Spinnrad), natürliches Pflanzenöl, Lamecreme ZEM (Spinnrad)

Durchführung

a) Herstellung einer einfachen Hautcreme
Im Wasserbad werden in einem Becherglas 2 g Kakaobutter, 5 g weißes Bienenwachs und 10 g Lanolinanhydrid geschmolzen. Dann werden in die Schmelze 40 g Avocadoöl und schrittweise 40 mL dest. Wasser eingerührt. Anschließend rührt man weiter, bis die Masse erkaltet ist.
b) Herstellung einer Tagescreme mit Tegomuls 90 S
Im Wasserbad werden 25 g Tegomuls S, 60 g natürliches Pflanzenöl (z.B. Weizenkeim- oder Avocadoöl) und 20 g Kakaobutter bei 50–60 °C unter Rühren geschmolzen. Diese Fettphase kann in einem verschließbaren Glas im Kühlschrank bis zu einem Jahr aufbewahrt werden.
10 g dieser Fettphase und 30 g dest. Wasser werden jeweils auf 70 °C erwärmt, dann lässt man unter Rühren das Wasser in die Fettphase tropfen.

c) Herstellung einer Nachtcreme mit Lamecreme ZEM
Die Fettphase besteht aus 20 g Lamecreme ZEM und 70 g Pflanzenöl (z. B. Weizenkeim-, Erdnuss- oder Maiskeimöl) und wird wie bei Rezept (b) hergestellt. 10 g Fettphase und 15–20 g destilliertes Wasser werden dann gemäß Rezept (b) zur fertigen Creme verrührt.

Beobachtung/Erklärung
a) Es ist eine weiße Creme entstanden.
b) Man erhält eine Tagescreme mit einem Wasser-Fett-Verhältnis von 3 : 1.
c) Es entsteht eine Creme mit einem höheren Fettgehalt als bei (b); das Wasser-Fett-Verhältnis beträgt hier 1 : 2.

Anmerkung
Alle selbst hergestellten Cremes sollten rasch verwendet werden, da sie ohne Zusätze von Konservierungsmitteln hergestellt wurden. Eine Reihe weiterer Rezepte zur Herstellung von verschiedenen Cremes, Shampoos und Haarpflegemittel findet man bei Pütz und Niklas (1987) sowie bei Vogel (1987).

Entsorgung
Gegebenenfalls in den Hausmüll.

Quellen
Bendel, E.: Chemie – eine ganz alltägliche Sache. Frankh'sche Verlagshandlung, Stuttgart 1987.
Pütz, J., Niklas, Ch.: Cremes und sanfte Seifen. Verlagsgesellschaft Schulfernsehen (vgs.), Köln 1987.
Vogel, F.: Das Experiment: Kosmetika – Do it yourself. In: Chemie in unserer Zeit 21 (1987) Nr. 3, S. 100–102. Vollmer, G., Franz, M.: Chemische Produkte im Alltag. Thieme Verlag, Stuttgart 1985.

6.4 Kosmetika – für den besonderen Anlass

6.4.1 Lippenstift – selbst gemacht

Sachinformation
Da die Haut der Lippen eine sehr dünne Hornschicht, nur wenige Talgdrüsen und keine Schweißdrüsen besitzt, gehört sie zu den empfindlichsten Teilen unserer Haut. Lippenstifte sollen diese Haut zum einen fetten und zum anderen durch Pigmente verschönern.

Geräte: Waage, Spatel, Bechergläser (50 mL, 250 mL), Messzylinder (5 mL), Heizplatte, Glasstab, Reagenzgläser, Reagenzglasständer, Aluminiumfolie, Gefrierschrank
Chemikalien: Bienenwachs (Apotheke), Kakaobutter (Apotheke), Lanolinanhydrid (wasserfreies Wollfett; Apotheke), Mandelöl (Apotheke), roter Lebensmittelfarbstoff (Back- und Speisefarbe® von Schwartau)

Durchführung
5 g Bienenwachs, 3 g Kakaobutter und 2 g Lanolinanhydrid werden in einem Becherglas im Wasserbad geschmolzen. 10 g Mandelöl werden mit 5 ml der Lösung eines roten Lebensmittelfarbstoffes verrührt. Die Farblösung in Mandelöl wird dem geschmolzenen Fettgemisch unter Rühren zugefügt. Dann gießt man das Gemisch etwa 5 cm hoch ein in zwei Röhrchen aus Aluminiumfolie, die man durch Überziehen eines Reagenzglases und einseitigem Verdrillen hergestellt hat. Nun stellt man die gefüllten Röhrchen für etwa 20 min in das Gefrierfach eines Kühlschrankes. Ist die Masse erstarrt, entfernt man die Aluminiumfolie, und das Produkt ist gebrauchsfähig.

Beobachtung/Erklärung
Es ist ein rosa gefärbter Lippenstift entstanden. Alle Bestandteile sind ungiftig; auch der Farbstoff ist nach den EG-Richtlinien zugelassen.

Entsorgung
Gegebenenfalls in den Hausmüll.

Quellen
Bendel, E.: Chemie – eine ganz alltägliche Sache. Franckh'sche Verlagshandlung, Stuttgart 1987. Vollmer, G., Franz, M.: Chemische Produkte im Alltag. Thieme Verlag, Stuttgart 1985. Sieve, B.: Chemie mit Haut und Haaren – Experimente zum Thema Kosmetik. In: PdN-Chemie 48 (1999) 5, S. 40–44.

6.4.2 Parfums – jedes riecht anders, jedes ist anders?

Geräte: Waage, Magnetheizrührer mit Rührfisch, Spatel, Messzylinder (25 mL), Messpipetten, Becherglas (100 mL), Steilbrustflasche (100 mL), Bleistift, Lineal, DC-Platte (Kieselgel 60 ohne Fluoreszenzindikator, 10 x 10 cm), DC-Kammer, Mikrokapillaren (2 µL), Sprüher, Trockenschrank
Chemikalien: verschiedene Parfumproben, Essigsäure (w = 96 %; C, ätzend), Essigsäureethylester (**F**, leicht entzündlich), Ethanol (**F**, leicht entzündlich), Schwefelsäure (w = 96–98 %; **C**, ätzend), Toluol (**F**, leicht entzündlich; **Xn**, gesundheitsschädlich), Vanillin

Vorbereitung
Laufmittel ***(Abzug! Schutzhandschuhe)***
Man setzt das Laufmittel (Toluol:Essigsäureethylester = 93:7 (mL)) an, füllt es ca. 0,5 cm hoch in die DC-Kammer ein und verschließt sie wieder. Nach ca. 10–15 min (Stichwort: Kammersättigung) kann die DC-Kammer für die Entwicklung der DC-Platte verwendet werden.
Sprühreagenz
17 mL Ethanol werden in einem Eisbad gekühlt, anschließend vorsichtig 2 mL konzentrierte Essigsäure und dann 1 mL konzentrierte Schwefelsäure dazugegeben. Nach Abkühlen der Lösung werden 100 mg Vanillin darin aufgelöst. Das Reagenz ist im Kühlschrank max. 6 Monate haltbar (gelb gefärbte Lösung ist nicht mehr brauchbar).

Abb. 25: Dünnschichtchromatographische Untersuchung verschiedener Parfums (Foto: S. Buse)

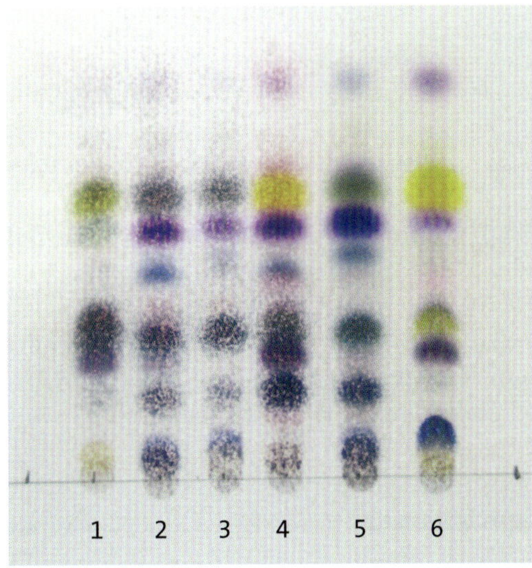

Durchführung

Auf einer entsprechend vorbereiteten DC-Platte (siehe 2.3.4) trägt man von links nach rechts je 2 µL des unverdünnten Parfums mit Kapillaren punktförmig auf; für jede Probe wird eine neue Kapillare verwendet.
Man lässt die DC-Platte ca. 15 min an der Luft trocknen. Dann stellt man die Platte in die vorbereitete DC-Kammer und verschließt sie wieder mit dem Deckel. Nach ca. 15 min hat das Laufmittel eine Trennstrecke von 6,5 cm zurückgelegt.
Nach Entfernung der Laufmittelreste (Föhn, Warmluftstufe 2) wird die DC-Platte mit Vanillin-Schwefelsäure-Reagenz besprüht und für 5–10 min im Trockenschrank bei 120 °C erhitzt.

Beobachtung

In der DC wurden folgende Parfums untersucht: (1) Mystery Australia woman®; (2) pirone®; (3) Orchidee®; (4) Cantate®; (5) Vie purée®; (6) Love®.
Nach dem Erhitzen werden bis zu 11 verschiedenfarbige Banden sichtbar (Abb. 25).

Erklärung

Die Übereinstimmung der Produkte 2 bis 6 in mindestens 3 Komponenten verwundert nicht, da diese Produkte alle von einer Firma produziert werden. Es kann vermutet werden, dass dabei ein Parfumgrundstoff zum Einsatz kommt (Abb. 25).

Entsorgung

Benutzte DC-Platte in den Hausmüll; Laufmittel in den Sammelbehälter 3; Sprühreagenz in den Sammelbehälter 1.

Quelle

Hahn-Deinstrop, E., Schmidkunz-Eggler, D.: Die Untersuchung von Pfefferminzöl mittels Dünnschicht-Chromatographie. In: UC 15 (2004) 84, S. 51.

7. Bastelecke

7.1 „Du hast den Farbfilm vergessen“

7.1.1 Photochemische Prozesse beim Belichten von Filmen und Fotopapieren

Geräte: Filterpapier, Kristallisierschale, Tiegelzange, Wäscheleine, Klammern, Sprühvorrichtung, 2 Glasplatten, Schablone (schwarzer Karton mit verschiedenen, ausgeschnittenen Figuren und Mustern), Gummiringe
Chemikalien: Silbernitrat-Lösung (w = 15 %; **C**, ätzend; **N**, umweltgefährlich), Natriumchlorid-Lösung (w = 20 %)

Durchführung
In eine Kristallisierschale gibt man ca. 0,5 cm hoch Silbernitrat-Lösung. Mit Hilfe einer Tiegelzange taucht man ein Blatt Filterpapier kurz in diese Lösung. Das Filterpapier wird mit Klammern an einer aufgespannten Leine befestigt und mit weiteren Klammern am unteren Rand straff gespannt (Handschuhe tragen). Anschließend besprüht man mit der Natriumchlorid-Lösung.
Das so vorbereitete Papier wird auf eine Glasplatte gelegt und mit einer Schablone bedeckt. Eine zweite Glasplatte wird aufgelegt und die Rückseite der ersten Platte mit schwarzem Papier abgedeckt. Beide Platten werden sodann mit Hilfe von Gummiringen zusammengepresst. Die Belichtung erfolgt etwa 5 min lang mit Sonnenlicht.

Beobachtung
Nach dem Besprühen mit Natriumchlorid-Lösung schlägt die graue Farbe des feuchten Papiers um in helles Weiß.
Die belichteten Stellen nehmen nach einigen Minuten eine dunkelviolette bis schwarze Farbe an; die abgedeckten Stellen bleiben weiß.

Erklärung
Durch die Reaktion von Natriumchlorid (Kochsalz) mit Silbernitrat entsteht weißes Silberchlorid (1). Unter dem Einfluss des Lichtes wird das Silberchlorid gespalten (2)

$$Na^+ + Cl^- + Ag^+ + NO_3^- \longrightarrow Ag^+Cl^- + Na^+ + NO_3^- \quad (1)$$

$$2\,Ag^+Cl^- \longrightarrow 2\,Ag + Cl_2 \quad (2)$$

Entsorgung
Reaktionslösung und restliche Silbernitrat-Lösung in den Sammelbehälter 1.

Quelle
Kronfeldner, M.: Die Schwarzweiß-Photographie im Chemieunterricht. In: PdN-Chemie 30 (1981) 8, S. 245–253.

7.1.2 Das Entwickeln von Filmen und Fotopapieren (Modellversuch)

Sachinformation
Unter der Einwirkung von Licht werden nur wenige Silber-Ionen der betroffenen Silberbromid- bzw. Silberchlorid-Kristalle zu elementarem Silber („Silberkeime") reduziert (siehe Versuch 7.1.1). Durch den anschließenden Entwicklungsprozess werden die restlichen Silber-Ionen der vom Licht getroffenen Kristalle durch organische Reduktionsmittel zu feinem, schwarzen Silber umgewandelt, wobei die vorhandenen Silberkeime als Katalysatoren wirken.

Geräte: Reagenzglasständer, Reagenzgläser mit passenden Stopfen, Messzylinder (5 mL), Pipetten, Spatel
Chemikalien: Silbernitrat-Lösung (w = 1 %), Kaliumbromid-Lösung (w = 1 %), Natriumcarbonat-Lösung (w = 10 %), Brenzcatechin, Hydrochinon (**Xn**, gesundheitsschädlich; **N**, umweltgefährlich)

Durchführung
Man mischt in einem Reagenzglas 3 mL Silbernitrat-Lösung und 3 mL Kaliumbromid-Lösung und lässt den sich bildenden Niederschlag von Silberbromid absetzen; die überstehende Flüssigkeit wird abgegossen.
In zwei Reagenzgläser gibt man je etwa 1 mL Natriumcarbonat-Lösung sowie je eine Spatelspitze Silberbromid. In Reagenzglas 1 fügt man anschließend einige Kristalle Brenzcatechin und in Reagenzglas 2 einige Kristalle Hydrochinon hinzu. Beide Reagenzgläser werden dann mit Stopfen verschlossen und geschüttelt.

Beobachtung
In beiden Reagenzgläsern tritt rasch eine Schwarzfärbung auf, die durch fein verteiltes elementares Silber hervorgerufen wird.

Erklärung
Brenzcatechin und Hydrochinon wirken im alkalischen Milieu (durch Natriumcarbonat hergestellt) als Reduktionsmittel: Sie reduzieren die Silber-Ionen zu Silber-Atomen (1) und werden selbst zu Chinonen oxidiert (2, 3):

$$Ag^+ + e^- \longrightarrow Ag\downarrow \qquad (1)$$

$$\text{Brenzcatechin} + 2\,OH^- \longrightarrow \text{o-Chinon} + 2\,H_2O + 2\,e^- \qquad (2)$$

Brenzcatechin — o-Chinon

$$\text{Hydrochinon} + 2\,OH^- \longrightarrow \text{p-Chinon} + 2\,H_2O + 2\,e^- \qquad (3)$$

Hydrochinon — p-Chinon

Entsorgung
Reaktionsansätze in den Sammelbehälter 1.

Quelle
Glöckner, W., Jansen, W., Weissenhorn, R.G. (Hrsg.): Handbuch der experimentellen Chemie. Band 5. Aulis Verlag, Köln 2003, S. 264–265.

7.1.3 Der Fixierprozess bei Filmen und Fotopapieren (Modellversuch)

Sachinformation
Nach dem Entwicklungsprozess (siehe Versuch 7.1.2) enthalten Filme und Fotopapiere noch unveränderte Silberhalogenid-Kristalle. Sie müssen herausgelöst werden, bevor Licht darauffällt, da Film und Fotopapier sich sonst langsam schwärzen würden. Beim Fixieren werden die unveränderten Silberhalogenid-Kristalle durch ein Fixiersalz in einen wasserlöslichen Komplex umgewandelt, der anschließend durch gründliche Wässerung entfernt wird.

Geräte: Reagenzglasständer, Reagenzglas, Messzylinder (5 mL)
Chemikalien: Silbernitrat-Lösung (w = 1 %), Kaliumbromid-Lösung (w = 1 %), Natriumthiosulfat-Lösung (w = 3 %)

Durchführung
Man mischt in einem Reagenzglas 3 mL Silbernitrat-Lösung und 3 mL Kaliumbromid-Lösung und lässt den sich bildenden Niederschlag von Silberbromid absetzen; die überstehende Flüssigkeit wird abgegossen.
Zu dem Niederschlag gibt man so lange Natriumthiosulfat-Lösung, bis eine Veränderung beobachtet werden kann.

Beobachtung
Der Niederschlag verschwindet; es entsteht eine farblose Lösung.

Erklärung
Das Natriumthiosulfat (Fixiersalz) reagiert mit Silberbromid zu einem wasserlöslichen Komplex:

$$Ag^+ + 2\,S_2O_3^{2-} \longrightarrow \underbrace{[Ag(S_2O_3)_2]^{3-}}_{\text{Dithiosulfatoargentat-Anion}}$$

Entsorgung
Reaktionsansatz in den Sammelbehälter 1.

Quelle
Falbe, J., Regitz, M. (Hrsg.): Römpp Chemielexikon. 9. Auflage. Thieme Verlag, Stuttgart 1995.

7.2 „Das klebt wie Kleister“

7.2.1 Stärkekleister – selbst gemacht

Geräte: Waage, Spatel, Messzylinder (100 mL), Bechergläser (50 mL, 250 mL), Magnetheizrührer mit Rührfisch
Chemikalien: Weizen-, Kartoffel- oder Maisstärke, dest. Wasser, Salicylsäure (**Xn**, gesundheitsschädlich)

Durchführung
Variante 1
Man verrührt 10 g Weizen-, Kartoffel- oder Maisstärke mit 10 mL kaltem Wasser und rührt die teigige Masse in 100 mL kochendes Wasser.
Variante 2
10 g Stärke werden in 50 mL Wasser gut verrührt; die dickflüssige Masse wird auf 80 °C erwärmt, bis sie beginnt, am Rührfisch festzukleben.

Beobachtung
Es entsteht ein zäher Kleister, der durch Zusatz von 0,3 g Salicylsäure konserviert werden kann. Der Kleister kann zum Zusammenkleben von Papier oder Karton verwendet werden.

Erklärung
Durch das Erhitzen quillt die Stärke auf. Wie bei allen Lösungsmittelklebern beruht das Abbinden darauf, dass das Lösungsmittel (hier Wasser) kapillar gebunden wird und dann verdunstet. Allerdings ist bei den Stärkeklebstoffen der Abbindevorgang umkehrbar, d.h., die Klebestellen können durch Wasser wieder gelöst werden. Verwendung findet Stärkekleister zum Verkleben von Papier (z. B. Tapeten), bei Klebstreifen und Etiketten.

Entsorgung
Über den Hausmüll.

Quellen
Feldmann, W. et al.: Hausmittel-Lexikon. Ecomed Verlagsgesellschaft, Landsberg/Lech 1982. Schallies, M.: Kleben und Klebstoffe im Unterricht – eine Einführung. In: Chem. Exp. Didakt. 3 (1977) S. 105–110. Wagner, G., Zajutro, R.: Schulexperimente zur Herstellung von Klebstoffen. In: UC 15 (2004) 80, S. 14–17.

7.2.2 Dextrinkleister – selbst gemacht

Geräte: Porzellanschale, Brenner, Vierfuß, Ceranplatte, Glasstab, Tiegelzange, Thermometer, Papier, Pinsel
Chemikalien: Kartoffel- oder Weizenstärke, dest. Wasser, Schreibpapier

Durchführung
In einer Porzellanschale wird Kartoffel- oder Weizenstärke trocken unter ständigem Umrühren vorsichtig auf nicht mehr als 180–200 °C erhitzt, bis eine helle Braunfärbung eintritt. Nach Abkühlung wird mit wenig Wasser ein Brei hergestellt.
Der Dextrinkleber wird nun auf einem Papier ausgestrichen und getrocknet. Danach wird er mit Wasser befeuchtet.

Beobachtung
Es entsteht ein gut klebender Kleister für Papier.

Erklärung
Beim Erhitzen zerfallen die langen Stärkemoleküle in kürzere Bruchstücke aus 8-12 Glucose-Bausteinen. Dieses entstehende Polysaccharid-Gemisch nennt man Dextrin. Dextrin-Kleister wird z. B. bei Fotoecken und Briefumschlägen verwendet.

Entsorgung
Über den Hausmüll.

Quellen
Hennies, C., Imkampe, K.: Klebstoffe im Chemieunterricht. In: PdN-Chemie 30 (1981) 10, S. 301–308. Hennies, C.: Klebstoffe herstellen und analysieren – Beispiel einer Unterrichtseinheit im Kurs „Organische Chemie“. In: PdN-Chemie 38 (1989) 7, S. 11–12. Wagner, G., Zajutro, R.: Schulexperimente zur Herstellung von Klebstoffen. In: UC 15 (2004) 80, S. 14–17.

7.2.3 Vom Tapetenkleister zum Räucherstäbchen

Geräte: Teelöffel, Glasstab, 2 Bechergläser (250 mL), Holzstäbchen (z.B. Schaschlikspieße)
Chemikalien: Tapetenkleister, Natriumnitrat (**O**, brandfördernd), Wasser, Sägemehl, etherisches Öl (z. B. Pfefferminzöl, Fichtennadelöl aus der Apotheke)

Durchführung
Ein gestrichener Teelöffel Tapetenkleister (pulverisiert) und etwa ¼ Teelöffel Natriumnitrat werden mit 10 Teelöffeln Wasser glatt gerührt. Diese Mischung lässt man quellen, bis ein dicker Brei entstanden ist. Ein zweites Gemisch entsteht aus 6 Teelöffeln Sägemehl und etwa 15–20 Tropfen eines etherischen Öls. Diese Masse gibt man löffelweise mit einem Glasstab in den mittlerweile gequollenen Kleister. Dadurch entsteht eine pastöse, klebrige Mischung, die man auf eine Hälfte von Holzstäbchen (z. B. Schaschlikspieße) möglichst dünn aufträgt. Die Hölzer werden sodann getrocknet.

Beobachtung/Erklärung
Die Räucherstäbchen brennen kurz nach dem Anzünden an der Spitze und verglimmen dann mit aromatischem Duft.

Entsorgung
Reste im Freien portionsweise abbrennen.

Quelle
Körber, G.: Pflanzliche Duftstoffe – ein fächerübergreifendes Thema für die Sekundarstufe I. In: MNU 49 (1996) 7, S. 436–442.

7.2.4 Ein Alleskleber klebt nicht alles

Geräte: Styroporstücke, Pipette
Chemikalien: Alleskleber (z. B. UHU®-Alleskleber mit Lösemittel), Essigsäureethylester (**F**, leicht entzündlich)

Durchführung
Auf ein Styroporstück wird etwas Alleskleber aufgebracht; auf ein zweites Styroporstück bringt man mit einer Pipette ein paar Tropfen Essigsäureethylester.

Beobachtung
Beide Stücke beginnen sich aufzulösen.

Erklärung
In Alleskleber kann Essigsäureethylester als Lösemittel für die Klebstoffe enthalten sein. Essigsäureethylester ist zugleich ein hervorragendes Lösemittel für Styropor. Aus diesem Grund ist auf dem Kleber der Hinweis zu finden, dass ein Alleskleber mit Lösemittel nicht zum Kleben von Styropor geeignet ist.

Entsorgung
Über den Hausmüll.

Quelle
Roesky, H. W., Möckel, K.: Chemische Kabinettstücke. Wiley VCH, Weinheim 1994, S. 300.

7.3 „Es werde Licht"

7.3.1 Kerzen – selbst gemacht

Sachinformation
Die historische Entwicklung des Kerzenmaterials
Kerzen aus Talg und Wachs waren schon im Altertum bekannt. Aus Bienenwachs hergestellte Kerzen waren über die Jahrhunderte hinweg sehr teuer. Die lateinische Bezeichnung für Kerze lautet „candela". Heute ist dieses Wort zum Begriff für die Basiseinheit „Lichtstärke" geworden.

Mit der Entdeckung von Stearin (1811) durch Michel-Eugene Chevreul (1786–1889) war ein besseres Kerzenmaterial zugängig. Er erkannte die Esternatur der Fette und konnte sie mit Natriumhydroxid-Lösung verseifen. Durch Ansäuern waren ihm die Fettsäuren zugängig, und somit konnte er die flüssigen Fettsäuren (z. B. Ölsäure) von den festen Fettsäuren (z. B. Stearinsäure) trennen. Stearin besteht im Wesentlichen aus einem äquimolaren Gemisch von Palmitin- und Stearinsäure.

Historisches Rezept zur Stearinherstellung nach de Milly (1831): Talg wird mit gelöschtem Kalk gekocht und dadurch in Glycerin und Fettsäuren gespalten. Diese reagieren mit überschüssigem Kalk weiter zu den „Kalksalzen", also zu den Calciumsalzen der entsprechenden Carbonsäuren, können abgetrennt und mit Schwefelsäure versetzt werden. Es entstehen die freien Fettsäuren einerseits und Gips (schwer löslich, Calciumsulfat) andererseits. Das entstandene Gemenge an Fettsäuren ist infolge des Anteils an Ölsäure noch sehr weich. Durch Auspressen erhält man eine feste opake Masse – das Stearin. Dieses Verfahren zur Stearinherstellung wird seit 1831 eingesetzt.

In der zweiten Hälfte des 19. Jahrhunderts wurde ein weiterer Rohstoff zur Kerzenherstellung verfügbar – das Paraffin. Paraffin (lat. parum affinis) wurde aus hoch siedenden Erdölfraktionen und Kohle gewonnen. Der Begriff „Paraffin" bezieht sich auf das indifferente Verhalten gegenüber Säuren und Alkalien.

Zur Herstellung von Konsumkerzen verwendet man Paraffin mit einem Zusatz von 1–10 % Stearin. Der Schmelzbereich dieser Produkte liegt zwischen 52–54 °C. Für sogenannte Kompositionskerzen braucht man 2 Teile Paraffin und 1 Teil Stearin; sie schmelzen zwischen 45–50 °C. Die qualitativ besten Kerzen sind die Bienenwachskerzen. Sie bestehen aus ungefähr 4 Teilen Bienenwachs, 5 Teilen Paraffin und einem Teil Stearin.

Eigenschaften der Kerzenmaterialien

Normale Paraffine (n-Paraffine) sind fest und hart, iso-Paraffine (i-Paraffine) sind dagegen plastisch und zäh. Paraffinöl sorgt für größere Plastizität. Im flüssigen Zustand haben Paraffine eine niedrige Viskosität, sodass der Docht keine Mühe hat, die Schmelze anzusaugen. Reine Paraffinkerzen kommen daher auch mit einem dünnen Docht aus. Öl im Paraffin verursacht Qualmen und Rußen der Kerzen. Daher bevorzugt man harte Paraffine mit einem Ölanteil unter 0,5 % („vollraffiniert").

Im Gegensatz zu Paraffin hat geschmolzenes Stearin eine hohe Viskosität, sodass ein dickerer Docht vorhanden sein muss. Dazu werden Baumwollfäden verdrillt. Hinzu kommt, dass die Schmelztemperatur von Stearin deutlich höher ist als die von Paraffin. Während Paraffinkerzen allmählich erweichen, wenn man in die Nähe des Schmelzbereichs kommt, haben Stearinkerzen einen klaren Schmelzpunkt. Stearinhaltige Kerzen haben eine bessere Standfestigkeit.

Bienenwachs ist der edelste unter den Kerzenrohstoffen. Geschmolzenes Bienenwachs hat noch eine größere Viskosität als Stearin.

Der Kerzendocht

Schon seit jeher dient ein Bündel aus Flachs- oder Baumwollfäden als Docht. Ein Nachteil geflochtener Dochte war es, dass sie nachglühten und das Dochtende nicht mehr angezündet werden konnte. Dies gab Anlass, den Docht zu präparieren bzw. zu imprägnieren. Als Imprägniermittel dienen Lösungen von Borsäure in Schwefelsäure oder Borax bzw. Phosphorsalz (Natrium-ammonium-hydrogenphosphat); meist werden Mischungen eingesetzt.

Eine interessante Erscheinung ist, dass das Verbiegen des Kerzendochtes während des Verbrennungsvorgangs offenbar für eine ruhig brennende und wenig rußende Kerzenflamme erforderlich ist.

Zusammenfassend lassen sich folgende Anforderungen für eine gut brennende Kerze nennen:
- Stehvermögen (gute Stabilität);
- gleichmäßige und ruhige Flamme;
- Bildung einer richtigen Schüssel (pro Zeiteinheit muss so viel Kerzenmasse schmelzen, wie von der Flamme verbraucht wird);
- kein Qualmen oder Rußen;
- keine Bildung von Asche.

Variante 1: Das Tauchverfahren – das älteste Verfahren zur Kerzenherstellung
Geräte: Topf oder Konservendose, Wasserbad, Stäbchen, Thermometer, Messer
Chemikalien: Wachs, Wachsfarben (Bastelgeschäft), Docht (Bastelgeschäft)

Durchführung
Das Wachs wird in einen Topf oder in eine Konservendose gegeben und im Wasserbad zum Schmelzen gebracht. Dadurch erreicht man eine gleichmäßige Temperatur und verhindert, dass sich das Wachs entzündet. Für bunte Kerzen gibt man spezielle Wachsfarben (Bastelgeschäft) in das Stearin-Paraffin-Gemisch. Bevor man den Docht (Bastelgeschäft) ins heiße Wachs taucht, beschwert man ihn mit einem kleinen Gegenstand, damit er gerade hängt. Man befestigt am oberen Ende ein Stäbchen zum Festhalten. Nun taucht man den Docht ein, zieht ihn langsam wieder heraus und wiederholt den Vorgang nach einer Abkühlphase von etwa 30 sec so oft, bis die Wachsschicht um den Docht die gewünschte Dicke hat. Dabei sollte die Temperatur des heißen Wachses 80 °C nicht übersteigen, da es sonst nur schwer am Docht hängen bleibt. Ein Thermometer im Wasserbad hilft. Zum Schluss wird das untere Ende gestutzt.

Variante 2: Das Gießverfahren
Geräte: Joghurtbecher oder Gefäße aus Metall, Holz oder gefalteter Pappe, Wäscheklammer zum Fixieren des Dochts
Chemikalien: Wachs (Bastelgeschäft), Docht (Bastelgeschäft)

Durchführung
Als „Mantel“ für das Gießen dienen Joghurtbecher oder geeignete Gefäße aus Metall, Holz oder gefalteter Pappe. Man taucht den Docht in heißes Wachs, damit er starr wird und in der Mitte der Form befestigt werden kann; gleichzeitig wird er am oberen Rand der Form fixiert, damit er nicht verrutscht. Das heiße Wachs wird jetzt vorsichtig in die Fassung gegossen. Schließlich wird abgekühlt und die feste Kerze herausgehoben.

Anmerkung
Die fertige Kerze brennt gleichmäßiger, langsamer und annähernd tropffrei, wenn sie in einem kalten Salzwasserbad gelagert wird. Das Gleiche lässt sich auch durch einige Stunden im Gefrierfach erreichen.

Entsorgung
Über den Hausmüll.

Quellen

Deutsches Institut für Gütesicherung und Kennzeichnung e.V.: Kerzen. St.Augustin, 1993. Deutscher Kerzenhersteller, Frankfurt: Über Kerzen und Dochte. Beilage zur Zeitschrift Chemie für Labor und Betrieb. Verband, Heft 12, 1982, S. 89–92. VCÖC (Hrsg.): Kerzen – Kerzen – Kerzen. In: Heureka 29. Ausgabe (2002) S. 22–24.

7.3.2 Die Brenndauer einer Kerze

Sachinformation

Eine interessante Frage ist wohl die nach der Brenndauer einer Kerze. Hier kann das Wechselspiel zwischen persönlicher Prognose und wissenschaftlicher Vorgehensweise exemplarisch vollzogen werden.

Zur experimentellen Umsetzung können sowohl die Abnahme der Kerzenlänge als auch die Gewichtsabnahme während einer bestimmten Brenndauer herangezogen werden. Die erste Methode ist für schmale zylindrische Kerzen gut geeignet; mit der zweiten Methode lässt sich z.B. die Brenndauer eines Teelichtes gut bestimmen. Hier ist zu bedenken, dass ein Halteblech für den Docht vorhanden ist und das Gewicht des Aluminiumbechers separat zu bestimmen ist. Eine eigene Untersuchung bei einem Teelicht ist der Einfluss der Dochtlänge auf die Brenndauer.

Geräte: Lineal mit mm-Markierung, Uhr mit Sekundenzeiger (optimal: Stopp-Uhr), Kerze (ca. 10 cm)

Durchführung

Zunächst wird die Kerze vermessen. Es werden die Länge des oberen zylindrischen Abschnitts, aus dem der Docht ragt, sowie die Gesamtlänge der Kerze gemessen. Darauf wird die Kerze an einem ruhigen (zugfreien) Ort entzündet und die Zeit bestimmt, bis der obere Kegel abgebrannt ist. Nun wird die verbleibende Kerze von oben her im cm-Abstand markiert. Die Kerze wird erneut entzündet und es wird die Zeit gestoppt, bis 1 cm der Kerze abgebrannt ist.

Beobachtung/Erklärung

Berechnung der Brenndauer anhand eines Beispiels

Der obere Kegel bis zum Austritt des Dochts ist 0,7 cm lang, darauf folgen Markierungen im 1 cm-Abstand. Die Gesamtlänge der Kerze beträgt 9,7 cm. Die Brenndauer, bis 1 cm der Kerze abgebrannt ist, beträgt 8,5 min. Es dauert 3 min 20 sec, bis der obere Kegel abgebrannt ist. Aus diesen Daten lässt sich eine Gesamtbrenndauer von 81 min und 32 sec (ca. 1 h und 21 min) berechnen.

Quelle

Schmidkunz, H.: Experimente mit Kerzen. In: NiU-Chemie 15 (2004) 82/83, S. 21–23.

7.3.3 Wunderkerzen – selbst gemacht

Geräte: Waage, Spatel, Porzellanschale, Becherglas (100 mL), Heizplatte, Glasstab, Draht, Trockenschrank
Chemikalien: Bariumnitrat (**O**, brandfördernd; **Xn**, gesundheitsschädlich), Aluminiumpulver (**F**, leicht entzündlich), Eisenpulver, Stärke, dest. Wasser

Durchführung
Man rührt ein Gemenge aus 11 g Bariumnitrat, 1 g Aluminiumpulver, 5 g Eisenpulver und 3 g Stärke an. Dieses Gemenge verrührt man mit etwas kochendem dest. Wasser zu einem steifen Brei. Damit überzieht man ⅔ von 10–20 cm langen Drähten, welche anschließend im Trockenschrank gut getrocknet werden. Erst dann kann man die Wunderkerzen nutzen.

Beobachtung
Die Wunderkerzen verglühen unter Funkensprühen.

Erklärung
Bariumnitrat dient als Sauerstofflieferant; Aluminium- und Eisenpulver werden oxidiert. Das Funkensprühen wird durch Eisenoxid verursacht. Die Stärke wirkt als Bindemittel und verbrennt ebenfalls.

Entsorgung
Reste im Freien portionsweise abbrennen.

Quelle
Wagner, G.: Chemie in faszinierenden Experimenten. Aulis Verlag, Köln 1991, S. 59.

7.3.4 Die Funktionsweise eines Nassfeuerlöschers

Geräte: Waage, Papiertaschentuch, Erlenmeyerkolben (500 mL) mit passendem durchbohrten Stopfen, gewinkeltes Glasrohr (vorn leicht düsenförmig verengt), Saugflasche mit passendem Stopfen, kleines Reagenzglas
Chemikalien: Natriumhydrogencarbonat-Lösung (w = 10 %), Spülmittel, Citronensäure, Salzsäure (c = 1 mol/L; **Xi**, reizend)

Vorbereitung
Herstellung der „Citronensäure-Patrone“ (für Variante 1)
Ca. 4 g Citronensäure werden in ein einlagiges Papiertaschentuch gewickelt, dessen Enden danach zusammengedreht werden.

Durchführung
Variante 1
Ein Erlenmeyerkolben wird mindestens zur Hälfte mit Natriumhydrogencarbonat-Lösung gefüllt, der etwas Spülmittel zugesetzt ist. Nun fügt man eine „Citronensäure-Patrone“ hinzu und ver-

schließt rasch mit einem Stopfen, durch den ein rechtwinklig gebogenes Glasrohr (vorn leicht düsenförmig verengt) führt. Dieses Überleitungsrohr sollte knapp in die Lösung eintauchen. Der Stopfen muss gut festgehalten werden, wenn man etwas schüttelt (die Spritzdüse ins Waschbecken halten).

Variante 2

Eine Saugflasche wird mit 100 mL Natriumhydrogencarbonat-Lösung gefüllt, der etwas Spülmittel zugesetzt ist. In diese Saugflasche stellt man ein kleines Reagenzglas, welches zur Hälfte mit Salzsäure gefüllt ist. Dann wird die Saugflasche mit einem Stopfen verschlossen und so weit gekippt, dass die Salzsäure mit der Natriumhydrogencarbonat-Lösung zusammentrifft. Der Stopfen muss gut festgehalten werden (Öffnungsloch der Saugflasche ins Waschbecken halten).

Beobachtung

Beim Zusammentreffen beider Substanzen setzt eine heftige Gasentwicklung ein, die einen Teil des Reaktionsgemisches aus dem Glasrohr treibt. Der Tensidzusatz fördert die Schaumbildung.

Erklärung

Bei der Reaktion von Natriumhydrogencarbonat mit Salzsäure entsteht Kohlenstoffdioxid, das den Druckanstieg im Gefäß hervorruft:

$$NaHCO_3 + H^+ \longrightarrow CO_2 + H_2O + Na^+$$

Quellen

Variante 1: Pfeifer, P.: Chemische Schulexperimente. Unveröffentlichtes Skript, Universität Erlangen-Nürnberg. Variante 2: Boeck, H. et al.: Chemische Schulexperimente. Band 3. Volk und Wissen, Berlin 1983, S. 83–84.

7.4 „Schwarz auf weiß“ oder „weiß auf grün“

7.4.1 Papier – selbst geschöpft

Geräte: Schöpfrahmen (eventuell selbst gebaut), Waage, Messzylinder (250 mL), Mixer bzw. Pürierstab, Kunststoffwanne (40 cm x 30 cm x 25 cm), alte Wolldecke oder Leinentücher, 2 Holzbretter, Schraubzwingen, Wäscheleine oder Besenstiel, Bügeleisen
Chemikalien: Fasermaterial (Altpapier)

Vorbereitung

Herstellung eines Schöpfrahmens

Für die Papierherstellung in der Schule genügen gehobelte, geschnittene Fichtenleisten (etwa 3,5 x 1,8 cm), die mit aufgeschraubten Messingwinkeln unterstützt werden. Zwei Schöpfrahmen werden nach folgendem Bauplan gefertigt: Der eine Rahmen wird als Schöpfform, der andere als Deckel verwendet. Zum Bespannen des Schöpfrahmens eignet sich Fliegengitter aus Kunststoff, das man in vielen Baumärkten kaufen kann. Das Gitter wird mit Reißnägeln, Spannnägeln oder mit einem Tacker festgeklammert. Es ist sehr wichtig, das Gitter stramm auf den Rahmen aufzuspannen. Damit beim Schöpfvorgang kein Fasermaterial zwischen die Rahmen geschwemmt wird und dadurch ausgefranste Papierbögen entstehen, beklebt man den zweiten Rahmen, den Deckel, mit dicken Filzstreifen (wasserunlöslicher Klebstoff!).

Durchführung

1. Papierherstellung – Gewinnung der Fasersuspension (Pulpe)

30 g Altpapier werden in kleine Stücke gerissen (ca. 1 cm x 1 cm). (Es eignen sich auch Küchenkrepp oder Papiertaschentücher.) Dann gibt man 300 mL Wasser dazu und mixt das Ganze so lange im Mixer bzw. mit dem Pürierstab, bis keine großen Papierstückchen oder Knoten mehr vorhanden sind (ca. 2–5 min). Ist der Brei so dick, dass sich das Messer des Mixers nicht mehr dreht, muss zusätzlich Wasser zugegeben werden. Um gleichmäßige Blätter zu erhalten, sollte die Pulpe ca. 1 % Fasermaterial enthalten (Hinweis!). Nun kann man den Brei zum Schöpfen verwenden. Um die Papierstärke beurteilen zu können, wird nach dem Schöpfen der Deckel vorsichtig abgenommen. Wenn das entstandene Papiervlies zu dicht ist (> 2 mm), waren zu viele Fasern in der Pulpe; wenn das Blatt durchscheinend ist, liegt der umgekehrte Fall vor. In diesen Fällen wendet man den Rahmen, legt ihn mit dem Gitter auf die Wasseroberfläche und zieht ihn mit einem Ruck hoch. Die Fasern schwimmen dann wieder im Wasser. Gegebenenfalls muss Wasser bzw. Pulpe hinzugegeben werden.
Als Gautschfilze genügen zurechtgeschnittene alte Wolldecken oder Leinentücher, die 2–3 cm größer als die Schöpfform sein sollten.

2. Pressen

Das Pressen ist notwendig, um das Wasser aus den abgegautschten Papierbögen zu entfernen. Die Fasern verfilzen dadurch mehr und bilden ein festeres Blatt. Früher wurde erst dann zum nächsten Arbeitsschritt, zum Pressen, übergegangen, wenn 181 Bogen und 182 Filze (= Pautsch) abwechselnd aufeinander geschichtet waren. Zum Pressen kann man jede Art von Presse verwenden. Ideal wäre eine hydraulische Presse. Billigere Lösungen sind Schraubzwingen, mit deren Hilfe man zwei Bretter ober- und unterhalb des Pautsches zusammendrückt.

3. Trocknen

Zum Trocknen werden die noch feuchten Papiervliese von den Gautschfilzen entfernt. Man fasst dabei eine Ecke des Papiers und zieht es vorsichtig ab. Bei diesem Herstellungsschritt erkennt man, ob sich die Fasern richtig verfilzt haben. Hier entsteht der meiste Ausschuss, da die Papiervliese sehr leicht zerreißen. Die Bögen können nun entweder sofort über einer Wäscheleine, über Besenstielen o. Ä. getrocknet werden oder nochmals, nur die Bogen aufeinandergelegt, gepresst, und anschließend in der oben beschriebenen Weise getrocknet werden.

4. Glätten

Beim nun folgenden Glätten werden die Poren des Papiers geschlossen. Im 17. Jahrhundert wurde das Papier auf Marmorplatten gelegt und mit einem glatten Stein, meist einem Achat, so lange gerieben, bis es glatt war. Diese Prozedur kann man sich heute sparen, indem man ein Bügeleisen zur Hilfe nimmt und auf mittlerer Heizstufe die Seiten glatt bügelt. Je öfter man das Blatt leicht anfeuchtet und wieder trocknet, umso glatter wird die Papieroberfläche.

Beobachtung

Je nach Altpapierart entstehen graue bis weiße Papierbögen.

Erklärung
Grundlage für die Bildung der Papierblätter sind Cellulosefasern (Faserbrei!), welche aus verschiedenen Rohstoffen gewonnen werden. Beim Rohstoff Holz muss das Lignin von den Cellulosefasern abgetrennt werden. Die Cellulosefasern bestehen aus Cellulosemakromolekülen, deren Baustein Glucosemoleküle sind. Der Zusammenhalt gepresster Papiervliese kommt u. a. durch intermolekulare Wasserstoffbrückenbindungen zwischen den Cellulosemolekülen zustande.

Entsorgung
Über den Hausmüll.

Quelle
Baierl, M., Pfeifer, P.: Von Cellulose zum Papier, ein Unterrichtskonzept mit Versuchen. In: NiU-Chemie 6 (1995) 29, S. 17–22.

7.4.2 Pergamentpapier – selbst gemacht

Geräte: 3 Glasgefäße (große Kristallisierschalen), Tiegelzange, Kartonunterlage, 2 saugfähige Tücher, Bügeleisen
Chemikalien: Filterpapier, Schwefelsäure (w = 75 %; **C**, ätzend), Ammoniak-Lösung (w = 1 %)

Durchführung
Die Glasgefäße befüllt man ca. 0,5–1 cm hoch mit Schwefelsäure, Leitungswasser bzw. Ammoniak-Lösung.
Größere Filterpapierstücke werden 10 sec lang (nicht länger, da sonst Verkohlung eintritt!) in Schwefelsäure getaucht, dann 1 min lang im Leitungswasser gespült. Anschließend gibt man die Papierstücke für 1 min in Ammoniak-Lösung und spült abschließend nochmals in Leitungswasser.
Die Papierstücke werden dann zwischen saugfähigen Tüchern (z. B. Handtücher) gepresst und auf einer Kartonunterlage mit einem mäßig heißen Bügeleisen getrocknet.

Beobachtung
Das so behandelte Papier zeigt anschließend die für Pergamentpapier charakteristische wasserabweisende Eigenschaft.

Erklärung
Durch die konzentrierte Schwefelsäure wird die Cellulose an der Papieroberfläche teilweise hydrolysiert und damit verkleistert. Die Behandlung mit Ammoniak-Lösung dient der Neutralisierung der Säure.

Entsorgung
Papier in den Hausmüll; Lösungen vereinigen und in den Sammelbehälter 1.

Quelle
Kintoff, W.: Chemie in Versuchen. Verlag Phywe AG, Göttingen o. J.

7.4.3 Isolierung von Cellulose aus Holz

Geräte: Tropftrichter, Zweihals-Rundkolben, durchbohrter Stopfen, Gasableitungsrohr, Gaswaschflasche mit Fritte, Waage, Spatel, Uhrglasschale, Messzylinder (250 mL), Mineralwasserflasche (Glas, verschließbar), Konservendose, Messzylinder (100 mL), Wärmeschrank, Wasserstrahlpumpe, Saugflasche, Büchnertrichter, Guko-Ring (Gummikonus-Ring), Filterpapier, Porzellanschale, Pipetten, pH-Papier
Chemikalien: Natriumsulfit (**C**, ätzend), Schwefelsäure (w = 96–98 %; **C**, ätzend), Calciumhydroxid (**C**, ätzend), dest. Wasser, Phloroglucin, Salzsäure (w = 36 %; **C**, ätzend), Sägemehlspäne, Chlorzinkiod-Lösung (gegebenenfalls siehe Vorbereitung)

Vorbereitung
Herstellung von Calciumhydrogensulfit-Lösung
Im Abzug lässt man in einem Gasentwicklungsgerät (Tropftrichter und Zweihals-Rundkolben mit Ableitungsrohr) konzentrierte Schwefelsäure auf Natriumsulfit tropfen. Das entstehende Schwefeldioxid (T, giftig) wird in einer Gaswaschflasche mit Fritte durch eine Suspension von 5 g Calciumhydroxid in 250 mL dest. Wasser geleitet. Sobald die Lösung klar geworden ist (nach etwa 5 bis 10 min), wird die Zufuhr von Schwefeldioxid unterbrochen. Es ist die Calciumhydrogensulfit-Lösung entstanden.
Herstellung von Chlorzinkiod-Lösung
100 g wasserfreies Zinkchlorid (**C**, ätzend; **N**, umweltgefährlich) werden in 100 mL Wasser gelöst. Die Zinkchlorid-Lösung wird zu einer Lösung aus 21 g Kaliumiodid, 1 g Iod und 500 mL Wasser gegeben; die Lösungen werden gut verrührt. Anschließend wird die wässrige Phase vom Bodensatz abgegossen und mit einigen Iodkristallen versetzt.
Herstellung von Phloroglucin-Lösung
0,1 g Phloroglucin (1,3,5-Trihydroxybenzol) wird in ca. 8 mL Salzsäure gelöst. Die Lösung wird mit 8 mL dest. Wasser verdünnt. Phloroglucin-Lösung wird als Nachweis für Lignin (kräftige Rotfärbung!) verwendet.

Durchführung
Etwa 5 g Sägemehl oder Sägespäne werden in eine Mineralwasserflasche gegeben und unter dem Abzug mit 125 mL Calciumhydrogensulfit-Lösung (siehe Vorbereitung) übergossen. Die Flasche wird anschließend fest verschlossen und in eine Konservendose gestellt, die etwa 24 h im Wärmeschrank bei 100 °C erhitzt wird. Gelegentlich muss umgeschüttelt werden. Im Abzug wird die Flasche abgekühlt und anschließend geöffnet, wonach zunächst Schwefeldioxid unter starkem Zischen entweicht. Nach einigen Minuten wird das Sägemehl mit Hilfe von Saugflasche und Wasserstrahlpumpe abfiltriert und mit Leitungswasser so lange gewaschen, bis das Waschwasser im Filtrat annähernd neutral reagiert (pH-Papier). Das Sägemehl wird sodann an der Luft getrocknet.

Das entstandene Produkt wird wieder angefeuchtet und mit je einem Tropfen Chlorzinkiod-Lösung und Phloroglucin-Salzsäure-Lösung versetzt. Eine angefeuchtete Probe des ursprünglichen Ausgangsmaterials wird den gleichen Nachweisreaktionen unterworfen.

Beobachtung

Beide Proben werden durch die Chlorzinkiod-Lösung blauviolett gefärbt. Demgegenüber entsteht mit der Phloroglucin-Salzsäure-Lösung nur beim Ausgangsmaterial eine Rotfärbung, während das behandelte Endprodukt keine positive Reaktion zeigt.

Erklärung

Chlorzinkiod-Lösung dient als Nachweismittel für Cellulose, die sowohl im Holz als auch im Endprodukt (noch) enthalten ist.
Die Nachweisreaktion für Lignin mit Phloroglucin-Salzsäure-Lösung gelingt nur beim Ausgangsmaterial, dem Holz. Beim Isolationsprodukt wurden die im Holz vorhandenen Begleitstoffe (vor allem das Lignin) annähernd vollständig durch die Behandlung mit Calciumhydrogensulfit-Lösung bei geringem Überdruck (Sprudelflasche!) und 100 °C abgetrennt.

Entsorgung

Ansatz zur Herstellung von Calciumsulfit-Lösung (vgl. Vorbereitung) neutralisieren und in das Abwasser; Calciumhydrogensulfit-Lösung im Abzug ansäuern, ausgasen lassen und mit viel Wasser in das Abwasser; Chlorzinkiod-Lösung und Phloroglucin-Salzsäure-Lösung aufbewahren.

Quellen

Bukatsch, F., Glöckner, W. (Hrsg.): Experimentelle Schulchemie. Bd. 6/I. Aulis Verlag, Köln 1975. Kästner, W.: Papier und gedrucktes Wort. In: Materialien für Unterricht und Weiterbildung. Hrsg.: Verband deutscher Papierfabriken, Bonn 1990. Meyendorf, G., Kuhnert, R. (Hrsg.): Chemische Schulexperimente, Band 1. Thun Verlag, Frankfurt 1983. Häusler, K., Rampf, H., Reichelt, R.: Experimente für den Chemieunterricht. Oldenburg, München 1991.

7.4.4 Eisengallustinte – selbst gemacht

Sachinformation

Eisengallustinte ist schon seit Jahrhunderten bekannt. Sie besitzt eine Licht- und Luftbeständigkeit, die von den rein synthetischen Tinten (z. B. Anilinblau) nicht erreicht wird. Wie der Name schon sagt, wird sie aus Eisensalzen und Gallussäure hergestellt. Ein Nachteil der Eisengallustinte ist das Ausflocken nach längerem Lagern, was zu einem Verstopfen der feinen Kanäle moderner Füllfederhalter führt. Der Bildung des Tintenfarbstoffes liegt eine Komplexreaktion zwischen Eisen(III)-Ionen und der Gallussäure, gekoppelt mit einer Redoxreaktion, zu Grunde. Eisengallustinte erhält man auch mit Tanninen (Gerbsäuren), den Gerbstoffen der Galläpfel. Sie enthalten das Glucosid der Gallussäure. Gallussäure (3,4,5-Trihydroxy-benzoesäure) kommt im Tee, in der Eichenrinde und in Granatwurzeln vor.

Vorversuch
Geräte: Reagenzgläser, Reagenzglasständer, Spatel
Chemikalien: Gallussäure, Tannin, Eisen(II)-sulfat-Lösung (w = 5 %), Eisen(III)-chlorid (w = 5 %)

Durchführung
Man gibt in zwei Reagenzgläser je eine Spatelspitze Gallussäure und in zwei weitere Reagenzgläser je eine Spatelspitze Tannin. Nun versetzt man die Gallussäure und das Tannin mit einer wässrigen Lösung von Eisen(II)-sulfat bzw. Eisen(III)-chlorid.

Herstellung der Eisengallustinte – Variante 1
Geräte: Becherglas (1 L), Spatel, Waage, feiner Pinsel, Papier
Chemikalien: dest. Wasser, Gallussäure, Tannin, Eisen(II)-sulfat-heptahydrat, Gummi arabicum, Salzsäure (w= 20 %; **C**, ätzend), Salicylsäure

Durchführung
In 1 Liter Wasser werden gelöst: 1,8 g Tannin, 0,6 g Gallussäure, 1,8 g Eisen(II)-sulfat-heptahydrat, 0,3 g Gummi arabicum, 0,6 mL Salzsäure und eine Spatelspitze Salicylsäure. (Zur Herstellung einer höher konzentrierten Lösung können die Massenanteile auf das Zehnfache erhöht werden.) Mit einem feinen Pinsel trägt man die Tinte auf Papier auf.

Beobachtung
Die Tinte fließt zunächst fast farblos auf das Papier und lässt sich durch Wasser leicht auswaschen. Erst nach einigen Tagen ist die Tinte voll nachgedunkelt und wasserfest.

Erklärung
Die Schwarzfärbung entwickelt sich erst unter dem Einfluss von Sauerstoff. Er bewirkt, dass sich die Eisen(II)-Ionen in Eisen(III)-Ionen umwandeln. Sie sind für die Bildung des Eisen-Gerbsäure-Gallussäure-Komplexes verantwortlich. Der Zusatz von Salicylsäure verhindert Schimmelbildung. Gummi arabicum hemmt die vorzeitige Ausflockung des Komplexes und verbessert die Bindung an das Papier.
Wichtige Staatsverträge müssen mit der beständigen Eisengallustinte unterschrieben werden. Damit die Eisengallustinte bei offiziellen Anlässen gleich eine dunkle Schrift ergibt, ist ein synthetischer Farbstoff zugemischt. Der Jahrhunderte überdauernde Tintenfarbstoff zieht auf der Papierfaser auf. Der zugemischte Teerfarbstoff gewährleistet sofort eine dunkle Schrift, bleicht aber später wieder aus. Das Schwarz der Eisengallustinte hingegen bleibt bestehen.
Nach Kopp (1843) soll ein Galläpfelextrakt das erste chemische Reagens gewesen sein. Damit hat Plinius vor rund 2000 Jahren Eisen nachgewiesen.

Entsorgung
Ansatz mit viel Wasser in das Abwasser.

Quelle
http://kremer-pigmente.de/eisengallustinte.htm (20.03.2011).

Herstellung der Eisengallustinte – Variante 2
Geräte: Becherglas (600 mL), Waage, Spatel, Messzylinder (10 mL), Magnetrührer mit Rührfisch
Chemikalien: Tannin, Gallussäure, Eisen(II)-sulfat-heptahydrat (**Xn**, gesundheitsschädlich), Salzsäure (w = 36 %; **C**, ätzend), Salicylsäure, dest. Wasser

Durchführung
Es werden in 500 mL dest. Wasser nacheinander 12 g Tannin, 4 g Gallussäure und eine halbe Spatelspitze Salicylsäure gelöst. Diese Lösung wird mit 15 g Eisen(II)-sulfat-heptahydrat und 3 mL Salzsäure versetzt.

Beobachtung
Die Tinte fließt beim Schreiben zunächst fast farblos auf das Papier. Nach einigen Sekunden erscheint die Schrift in bräunlicher Farbe und dunkelt binnen einiger Minuten schwarz nach.

Erklärung
An der Luft werden die Eisen(II)-Ionen oxidiert. Die Eisen(III)-Ionen bilden mit der Gallussäure und dem Tannin einen Komplex.

$$4\,Fe^{2+} + 4\,H^+ + O_2 \longrightarrow 4\,Fe^{3+} + 2\,H_2O$$

Weitere Anregungen für Schülerübungen
- Für Schülerübungen empfiehlt es sich, anstatt der 3 mL konzentrierter Salzsäure 30 mL Salzsäure der Konzentration c = 1 mol/L einzusetzen.
- Da schwarzer Tee Gallussäure und Tannin enthält, kann ein Teesud ebenfalls zur Herstellung von Eisengallustinte verwendet werden. Ihm werden etwa 3 g Eisen(II)-sulfat-heptahydrat pro 100 mL zugesetzt; als Bindemittel kommt Gummi arabicum in Frage.
- Auch aus anderen Naturstoffen, die Gerbstoffe enthalten, können Tinten auf diese Weise hergestellt werden, z. B. Bananentinte (Bananenschalen enthalten Phenole).

Entsorgung
Ansatz mit viel Wasser in das Abwasser.

Quellen
Just, M., Hradetzky, A.: Chemische Schulexperimente. Band 4. Verlag Harri Deutsch, Frankfurt 1978. Raaf, H.: Chemie des Alltags. Franckh'sche Verlagshandlung, Stuttgart 1985. Wöhrle, F. et al.: Rund um's Papier. In: NiU-Chemie 6 (1995) 29, S. 26–30. Wegmeyer, H., Gärtner, H. J.: Bananentinte und andere Tinten aus Naturstoffen. In: NiU-Chemie 16 (2005) 84, S. 12–13.

7.4.5 Rund um die Tafelkreide

Teil 1: Die Löslichkeit von Kreide und die Bestimmung des pH-Werts der Lösung
Geräte: Mörser mit Pistill, Spatel, 2 Bechergläser (50 mL), pH-Papier, pH-Meter, Glasstab
Chemikalien: Kalk- und Gipstafelkreide, dest. Wasser

Durchführung
Stücke von beiden Kreidearten werden zermörsert. Je 2 Spatelspitzen werden in ein Becherglas gegeben, mit dest. Wasser versetzt und umgerührt. Der pH-Wert wird sowohl mittels pH-Papier als auch mittels pH-Meter bestimmt.

Beobachtung/Erklärung
In beiden Bechergläsern bildet sich eine Suspension. Die Kalksuspension reagiert alkalisch (pH 8,7), die Gipssuspension (pH = 7) reagiert neutral.

Entsorgung
Über das Abwasser.

Teil 2: Nachweis von Calciumcarbonat (Kalk) in der Tafelkreide
Geräte: Mörser mit Pistill, Reagenzgläser, Reagenzglasständer, Spatel, Spritzflasche
Chemikalien: runde weiße Kreide bzw. Farbkreiden, Citronensäure, Salzsäure (c = 1 mol/L; **Xi**, reizend), Spülmittel

Durchführung
Kleine weiße und farbige Kreidestücke (1 cm lang) werden im Mörser zermahlen. Das Kreidemehl wird mit einem gehäuften Spatel Citronensäure versetzt und vermengt. Die Mischungen werden in Reagenzgläser gefüllt und mit 2–3 Tropfen Spülmittel und Wasser aus der Spritzflasche versetzt.

Beobachtung
Bunte Schäume steigen in den Reagenzgläsern hoch. Ungelöste Kreidebestandteile und Farbpigmente setzen sich am Boden ab.

Erklärung
Durch die Zugabe von Wasser wird die Citronensäure protolysiert und kann mit dem Kalk reagieren. Das dabei freiwerdende Kohlenstoffdioxid verursacht in Gegenwart des beigefügten Spülmittels die Schaumbildung.

Entsorgung
Ansatz filtrieren, Filtrat in das Abwasser und Filterrückstand in den Hausmüll.

Teil 3: Nachweis von Sulfat-Ionen in Gipstafelkreide
Geräte: Mörser mit Pistill, Becherglas (50 mL), Erlenmeyerkolben (100 mL), Trichter, Filterpapier, Reagenzglas, Reagenzglasständer, Spatel
Chemikalien: eckige weiße Kreide, Bariumnitrat-Lösung (w = 5 %), dest. Wasser

Durchführung
Ein kleines Stück Kreide wird im Mörser zerkleinert. Das Kreidepulver wird in das kleine Becherglas gegeben und mit dest. Wasser versetzt. Die Suspension wird filtriert. 1–2 mL des Filtrats werden in einem Reagenzglas mit ein paar Tropfen Bariumnitrat-Lösung versetzt.

Beobachtung
Es bildet sich ein weißer Niederschlag.

Erklärung
Die vorhandenen Sulfat-Ionen des gelösten Gipses reagieren mit den Barium-Ionen zum weißen Niederschlag Bariumsulfat, $BaSO_4$.

Entsorgung
Filterrückstand in den Hausmüll; Filtrat mit Bariumnitrat-Lösung in den Sammelbehälter 1.

Teil 4: Das Brennen von Gipstafelkreide
Geräte: Mörser und Pistill, Magnesiarinne oder -schiffchen, Tiegelzange
Chemikalien: Gipstafelkreide, Kerze

Durchführung
Die zerriebene Gipstafelkreide wird in das Magnesiaschiffchen gegeben. Die Gipstafelkreide wird über der Kerze „gebrannt“ (getrocknet).

Beobachtung/Erklärung
Gips enthält üblicherweise ca. 20 % Kristallwasser und wird als Calciumsulfat-dihydrat bezeichnet. Durch das Brennen werden Kristallwasseranteile entzogen, sodass Calciumsulfat-halbhydrat entsteht (vgl. 7.5.2).

Entsorgung
Über den Hausmüll.

Teil 5: Gipstafelkreide – selbst gemacht
Geräte: Pralinenschälchen aus Aluminium (oder selbst gefaltete aus Aluminiumfolie), Kunststoffbecher, Holzspatel
Chemikalien: gebrannter Gips (aus Teil 4), dest. Wasser, Lebensmittelfarbe oder Farbpigmente (aus dem Bastelgeschäft)

Durchführung
Der gebrannte Gips wird mit etwas dest. Wasser in den Kunststoffbechern angerührt, mit Farbe versetzt und kräftig mit einem Holzspatel umgerührt. Die Masse wird in eine Form gegossen und zum Trocknen stehen gelassen.

Beobachtung/Erklärung
Nach einem Tag kann mit der selbst hergestellten Farbkreide geschrieben werden. Gipsbrennen ist ein „Entfernen“ des Kristallwassers.

Anmerkung
Als Farbe eignen sich Orangetöne besonders gut. Blau- und Grüntöne lassen die fertige Kreide fast schwarz erscheinen, schreiben aber ihrem eigentlichen Farbton entsprechend.

Entsorgung
Über den Hausmüll.

Teil 6: Kalkfarbkreide – selbst gemacht
Geräte: Mörser mit Pistill, Magnesiarinne oder -schiffchen, Tiegelzange, Brenner, Spatel, Fliese, Becherglas, Pralinenschälchen aus Aluminium oder Aluminiumfolie
Chemikalien: Kalktafelkreide, dest. Wasser, Universalindikator-Lösung, Lebensmittelfarbe oder Farbpigmente (aus dem Bastelladen)

Durchführung
Die Kalktafelkreide wird im Mörser zerkleinert und im Magnesiaschiffchen über dem Brenner ca. 5 min erhitzt. Der Brennfortschritt wird überprüft, indem eine Spatelspitze der gebrannten Probe auf die Fliese gegeben und mit dest. Wasser und Indikator-Lösung versetzt wird (Branntkalk reagiert stark alkalisch). Nach dem pH-Wert des Tests richtet sich die Entscheidung, ob noch weiter gebrannt werden muss.
Der gebrannte Kalk wird ins Becherglas gegeben und mit etwas dest. Wasser versetzt. Farbstoff wird beigemengt. Die Masse wird in eine Aluminiumfolienform gegossen und getrocknet.

Beobachtung
Der steife Brei verfestigt sich und bindet innerhalb einiger Tage ab.

Erklärung
Durch das Brennen der Kalktafelkreide entsteht Calciumoxid (gebrannter Kalk). Branntkalk reagiert deutlich alkalisch und setzt sich mit wenig Wasser zu Calciumhydroxid (gelöschter Kalk) um, welches mit dem Kohlenstoffdioxid der Luft wieder Calciumcarbonat ergibt (vgl. 7.5.2).

Entsorgung
Über den Hausmüll.

Quelle (für die Teile 1–6)
Voglhuber, H.: Chemie mit (Tafel)-Kreide. In: UC 14 (2003) 78, S. 45–47.

7.5 Gips und Luftmörtel – klassische Baumaterialien

7.5.1 Recycling von Gips aus einer Gipskartonplatte

Geräte: Gipskartonplatte, Messer, Hammer, Mörser mit Pistill, feines Sieb, Waage, Spatel, Trockenschrank

Durchführung
Von einer Gipskartonplatte wird die Kartonschicht entfernt. (Will man diesen aufwendigen Schritt umgehen, sollte ein Stück Gipsstein eingesetzt werden.) Dann zerkleinert man den Gips mit einem

Hammer in kleinere Stücke, die anschließend fein zermörsert werden können. Das Pulver wird durch ein feines Sieb gegeben, gewogen und im Trockenschrank (90 °C) für einige Stunden erhitzt. Dann nimmt man das Produkt aus dem Trockenschrank und lässt es für 1–2 h an der Luft stehen. Anschließend wiegt man erneut.

Beobachtung/Erklärung
Abgebundener Gips (Calciumsulfat-dihydrat) kann durch Erhitzen wieder in gebrannten Gips (Calciumsulfat-halbhydrat) überführt werden (1).
Will man den selbst gewonnenen gebrannten Gips einsetzen, so sollte man ihn im Exsikkator aufbewahren.

$$\underset{\text{gebrannter Gips}}{(CaSO_4)_2 \cdot H_2O} + 3\,H_2O \underset{\text{Brennen}}{\overset{\text{Abbinden}}{\rightleftarrows}} \underset{\text{Naturgips (Calciumsulfat-dihydrat)}}{2\,(CaSO_4 \cdot 2\,H_2O)} \qquad (1)$$

Entsorgung
Über den Hausmüll.

Quelle
Bader, H. J., Sgoff, D.: Nur ein wenig Wasser. In: NiU-Chemie 7 (1996) 32, S. 34–38.

7.5.2 Basteln mit Gips – und die Chemie dahinter

Geräte: Porzellanschale, Spatellöffel, Glasstab, wasserfeste Unterlage (z. B. Blechdeckel), Münze, Pappschachtel, Papier
Chemikalien: gebrannter Gips (Calciumsulfat-halbhydrat), dest. Wasser, Schlifffett o. Ä.

Durchführung
a) Herstellung einer Gießform
In eine Porzellanschale füllt man 1–2 cm hoch Wasser und streut so viel gebrannten Gips ein, bis das ganze Wasser aufgesogen ist; anschließend wird kurz durchgerührt. Der dünne Brei kommt auf eine wasserfeste Unterlage (Blechdeckel o. Ä.). Eine angefettete Münze wird in den Gipsbrei eingedrückt. Man kann auch in eine gut feuchte (nicht nasse) Sandfläche eine Fuß- oder Fahrradspur leicht eindrücken und einen dünnen Gipsbrei hineingießen.
b) Herstellung eines Gipsblockes zur weiteren Bearbeitung (Skulptur o. Ä.)
Man legt eine Pappschachtel mit eingefettetem Papier aus und füllt sie mit einem Gipsbrei aus.

Beobachtung
Der Gipsbrei ist nach etwa 20 min oberflächlich fest, nach etwa 2 Tagen ganz abgebunden.
a) Entfernt man die Münze, dann erhält man eine Negativform, die man etwa mit geschmolzenem Zinn ausgießt. Auch bei der Fuß- oder Fahrradspur entsteht eine negative Form, die man vorsichtig aus dem Sandbett hochhebt.

b) Der Gipsblock lässt sich aus der Schachtel lösen und kann sodann mit Messern oder anderen Geräten künstlerisch bearbeitet werden.

Erklärung
Beim Verrühren mit Wasser nimmt gebrannter Gips das bei seiner Herstellung verlorene Kristallwasser wieder auf und bindet rasch ab (1).
In der Bautechnik wird u.a. zwischen Stuckgips (v.a. Calciumsulfat-halbhydrat), Putzgips und Estrichgips unterschieden.

$$\underset{\text{gebrannter Gips}}{(CaSO_4)_2 \cdot H_2O} + 3\,H_2O \xrightleftharpoons[\text{Brennen}]{\text{Abbinden}} \underset{\text{Naturgips (Calciumsulfat-dihydrat)}}{2\,(CaSO_4 \cdot 2\,H_2O)} \quad (1)$$

Entsorgung
Über den Hausmüll.

Quellen
Hauschild, G.: Gips – ein Baustoff aus den Kohlekraftwerken. In: PdN-Chemie 47 (1998) 1, S. 6–10.
Bader, H. J., Sgoff, D.: Nur ein wenig Wasser. In: NiU-Chemie 7 (1996) 32, S. 34–38.

7.5.3 Bauen mit Luftmörtel – und die Chemie dahinter

Geräte: größere Porzellan- oder Eisenschale, Waage, Spatellöffel, Ziegelsteine, Blech, Messer, Trockenschrank, Rundkolben (100 mL), Gaswaschflasche mit Fritte, Schlauchmaterial, gebogene Glasrohre, Kühler, Stativmaterial, Becherglas (100 mL), Schraubflasche
Chemikalien: gelöschter Kalk (Calciumhydroxid; **Xi**, reizend), dest. Wasser, Sand, Kohlenstoffdioxid-Flasche, Schwefelsäure (w = 96–98 %; **C**, ätzend)

Durchführung
In einer größeren Porzellan- oder Eisenschale werden etwa 25 g gelöschter Kalk mit ungefähr 100 g Sand gut gemischt. Anschließend gibt man portionsweise Wasser hinzu, bis ein dicker Brei entstanden ist.
a) Ein Teil des Luftmörtels wird in einer etwa 1–1,5 cm dicken Schicht auf einem Ziegelstein ausgestrichen und ein zweiter Stein aufgesetzt.
b) Auf einem Blech wird eine etwa 5 mm dicke Schicht des Luftmörtels aufgetragen und mit dem Messer in kleine Quader zerteilt, die anschließend im Trockenschrank bei etwa 100 °C getrocknet werden. Die Quader werden anschließend in einen Rundkolben gegeben. Über ein Glasrohr wird Kohlenstoffdioxid eingeleitet, das zuvor durch konzentrierte Schwefelsäure in einer Waschflasche getrocknet wurde. Der Rundkolben wird über ein zweites Glasrohr mit einem senkrecht im Stativ eingespannten Kühler verbunden, der durch Wasser gekühlt wird.
c) Aus dem Rest des Mörtels werden zwei Kugeln geformt. Eine der Kugeln wird völlig unter Wasser in einem verschlossenen Behälter, die zweite Kugel als Kontrolle an der Luft aufbewahrt. Nach zwei Tagen erfolgt die Auswertung.

Beobachtung
a) Die beiden Ziegelsteine sind fest miteinander verbunden.
b) Während das Kohlenstoffdioxid über den getrockneten Mörtel strömt, kondensiert Wasser im Kühler und tropft in ein Becherglas. Nach einiger Zeit werden die Mörtelquader entnommen: Sie sind hart geworden.
c) Die Kugel im Wasser ist weich geblieben, während die Kontrollkugel hart ist.

Erklärung
Luftmörtel erhärtet nur unter Einwirkung von Kohlenstoffdioxid aus der Luft (Versuchsteil a); bei Abwesenheit dieses Gases bindet der Mörtel nicht ab (Versuchsteil c). Die Härtung verläuft nach folgender Gleichung:

$$Ca(OH)_2 + CO_2 \longrightarrow CaCO_3 + H_2O\uparrow$$

Das entstandene Calciumcarbonat kann leicht nachgewiesen werden: In je ein Reagenzglas gibt man ein Stück erhärteten Luftmörtel (aus Versuchsteil b) und ein Stück frisch bereiteten Mörtel. Nach Übergießen beider Proben mit verdünnter Salzsäure beobachtet man nur beim erhärteten Mörtel eine Gasbildung:

$$CaCO_3 + 2\,HCl \longrightarrow CaCl_2 + H_2O + CO_2\uparrow$$

Beim Härtevorgang hat sich der gelöschte Kalk in Calciumcarbonat umgewandelt, das – wie alle Carbonate – mit verdünnten Säuren unter Kohlenstoffdioxid-Bildung reagiert. Das beim Härtungsprozess abgegebene Wasser (Versuchsteil b) verursacht in Neubauten die unerwünschte Baufeuchtigkeit. Der Sand im Luftmörtel verhindert einerseits eine zu starke Volumenverminderung des Mörtels beim Erhärten, macht aber andererseits den Mörtel porös, sodass Kohlenstoffdioxid besser eindringen und das Abbinden beschleunigen kann.

Entsorgung
Mörtelreste in den Hausmüll; Reste von Schwefelsäure neutralisieren und in den Sammelbehälter 1.

Quellen
Kintoff, W., Wagner, A.: Handbuch der Schulchemie, Band II. Aulis Verlag, Köln 1962. Schich, J.: Baustoffe in Prüfungen, Versuchen und Übersichten. Teil 1. MBM Lehrmittel + Verlagsgesellschaft, Hofheim 1979.

Stichwortverzeichnis

Hinweise:
- Das Stichwortverzeichnis bezieht sich auf die Kapitel 1 bis 7, die didaktisch-methodische Konzeption der „Praktischen Alltagschemie“ ist nicht enthalten.
- Befindet sich bei „Herstellung von ...“ ein Sternchen, dann handelt es sich bei diesen Vorschriften um Vorschläge, die verkostet werden können.